ANDROID

Chet Haase 的其他著作

Round & Holy: An Homage to Donuts

When I Am King . . .

When I Am King . . . II

Filthy Rich Clients:
Developing Animated and Graphical Effects
for Desktop Java Applications
(with Romain Guy)

Flex 4 Fun

ANDROID
開發秘辛大公開

這是內部才知道的幕後故事 — 由那些讓一切成真的人娓娓道來。

Chet Haase 著·沈佩誼 譯

**no starch
press**

獻給克莉絲：

第一位讀者、最後一位審閱者

最嚴格的評論家、最好的朋友

關於作者

切特（Chet）多年來任職於矽谷數家高科技公司，主要專注於圖形化軟體。他在 2010 年加入 Google 的 Andorid 團隊，負責編寫動畫及 UI 軟體，並管理 UI toolkit 團隊，擔任 Android 開發者關係的首席宣傳大使，目前是圖形團隊的工程師。除了寫書與文章之外，他也會拍攝影片與分享演講，主題通常與幽默或科技相關（經常兩者兼之）。本書為切特的第六本著作。他的其他著作包含兩本程式設計專書、兩本幽默書籍，以及一本關於甜甜圈的小詩集。

目錄

PART V 成功的背後

APPENDIX 附錄

出場人物[1]

（以加入 Android 團隊的先後進行排序）

注意：這份人物表並非完整版本，僅附上了那些與本書內容相關，並與我直接互動的人們。當時還有許多人也是 Android 團隊的一員，並且為產品做出實質貢獻。

人物	角色職位
安迪・魯賓（Andy Rubin）	創辦人，機器人建造者
克里斯・懷特（Chris White）	創辦人、設計師、工程師、電動滑板玩家
崔西・柯爾（Tracey Cole）	行政商業夥伴、經理們的經理
布萊恩・史威特蘭（Brian Swetland）	工程師、核心駭客、系統團隊主管
里奇・麥拿（Rich Miner）	創辦人、行動領域的創業者
尼克・席爾斯（Nick Sears）	工程師、電信業者簽約者
安迪・麥克菲登（Andy McFadden）	工程師、展示／日曆／模擬器／執行環境的開發者
費克斯・克爾克派翠克（Ficus Kirkpatrick）	工程師、核心驅動程式驅動者、Crazy 鈴聲人
黃偉（Wei Huang）	工程師、瀏覽器、溝通者
丹・伯恩斯坦（Dan Bornstein）	工程師、Dalvik 創造者
馬賽亞斯・阿格皮恩（Mathias Agopian）	工程師、圖形化 flinger
喬・奧拿拉多（Joe Onorato）	工程師、構建版本、UI、框架及更多
艾瑞克・費斯切爾（Eric Fischer）	工程師、TextView 先生
麥克・費萊明（Mike Fleming）	工程師、通話和執行環境
傑夫・雅克席克（Jeff Yaksick）	工程師、公仔和 UI
凱瑞・克拉克（Cary Clark）	工程師、瀏覽器圖形
麥克・瑞德（Mike Reed）	Skia 主管、圖形化領域的連續創業家
黛安・海克柏恩（Dianne Hackborn）	工程師、框架及大部分工作
傑夫・漢彌爾頓（Jeff Hamilton）	工程師、Binder、資料庫和聯絡人

人物	角色職位
史蒂夫・霍洛維茲（Steve Horowitz）	工程師、妥協者
麥克・克萊隆（Mike Cleron）	工程師、UI toolkit 重寫者和框架管理者
葛瑞絲・克洛芭（Grace Kloba）	工程師、Android 瀏覽器
亞維・維葉勒瓦（Arve Hjønnevåg）	工程師、驅動程式和偵錯程式：少說一點話，多寫一些碼
弘・洛克海姆（Hiroshi Lockheimer）	技術專案經理（TPM）、商業夥伴的經理
傑森・帕克斯（Jason Parks）	工程師、jparks broke it
伊利安・馬契夫（Iliyan Malchev）	工程師、藍牙、相機和其他驅動程式
賽德瑞克・貝伍斯特（Cedric Beust）	工程師、搞定 Gmail 的人
大衛・唐納（David Turner）	工程師、Android 仿真器
迪巴吉特・格許（Debajit Ghosh）	工程師、為 Calendar 而服務
馬可・尼利森（Marco Nelissen）	工程師、聲音程式
萊恩・PC・吉伯森（Ryan PC Gibson）	技術專案經理（TPM）、發布版本命名者與交付者
伊凡・米拉（Evan Millar）	工程師、測試、測試
薩維爾・杜克羅海特（Xavier Ducrohet）	工程師、工具技術
麥可・莫里賽（Michael Morrissey）	工程師主管、為伺服器服務而服務
鮑伯・李（Bob Lee）	工程師、核心函式庫
羅曼・蓋伊（Romain Guy）	工程師、UI toolkit 的傑出實習生
湯姆・摩斯（Tom Moss）	律師、商業開發、負責談成交易
布萊恩・喬納斯（Brian Jones）	前台人員、管理員、分派裝置的人
丹・伊格諾爾（Dan Egnor）	工程師、OTA 無線更新者
戴夫・史帕克斯（Dave Sparks）	工程師、媒體管理者
吳佩珊（Peisun Wu）	TPM，媒體、訊息與甜甜圈漢堡
艾德・海爾（Ed Heyl）	工程師、建構、測試、發布、重複
德克・道格提（Dirk Dougherty）	技術寫手、RTFM
查理斯・曼迪斯（Charles Mendis）	工程師、位置定位者
戴夫・布爾克（Dave Burke）	工程師主管，倫敦行動團隊
安德烈・包裝斯庫（Andrei Popescu）	工程師主管，倫敦瀏覽器團隊

人物	角色職位
尼可拉斯・羅亞德（Nicholas Roard）	工程師、為 Android 瀏覽器整備一切
桑・梅哈特（San Mehat）	工程師、核心驅動程式和 SD 卡偵錯
尼克・沛利（Nick Pelly）	工程師、搞定藍牙的人
瑞貝卡・薩維恩（Rebecca Zavin）	工程師、裝置啟動、Droid 驅動者
陳釗琪（Chiu-Ki Chan）	工程師、合併確認者
邁克・陳（Mike Chan）	工程師、核心安全性
布魯斯・蓋（Bruce Gay）	工程師、猴子管理員
傑夫・夏奇伊（Jeff Sharkey）	工程師、挑戰賽贏家
傑斯・威爾森（Jesse Wilson）	工程師、糟糕 API 的剷除者
丹・桑德爾（Dan Sandler）	工程師、系統 UI、插畫家、藏彩蛋的人

成立　2004
2005
併購　2006
iPhone　2007
公開 SDK　2008
1.0 & G1　2009
Droid　2010

1　只要稍微瀏覽這份人物表，就能立刻看出早期團隊成員男女比例的顯著差異。這個現象不僅出現在 Android 專案，也出現在過去的科技產業整體情況，而到了今天，懸殊的男女比例仍舊不幸地存在。Android、Google 和其他科技公司為了提升多樣性而付出行動，這是一趟漫長的旅程，而我們剛剛踏出腳步。

我們無法改變歷史，但我們可以試著改變未來。

ACKS[1]

感謝羅曼・蓋伊，沒有他，這本書絕不可能誕生。他不僅把我帶進團隊（甚至邀了我兩次才成功），還幫助我構思出這本書的許多想法（其中有些來自我們在科技會議上一起做的簡報）。他還為這本書所進行的許多次採訪提供大力協助。哦對了，他寫了很多程式碼，我們當中許多人還在使用他的程式碼持續工作，到目前為止有數十億人在使用。

感謝我的妻子克莉絲，她在這個創作專案的早期和後期階段與我分享了詳盡周到的洞察與協助，還在這一路上屢次提供了專業編輯建議。而且，這個專案長期主宰了我們的家庭生活，謝謝妳沒有因此而追殺我。一切大功告成，我想是的。

感謝托爾・諾比（Tor Norbye），和我（與羅曼）交情很久的共同主持人，我們一起主持 Android Developers Backstage[2] 這個 podcast 節目，和其他開發人員暢談 Android 的開發大小事。我們所做的一些採訪單元（包括與費克斯・克爾克派翠克、馬賽亞斯・阿格皮恩與戴夫・布爾克的訪談）直接促成了這則故事的誕生，因為這正是關於 Android 的歷史。我喜歡和人們聊到他們所做的事情，也譜寫了這本書的緣起、核心與靈魂。

感謝丹・桑德爾為這本書的封面和內容畫了精彩有趣的藝術裝飾。當他拜訪山景城辦公室時，我一直很喜歡他留在白板上的漫畫塗鴉，就像留下他的指紋一樣。我也很喜歡能在這本書中看見他的畫，生動描繪出團隊與產品的童趣玩心。

感謝格雷琴・阿基里斯（Gretchen Achilles），她是我的朋友兼傑出的書籍設計師，幫助我打造這本書，使其得以出版。

1　ACK，或是 Acknowledge，是電腦通訊的一種信號，由於資料可能在傳輸中遺失，當一個系統傳送訊息給另一個系統，後者會以 ACK 作為回應，表示「收到了」，讓前者知道它不需要再次傳送同樣的訊息。

2　*https://adbackstage.libsyn.com*，或者在你常用的 Podcast 應用上搜尋。我們都在。

感謝多本暢銷書作家喬納森・席特曼（Jonathan Hittman），他非常耐心地回答我關於書籍、作者與出版社的真實世界該如何運作的問題。

感謝我的編輯蘿琳・哈德森（Laureen Hudson），沒有她，這本書將會是一本失色許多的東拼西湊之物，毫無可讀性可言。第一次和蘿琳合作是很多年前當我們還在昇陽電腦共事時，她為我所寫的技術文章編輯與潤稿。我很開心能夠重新建立起合作關係，讓她再次幫忙收拾我的爛攤子。

我還想提到一個人，他是 Google Android 工程部的副總裁戴夫・布爾克。戴夫也認為這是一個值得一讀的故事，並幫助我跨越了在講述一些關於公司內部、旗下員工與產品的故事時往往會突然蹦出的障礙。

我想向那些參與 Android 開發早期的人們致歉，很抱歉沒有機會與他們聊聊天。我多麼想做一場又一場的訪談（這是整個專案中最有趣的部分），我很願意認識這些人，了解他們是誰、曾經做了什麼工作、來自哪裡，以及如何幫助打造出這一切。不過，我需要確實地完成這本書。

感謝所有 Android 員工，過去的和現在的人們，他們毫無保留地提供了他們的寶貴時間、無數想法以及各種故事，幫助我能夠更完整地講述當時實際發生了什麼樣的故事。我想特別感謝每一位在訪談中提供協助的人，無論是實際對話或是透過電子郵件聯繫。幾乎我詢問的每一個人不僅願意忍受我源源不絕的問題，還對這個專案與我們的對談充滿熱忱。

儘管這個關於 Android 的故事遠遠超過了我直接訪談過、聊過、透過電子郵件，或是騷擾過的人們，我仍想要好好地感謝那些願意花時間的人們，幫助我驗證事實並且糾正那些憑空捏造的故事：馬賽亞斯・阿格皮恩、丹・伯恩斯坦、賽德瑞克・貝伍斯特、伊琳娜・布洛克（Irina Blok）、鮑伯・柏傑斯（Bob Borchers）、戴夫・博特（Dave Bort）、戴夫・布爾克、陳釗琪（Chiu-Ki Chan）、陳邁克（Mike Chan）、凱瑞・克拉克、麥克・克萊隆、崔西・柯爾、克里斯・迪波納（Chris DiBona）、德克・道格提、薩維爾・杜克羅海特、丹・伊格諾爾、艾瑞克・費斯切爾、麥克・費萊明、布魯斯・蓋、迪巴吉特・格許、萊恩、PC・吉伯森、羅曼・蓋伊、黛安・海克柏恩、傑夫・漢彌爾頓、艾德・海爾、亞維・維葉勒瓦、史蒂夫・霍洛維茲、黃偉、布萊恩・喬納斯、費克斯・克爾克派翠克、葛瑞絲・克洛芭、鮑伯・

李、丹‧盧（Dan Lew）、弘‧洛克海姆、伊利安‧馬契夫、安迪‧麥克菲登、桑‧梅哈特、查理斯‧曼迪斯、伊凡‧米拉、里奇‧麥拿、丹‧莫里爾（Dan Morrill）、麥可‧莫里賽、湯姆‧摩斯、馬可‧尼利森、喬‧奧拿拉多、傑森‧帕克斯、尼克‧沛利、安德烈‧包裴斯庫、尚-巴蒂斯特‧蓋呂（Jean-Baptiste Queru）、麥克‧瑞德、尼可拉斯‧羅亞德、安迪‧魯賓、丹‧桑德爾（Dan Sandler）、尼克‧席爾斯、傑夫‧夏奇伊、戴夫‧史帕克斯、布萊恩‧史威特蘭、大衛‧唐納、保羅‧懷頓（Paul Whitton）、傑斯‧威爾森、吳沛勳、傑夫‧雅克席克與瑞貝卡‧薩維恩。

我還要感謝那些花時間閱讀本書草稿並提供建議的人們。檢查後的程式碼總是比較好，這本書也不例外。我想特別感謝一些人，他們非常仔細地檢查書中內容，找出資訊落差、刪除累贅並糾正錯誤，同時提供了額外資訊，透過明察秋毫般嚴謹的態度審閱手稿，為本書的最終版本做出了巨大的貢獻。我很確定，關於這本書的建議回饋可以寫成另外一整本書。尤其是黛安‧海克柏恩、布萊恩‧史威特蘭和安迪‧麥克菲登提供了非常即時、深思熟慮且完整周到的意見評論，大大提升了這本書在技術內容的準確性。此外，感謝我的朋友艾倫‧瓦倫多夫斯基（Alan Walendowski）仔細閱讀本書並提供建議直到最後一刻，協助我找出那些在無數次重新閱讀與編輯相同內容後實在難以發現的問題。

謝謝各位。感謝，感謝，由衷地感謝！我為所有細節可能出現的小錯誤致歉，如果發現錯誤，請不吝回報。

簡介

在 2010 年五月中旬，我走進 Google 園區的 44 號大樓，開啟我加入 Android 團隊的第一天。距離我的工作桌不遠處，至少有六台咖啡機用來煮各式各樣香濃的咖啡。我對於這裡對咖啡因的高度需求感到驚訝，但這份驚訝並未持續太久。

當時，團隊正在收尾一個發布版本[1]，同時著手下一個版本[2]工作。這兩項工作既艱難又耗時，同時又非常關鍵，因為我們試圖讓 Android 在當時已經飽和的智慧型手機市場上搶得一席之地。團隊持續被一種朝向目標瘋狂奔馳的感覺縈繞，不知道是否能夠成功，但我們竭盡所能去達成它。工作節奏可以說是非常瘋狂，但是工作本身也非常振奮人心——不僅僅是因為咖啡因作祟。這樣的振奮感受來自於，無論需要付出多少心血，我們身處在一個非常專注於目標的團隊。

Android 的工作和我的第一份工作有著天壤之別。我的職涯起點，是在明尼蘇達州一間保守傳統的老公司做著朝九晚五的工作。這裡的員工幾乎在此待了一輩子，公司每年感恩節都會送退休員工一隻免費火雞。我當時已經做好心理準備；每週只需要工作 40 小時，然後不疾不徐地升職，直到我為退休生活和免費火雞做好準備。

---

1 Android 2.3 Gingerbread

2 Android 2.4 Honeycomb

結果不到一年，我就厭倦了這樣的生活，還不到第二年我就去念研究所，將我的技能重新注入到我真正喜歡的事物中：電腦圖形化程式設計。研究所畢業後，我去了矽谷，那個技術機會 [3] 蓬勃發展的應許之地。我加入了昇陽電腦（Sun Microsystems）公司，在那裡累積實力了幾年，直到另一份有趣的工作來敲門。

在接下來幾年中，我從一家公司跳槽到另一家公司，因為其他工作、技術和人們在我的技術生活中帶來了不斷變化的多樣性。我曾在昇陽電腦（工作過幾次）、Anyware Fast（幾個朋友創立的外包公司）、DimensionX（早年一家網路新創，後被微軟收購）、Intel、Rendition（一家被美光公司收購的 3D 晶片新創），還有 Adobe 等公司服務過。

我的父親是服役 21 年的退休海軍，他非常看不慣我頻繁的工作變動。養老金怎麼辦？工作有足夠保障嗎？我家人對此沒有感到不安嗎？

他並不瞭解的是，這就是矽谷的現狀，也是世界各地越來越多高科技產業的現狀。每一份新工作都讓我學到一些新的技能，對未來的前景與產品做出貢獻。這樣的工作態度與現實情況，都應驗於所有在科技公司之間流動的工程師們。我們持續培養技能，在創造各式產品的過程中也持續互相學習借鑒。不同的工作背景與經歷為新的專案提供了各種急需的技能，共同解決未知的問題，並提供創新的解決方案。

2010 年，另一個機會出現了。我的朋友羅曼・蓋伊（我們也合著了一本書 [4]），他在 2005 年曾在昇陽電腦實習，這時遇到了一個問題。他在 2007 年加入 Android 團隊，因為工作太忙碌而無暇編寫一個必要的動畫系統。他認識我，而且知道這是我會喜歡的專案內容。經過幾次面試，五個月後，我加入了位於 Google 的山景城園區第 44 號大樓的 Android UI toolkit 小組，開始比以往任何時候都更加努力工作。

3 　或至少是「科技公司的聚落」，讓你可以在科技業裡找一份工作。

4 　《Filthy Rich Clients: Developing Graphical and Animated Effects for Desktop Java Applications》。如果你喜歡本書，也可以看看我寫的其他著作。但《Filthy Rich Clients》這本書基本上不會在我的推薦名單中。我的意思是，雖然我真的很喜歡這本書，但本書的內容是關於 2007 年的事，這在「科技年」中至少是好幾十年前的事了。

我從建立新的動畫系統開始，然後在我們努力完成即將發布的版本時，致力於底層的效能與圖形化軟體。我在同一個團隊中待了很多年，編寫了圖形化、效能和使用者介面的程式碼，最終成為主管並帶領這個團隊好幾年。

在加入 Android 團隊之前，我所做過的大多數專案都非常有趣……但能見度並不高。如果我的家人問我做了些什麼，我會告訴他們我寫了哪些軟體。然後我會用很草率的方式描述哪些應用程式很有可能使用我的軟體，因為事實上他們永遠不會親眼看到我所寫的程式碼。這些程式碼是真實的人們（消費者）不會在現實世界中遇到的東西。

然後我加入了 Android 團隊，編寫全世界的人每天都會使用到的軟體[5]。或者當 Android 設法在競爭中生存下來，人們就會使用到。

挑戰不斷

> 我們不知道它會徹底失敗還是會成功。當它真的成功時，我想人們的反應是既驚訝又興奮。
>
> —— 伊凡·米拉

Android 的早期團隊是一群經驗豐富、主張明確的人，他們對試圖打造的東西充滿信心，但同時面臨著一場艱難戰役，要讓它發布到最初的 1.0 版本。

團隊的目標是建立 Android 作業系統（OS）。這包括從底層的核心和硬體驅動程式，到整個平台軟體的一切，這個作業系統還需要為應用程式建立 API、有助於開發這些應用程式的工具、內建於平台的幾個應用程式，以及供這些應用程式進行通訊的後端服務。哦，他們還想用新手機來交付這一切。

這個作業系統軟體將會免費提供給製造商，讓他們製造自己的手機。這些合作夥伴負責製造硬體，而由 Android 提供軟體。這個作業系統將有助於手

5　當然還有 bug（錯誤）。不存在任何 bug 的程式，就是那些尚未開始編寫的程式。我們盡可能地進行測試，但是現代軟體系統的複雜性意味著 bug 永遠可能存在。秘訣是確保這些 bug 不是致命錯誤，並且一旦發現它們就立即修正。然後我們就能回歸正業，繼續編寫更多程式（和更多 bug）。

機製造商專注於硬體產品，把日益複雜的軟體問題留給 Android 解決。與此同時，Android 將透過在各式各樣的手機上打造一個統一的平台來幫助應用程式開發者，使開發者能夠為這所有的裝置編寫一個單一版本的應用程式，而不是為迎合不同的裝置要求而發布不同版本。

Android 團隊擁有來自 Google 的資金投入、可以接觸公司內部一群在編寫大規模軟體方面經驗豐富的工程師、一個飛速成長的智慧型手機市場，以及一個專注於開發直到產品準備就緒的團隊。這怎麼可能會失敗呢？從後見之明來看，Android 的成功似乎是理所當然。

但在早期，這個團隊活在一個非常不同的現實中，想讓 Android 持續存在，這件事顯得非常脆弱。

首先，雖然團隊獲得了來自 Google 的資金，但 Android 只是 Google 投資的眾多計畫之一。Google 對於 Android 專案的押注並不是賭上一切的背水一戰，而更像是投資一個可能性，看看這個團隊能創造些什麼[6]。

此外，Android 想要進入的產業中，深耕多年的競爭對手雲集，初來乍到的新玩家沒有一條明路。在低階市場中，諾基亞手機的蹤跡遍及全球。Danger、BlackBerry 和 Palm 都為熱情無比的忠實用戶提供了有趣的智慧型手機[7]選擇。當時還有各式各樣的微軟手機。任何待過軟體業的人都知道，你隨時都應該對來自微軟的競爭保持警惕[8]。

後來，蘋果在 2007 年進入智慧型手機市場，在一個已經過度飽和的領域中又迎來了另一個競爭對手。蘋果也許是智慧型手機的新手，但他們在作業系統、消費者運算裝置和廣受歡迎的 iPod 方面締造了非常優秀的紀錄。

6　大約在同一時期，Google 在網路科技領域也採取了相同的戰略投資，開始打造自己的瀏覽器（Chrome）。它們知道自己至少得探索這些領域，防範日後來自其他公司的競爭。

7　在此處，我使用的是「智慧型手機」的廣泛定義。當這個詞語被首次使用時，一開始是指電話加上資料，也就是可以透過電子郵件或即時訊息等方式進行更多的通訊交流；基本上就是一個更加豐富的通訊裝置。今天，智慧型手機所涵蓋的遠遠不止這些基本功能，還包括應用程式、遊戲、觸控式螢幕，還有當手機結合資費方案後催生出的大量科技。

8　第一代 iPhone 的產品行銷總監鮑伯・柏傑斯（Bob Borchers）曾說：「你永遠不能將微軟排除在外。他們會不斷投注資金、致力開發，直到確實推出真正的產品為止。」正如多年前我的一位同事說過：「當微軟進入你的市場，那就趕快閃人。」

在 Android 發布新聞稿之前，市場上的這些玩家都早已享負盛名，更不用說正式發布產品了。

為了在這個艱難市場中勉力競爭，早期團隊專注同一個目標，致力實現 1.0 版本。每個人的眼光都專注於這個目標，大多數人在近乎瘋狂的時限下片刻不停地埋首工作。

但是，「想要構建這個作業系統」並不意味著每個人對構建這個系統的方式都毫無異議，也不代表這個作業系統絕對能大獲成功，甚至不等同於「他們想要構建的東西」。團隊中的一位工程師安迪・麥克菲登說：「我們有很多人對做事情的正確和錯誤方式有著強烈的個人觀點。有時他們會產生意見分歧，這種分歧有時會變得豐富而多彩。」

即使當 Android 發布 1.0 版本，以及第一部 Android 手機出貨時，團隊成員也不清楚這個專案到底會不會成功，甚至這個專案是否還會繼續。團隊的技術專案經理（technical program manager，TPM）萊恩・吉伯森表示：「在早年，Android 內部的氛圍是一種經常處於失敗邊緣的魯蛇，為了確保一絲一毫的進展，我們不得不非常努力地工作。成功遠非我們預料中的結果。我們晚了別人一整年。如果我們還拖拖拉拉到下一年，我們可能只會成為歷史中的一個註解，而不是一個可行的方案。」

在我加入團隊的這些年裡，我聽說了 Android 早期的發展和困難，每個人都在努力獲得競爭所需的平台。然後當我在團隊的時間裡，我看到 Android 取得了一定程度的成功，這就引出了一個問題：怎麼做到的？也就是說，在 Android 的發展中，究竟是什麼因素讓它在早期岌岌可危的日子裡獲得驚人的成長？

寫作這本書的想法開始於我意識到 Android 的開發故事最終會被遺忘在歷史長河中，因為開發這個系統的人最終會轉向其他專案[9]，漸漸忘記當時的工作發生了什麼。2017 年，我開始紀錄與早期團隊成員的對話細節，捕捉這個故事的全貌。

9　參考本章前面我所寫道關於人們轉移到其他專案或公司的故事。這在 Google 和 Android 專案，在其他科技公司也是如此。工程師們來來去去，四處流動。

實作細節 [10]

這是一本篇幅很長的書（比我當初想像的還要長得多，不過比我的初稿簡短多了）。這裡有一些閱讀本書的小提示，讓這個大主題的結構更加清晰一些。

首先是 Android 這個詞。讓我的編輯瀕臨抓狂的一件事就是，我經常使用 Android 這個詞來表示任何東西，從新創公司，到被 Google 收購後的團隊，到正在構建的軟體平台，到手機產品，再到開放原始碼，甚至是某人的暱稱。

這裡的根本問題是……這就是 Android 團隊使用這個詞的方式：它可以指 Android 這家公司，或者是 Google 內部的 Android 部門，可以代表 Android 軟體，或是 Android 手機，也可以是 Android 生態系統，還可以是 Android 這個團隊。

在卡通《瑞克和莫蒂》[11] 中有一集劇情是，不同星球的居民以各種看似不相關的方式使用 *squanch* ＊ 這個詞。最後，瑞克解釋：「Squanch 這個詞更多的是脈絡上的意義，而不是字面上的意思。你只要說出你的想法，人們就會明白。」

Android 這個詞也是一樣。你只要說出你的 Android，人們自然會明白你指的是什麼。

第二，這個故事會按照時間順序來講述……大概啦。換句話說，我以時間向前流逝的方式來描述發生的事情和做這些事情的人，因為時序是一種用來組織相互關聯的複雜人事物的實用方式。然而，想要按照嚴格的時間順序講述這個故事是不可能的，因為有太多的事情在同時發生。所以你只會

---

10 「實作細節」（implementation details）是工程師們口中經常出現的詞語。當有人想要知道大方向概念而不是冗長繁複的技術細節，例如程式碼具體該如何編寫等等。當然，軟體專案的實作與完成其實是最困難與耗時的部分，所以，這就好比假裝冰山上的一角安然無恙，而暫時不去管冰山底下的絕大部分。

11 第二季第 10 集：<The Wedding Squanchers>

＊ 譯註：該影集中的自創單字，意為「窒息式自慰」

注意到，故事劇情可能會隨著某人在 1.0 或後續版本中的工作而進行，然後時間軸可能又會倒回去講述團隊中其他人的故事。

說到時間，這本書的故事從 Android 的創立開始，一直持續到 2009 年末。大部分發生在 2008 年末 1.0 版本[12] 發布之前。到了 1.0 版，支撐 Android 未來的大部分元件已經就緒。接著，時間軸繼續往後走一年，直到 2009 年底，也就是在 Motorola Droid 於美國正式發布之後，得以瞥見 Android 的成功曙光之時。

最後，我希望這本書適合所有人閱讀，而不僅僅是那些知道（事實上，真正關心）技術細節的軟體和硬體工程師。為了不讓讀者在這一路上失去興趣，我會努力避免著墨太過技術性的細節。但是，如果不使用「作業系統」這樣的術語來描述如何打造一個作業系統是不可能的，這些術語對於那些不以寫程式為生的人來說可能非常陌生。我會在這一路上試著定義這些術語[13]，但是如果你在某個段落中對於 *API* 是什麼感到困惑，或者不清楚我所說的 *CL* 是什麼意思，請參考附錄中的「技術行話」部分。

故事由此開始

2017 年 8 月[14]，我開始與 Android 早期團隊展開對話，從與黛安・海克柏恩和羅曼・蓋伊的午餐聊天[15] 錄音開始。在接下來的幾年中，我持續採訪早期團隊中的大多數成員（大部分是面對面交談，但有時會透過電子郵件）。

---

12 1.0 版本是向使用者開放的第一個版本，也是其他公司可以用來打造自家基於 Android 裝置的版本。1.0 版最開始只開放給 G1 手機使用。

13 我做了大量備註。

14 當我在 2021 年 2 月再次閱讀這一部分，另一個（但不是最後一個）漫長的編輯階段即將告一段落，我意識到我花在編寫 Android 故事上的時間比團隊花在構建整個作業系統和發布 1.0 產品上的時間還要長。

15 採訪的實用秘訣：不要在午餐時段進行採訪，否則你會面臨重新聽錄音時，必須努力聽懂人們一邊咀嚼一邊說話的狀況。

如果是面對面的訪談（直播或視訊聊天），我會準備一個帶錄音功能的麥克風[16]，因為我很快就意識到手抄筆記是遠遠不夠的。首先，像丹·桑德爾和黛安·海克柏恩這樣的人說話的速度比我思考的還要快，更不用說寫下他們的發言了。而且，比起瘋狂地記筆記，使用錄音讓我更能參與其中。

我花了很多時間進行這些對話。然後，因為書面文字比錄音更容易查閱和搜尋，我花了更多的時間將對話轉錄成文字[17]。當我花了大量的時間去聽、轉錄和閱讀這些對話，我意識到了一件美好的事情：這些對話不僅僅是為了這本書的研究文獻；它們就是那本書。我原本打算用這些訪談作為背景資料，來幫助我理解全貌、時序發展和一些我不見得會發現的細節。但我沒有預料到的是，每個人都用自己的話講述這個精彩的故事。

我在這本書中引用了很多訪談內容。事實上，我盡可能地引用而不是轉述，因為故事最好是從當時在場的人的角度來講述，每個人都有自己的聲音，對事件有著自己獨特的看法。

請和我一起進入 Android 的核心地帶，透過聆聽成就這一切的人們的聲音，瞭解 Android 團隊和作業系統如何誕生。

---

16 我經常帶上我的朋友兼同事羅曼·蓋伊，他是早期團隊的成員之一，也是幫助我組織和進行許多採訪的人。

17 另一個訪談秘訣：如果你必須得這麼做，請找個軟體讓你以接近打字的速度播放錄音檔。以我來說，這個速度大約是實際說話速度的 40%，同時取決於我採訪對象的語速。這種方法的唯一缺點是，在這種非常慢的語速下，每個人聽起來都像是喝醉了。更好的方法是：等待技術發展到成熟時。2020 年，當我正在記錄最後幾段對話時，Google 推出了一款可以錄音並自動轉為文字的 Android 應用程式。你必須熱愛科技發展的步伐，除非它變得為時已晚，再也無法派上用場。

PART I

一開始

在一開始，勢在必得的感覺從來不存在。Android 不應該如此成功的原因多到數不清。我個人認為，想要重現這一切是不可能的。這裡面有一種魔力。

—— 伊凡・米拉

1

Android…
相機的作業系統？

> 數位相機的 Wi-Fi 介面在更高階的數位單眼相機中越來越像一回事。這些東西變得越來越強大，但 UI 還是糟透了。
>
> —— 布萊恩・史威特蘭

最一開始，Android 公司的目標是打造一個名為 FotoFram 的數位相機平台。

2003年的數位相機技術變得越來越有趣；數位單眼相機（DSLR）將高品質鏡頭結合越來越大的感測器，捕捉數位影像檔案中的更多細節。但是，這些相機的軟體……差強人意。

安迪・魯賓最近剛剛離開他創辦的手機製造公司 Danger，正在尋找一個新的專案。他與 WebTV 的前同事克里斯・懷特一起創辦了一家新公司，致力開發更好的相機軟體。安迪擔任執行長（CEO），而克里斯是技術長（CTO），他們在 2003 年底創辦了 FotoFarm 這家公司，為數位相機提供作業

系統。他們所設想的軟體能夠帶來更好的 UI 和網路，以及執行應用程式的能力。與優質相機硬體兩相結合，他們將在攝影與影像功能與體驗的領域中開闢新的疆土。

克里斯告訴安迪，他們應該可以想出一個比 FotoFarm 更好聽、更有吸引力的名字。而這時的安迪擁有一個名為 Android.com 的網域，所以他們把公司名字改為 Android，並且委託設計公司 Character 協助設計企業形象識別，包括公司標誌與名片。

讓投資人相信他們對於 Android 相機平台的願景，正是他們所需要的。但是，沒有人關心相機；每個人只想談論手機。

安迪邀請尼克・席爾斯到 Android 位於加州帕羅奧圖的辦公室作客，為後者推銷相機作業系統的商業點子。這兩人曾在 Danger 的手機「T-Mobile Sidekick」上有過密切合作。尼克已經決定離開 T-Mobile*，但會繼續從事手機相關業務。他想要打造一款面向消費者的智慧型手機，超越他們過去在 Danger 開發過的東西。尼克認為，Danger 的表現之所以不如預期，原因之一是裝置本身的介面和形狀：「每個人都認為這是一款具有標誌性的裝置，但我們知道這款手機的形狀還不夠小巧，人們不想把它拿在手中。它仍然是一個很笨重的裝置，它的螢幕像是另一個單獨存在的東西。」

Android 的願景並沒有吸引到尼克；他對相機不感興趣。手機領域才是他的經歷與興趣所在。他告訴安迪：「如果你改變主意決定做手機，再聯絡我吧。」

那次對話的不久之後，安迪與另一位在 Danger 共事過的同事里奇・麥拿聊了起來。作為他的雇主——行動通訊商 Orange——的代表，里奇是 Danger 的早期投資人。透過這樣的緣分，讓他與安迪有著深入瞭解，里奇一直與他保持聯絡，想看看安迪未來打算做些什麼。

里奇和尼克一樣，建議安迪的新創公司考慮開發手機，而不是相機。里奇在手機市場中深耕多年，他看到了 Android 於此有所作為的潛在機會。克里斯也和安迪提過這種可能性。但是安迪仍然有些抗拒。

---

* 譯註：T-Mobile 為美國電信業者之一。

安迪不想再做手機了。他為當時在 Danger 的經驗感到灰心，因為最後結果不如預期。然而，與此同時，他向風險投資人推銷相機作業系統的創業計畫，卻沒有激起任何水花。此外，他還觀察了相機市場的現實情勢，發現當時相機銷量正在下滑，因為製造商開始在手機上搭載相機功能。

2004 年 11 月，安迪參加了另一場風投會議。他的相機作業系統依舊無法引發任何投資人的興趣。所以他將話鋒一轉，提到了手機作為另一種可能性，然後看到了會議室裡的耳朵紛紛豎了起來。

安迪終於投降了。他回頭聯繫了尼克與里奇，並告訴他們，他現在準備好開發一個手機的作業系統。

這就是里奇和尼克要的。他們開始與安迪一起工作，以手機作業系統為核心，制定商業計畫和簡報素材。2005 年初，他們兩人以聯合創辦人的身分加入了 Android 公司。

安迪並沒有建立他的相機作業系統。但是考慮到相機功能之於現今智慧型手機的重要性，安迪可以說是創造了有史以來最被廣為使用的相機 OS；他只是用了比較迂迴的方式。

2
農場團隊

這是 Android 最酷的事情之一：在最初的一百人中，幾乎每個人以前都這麼做過。我在做一些我已經犯過錯誤並從中吸取教訓的工作。每個人都是這樣。

—— 喬·奧拿拉多

和其他科技一樣，Android 與其說是一種產品，或是一種發布版本，倒不如說是打造 Android 背後的人們，以及在打造這項東西的過程中所凝聚的集體經驗。因此，Android（手機作業系統）的發展源起，甚至比這家新創公司的創辦日期還要早得多，我們必須追溯到 Android 團隊成員的共同經歷。

Android 的奇蹟之所以發生，是因為其他許多努力的成果率先出現。或者，更準確地說，Android 之所以存在，是因為開發它的人們以前曾在各式各樣的公司中一起共事過，它存在於一個各家手機平台與桌機平台公司之間不斷變動的文氏圖*。正是在這些其他公司的經歷，讓 Android 的早期先鋒累積

---

* 譯註：文氏圖（Venn diagram）是為了說明基本性邏輯關係，以閉合的區域表示集合的圖示法，由 19 世紀的英國數學家與哲學家約翰·維恩（John Venn）發明。

了他們的知識、技能以及與同行的合作經驗。當他們加入 Android 團隊時，能夠在相對較短的時間裡迅速進入狀態，從零開始構建新的作業系統。

對於早期 Android 團隊影響最大的公司包含 Be/PalmSource[1]、WebTV/ 微軟，以及 Danger。他們都沒有直接成為 Android 系統的一部分，而且大多數公司都沒有在市場上獲得顯著進展。但它們提供了一個無比肥沃的試驗場，幫助工程師們習得關鍵技能，在日後開發 Android 作業系統時加以發揮。

Be, Inc.

Be 作業系統（BeOS）現在已是電子計算機歷史的一個註解[2]。事實上，你可能甚至沒有聽說過 Be 或是 BeOS，更別說使用過這家公司的軟體或硬體了。但是，Be 對於運算平台的深遠影響毋庸置疑，姑且不論其他原因，光是這家公司聚齊了許多後來打造出 Android 系統[3]的員工、狂熱使用者及開發者這一點，其影響力可見一斑。

Be 是桌上型電腦大戰的後起之秀，在 1990 年代推出新的作業系統，試圖與深耕多年的微軟與蘋果桌機系統一競高下。而結果並不令人滿意。

Be 在這一路上做了各種嘗試。他們推出自己的電腦硬體（BeBox）。他們將 BeOS 移植到 PC 和 Mac 的硬體上，並試著銷售這套作業系統。他們差一點被蘋果公司收購（事實上，他們收到了一份收購報價，但是當 Be 的執行長採取拖延戰術以獲得更好的談判籌碼時，史帝夫・賈伯斯突然出現，說服蘋果公司改為收購他的公司 NeXT Computer。）1999 年，Be 進行了一次乏人問津的首次公開招募（IPO）[4]。到了 2000 年，已經沒有人購買 Be 的硬體或作業系統了，這時這家公司嘗試採取團隊口中的「重心轉移」，為網路設備打造作業系統，卻依舊沒有引起人們的興趣。

1　這個世界上沒有任何一家公司的名字叫做 Be/PalmSource，也沒有一家叫做 WebTV/Microsoft 的公司。而是一家叫做 Be 的公司後來被 Palm 收購，然後 Palm 又將這個部分獨立出來，成為另一家名為 PalmSource 的公司。同樣地，有一家名為 WebTV 的公司，後來被微軟收購。

2　就像這個註解。

3　這本書主題是關於 Android 如何成為 Android。這個部分是關於 Be 如何成為 Android。

4　麥可・莫里賽（後來負責帶領 Android 的服務團隊）在 Be 公司上市後隨即離開：「結果並不如當初預期，Red Hat 的 IPO 造成轟動，改變了整個 OS 產業的情勢。」

最後，Be 於 2001 年被 Palm 收購（Palm 隨後將該部門獨立出來，成立另一家名為 PalmSource 的新公司），為未來的 Palm 裝置打造作業系統。具體而言，Palm 收購的是 Be 的智慧財產權（IP），並僱用了 Be 的許多員工；Palm 並不是收購 Be 這家公司，也沒有收購其債務與資產（如辦公室傢俱）[5]。

Be 對於 Android 的發展歷史意義重大，這有幾個原因。首先，Be 聚集了一群有志於作業系統開發的方方面面的工程師，從使用者介面到圖形化，到裝置驅動程式（讓作業系統與硬體進行通訊，例如印表機和顯示器），再到核心（處理平台所需基礎的底層系統軟體）。這些項目恰恰創造了打造出像是 Android 作業系統所需的一切技能。

此外，BeOS 成為了作業系統中的「另類經典」。世界各地的工程師在大學期間或是業餘專案中偶然遇見了 Be，開始與這個系統結下不解之緣。Be 在

5　曾在 Be 工作過，後來加入 Android 的傑夫‧漢彌爾頓，對於 Be 公司出售資產一事，他是這麼說的：「他們為公司所有實體資產舉辦拍賣，椅子、顯示器……我去買下了我工作桌上的顯示器，因為那是一個很棒的 Sony Trinitron 顯示器。而負責舉辦拍賣的公司（他們收取費用，負責蒐集和管理所有東西）就在他們賣掉所有東西，應該向 Be 公司支付拍賣費用的時間之間宣告破產了。因此，Be 售出了實體資產，卻一分錢也沒拿到。這似乎是科技業泡沫破裂的典型劇情。」因此，Be 公司確實賣掉了資產，卻從未收到實際帳款。

多媒體[6]、多處理[7]、和多執行緒[8]方面的先進能力，使它成為志在作業系統開發的工程師們的遊樂場。許多不曾在 Be 公司工作過的 Android 工程師也自己擺弄過 BeOS，並燃起了作業系統開發的熱情，後來把這份熱情帶到了 Android 團隊。

當 Be 公司被收購後，有一半的公司去了 Palm（不久之後的 PalmSource）工作[9]。在那兒，他們繼續從事作業系統的開發工作，打造 PalmOS Cobalt，最終這個作業系統並未搭載於任何裝置。在這個過程中，工程師團隊持續磨練他們在作業系統開發方面的技能，同時也獲得了行動裝置方面的經驗，這是他們當時開發 Palm OS 的目標。

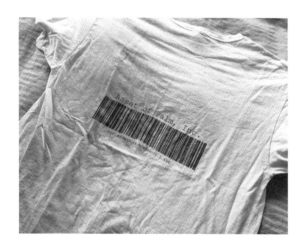

◀ 加入 Palm 的前 Be 工程師製作了一件 T 恤，反映出他們對於此次收購的嘲諷態度。（照片來自馬賽亞斯·阿格皮恩）

6　多媒體＝影音與音訊。

7　多處理（multiprocessing）是指利用硬體來平行處理多個工作的能力。如今這種功能在大多數硬體中都很常見，從搭載多核心 CPU 的桌上型電腦到一般而言至少搭載雙核心（或更常見的四核心或以上）的手機。

8　多執行緒（multithreading）是指從軟體或者硬體上實現多個執行緒並行執行的技術，這些執行緒可以在各自獨立的多個處理器上執行，或是在同一個共用的處理器上執行。BeOS 以擁有多執行緒 UI 而知名，這在過去（包括現在）是非常罕見的。這為使用者提供了效能優勢，卻也為應用程式開發者增加了工作複雜度。Android 最初採用了類似方法（由一位前 BeOS 工程師實作），但最終放棄這種做法，轉為採用一種不那麼脆弱的單執行緒 UI 模型。

9　馬賽亞斯·阿格皮恩還記得：「Palm 從 Be 帶走了 50 人，然後在我們加入幾天後宣布裁員，並告訴我們也該進入裁員名單才算公平。所以他們請走了我們之中的三個人。這下可以有個好的開始了。」

PalmSource 公司在 2005 年末被 ACCESS 收購。由於對新公司的發展方向缺乏共鳴，許多前 Be 工程師另闢蹊徑，找到了 Google 的 Android 專案。到了 2006 年中，前 Be 員工佔了 Android 團隊的三分之一。

WebTV/Microsoft

WebTV 成立於 1995 年中，在不到兩年後即 1997 年 4 月被微軟收購 [10]。早年從微軟公司加入 Android 的人主要來自 WebTV 團隊，以及同部門的其他電視／網路團隊，如 IPTV。

WebTV 是將網際網路引入電視的首批系統之一。這在今天看來很愚蠢，因為我們早就透過電視上的網路服務來觀看大部分或全部影視內容。但在當時，這兩者是截然不同的世界，當時大多數人透過個人電腦來存取網際網路。

當時 WebTV 的團隊正在為使用者打造一個平台，讓他們觀賞除了電視節目以外的內容，因此他們需要建立一個執行在硬體上的軟體平台、一個用於構建應用程式的使用者介面層，以及運作於該平台的應用程式。這個團隊構建了一個作業系統、一個 UI 工具組（負責應用程式中使用者互動的系統）、一個用於編寫應用程式的程式設計層，以及供網路裝置使用的應用程式。這些工作成果為人們帶來了實務經驗，對於後來發現自己在 Android 上構建非常相似的東西的人們來說，這些經驗都派上了用場。

Danger, Inc.

Danger 公司由安迪・魯賓、麥特・赫申森（Matt Hershenson）和喬・布里特（Joe Britt）於 1999 年 12 月創立。最初，這家公司生產一種可隨行的數據交換裝置，這個產品的綽號為「堅果奶油」（Nutter Butter）[11]，因其形狀像同名的餅乾。

---

10 在 WebTV 被收購的同時，微軟公司也收購了我當時工作的一家網路新創公司。我們這個小公司的收購細節從未公開，我也不打算在這裡公開，但可以說，當我們得知 WebTV 被以 4.25 億美元收購時，我們對自家公司的收購價感到很失望。非常失望。當然，WebTV 有一個更大的團隊和一個實際的產品，這個部門也持續生產讓微軟銷售了一段時間的產品，這比我的新創公司所生產的產品還賣得更好。所以也許更高的收購價是合理的。也許啦。

11 他們也幫產品起了另一個名字 Peanut，因為這就不牽涉到餅乾品牌的版權問題。

◀ Danger 公司的 Nutter Butter 裝置。其用途是為了交換數據，不是用來果腹的點心（照片由尼克‧席爾斯提供）

在 2000 年至 2001 年的網際網路泡沫期間，這家公司轉而生產一種能夠以無線方式自動同步數據的裝置。但這個裝置還不是手機。接著，在 2001 年 1 月，安迪在消費電子展（CES）[12] 上遇見了 T-Mobile 的尼克‧席爾斯。

尼克‧席爾斯與行動數據

在 1984 年，尼克是一名美國陸軍士兵，從事行政工作以獲得大學獎助福利。然後他在觀看超級盃時，看見了蘋果公司那一支蔚為傳奇的 1984 年廣告：「我知道我們正處於一場技術革命的開端。於是我走進 ComputerLand，丟下 3200 美元，帶走一台 IBM PC（一個軟碟機）、DOS、turbo pascal、Lotus Notes、WordStar 和一台點陣式印表機。白天，我是一台每分鐘只能打出 40 個單字的機器。到了晚上，我變成了一個溫文儒雅的電腦阿宅。」

尼克將他的電腦技能與商業學位兩相結合，並於在 1980 年代後期加入 McCaw Communications 公司 *。借助該公司於產業的優勢戰略位置，他觀察了未來十年行動通訊產業和網際網路的發展趨勢。到了 2000 年，他以副總裁身分加入 T-Mobile 公司 [13]，擔綱該公司的無線數據發展策略。

12　CES=Consumer Electronics Show，為一個知名國際性電子產品和科技的貿易展覽會，每年吸引來自世界各地的主要公司和業界專門人士參加。

13　T-Mobile 公司的前稱是 VoiceStream Wireless，在 2002 年改名為現在的 T-Mobile。

*　譯註：McCaw Communications 為美國蜂巢式行動電話的先鋒，於 1990 年推出全美第一個蜂巢式通訊系統「Celluar One」服務，並於 1994 年被 AT&T 公司收購。

當時 T-Mobile 剛成立了一個專門研究無線網路的團隊，他們對此寄予厚望。他們是美國唯一採用 GPRS[14] 技術的通訊商，他們的行動網路比其他通訊商還要早一年到位。尼克的任務就是將無線網路變為現實。這意味著要出發去尋找，或者在必要時創造出需要和使用這種新型網路的裝置。

尼克和他的團隊發現，如果沒有更好的鍵盤體驗，就不可能有更豐富多彩的網際網路體驗。在當時，使用 12 鍵的傳統手機撥號鍵盤[15] 到網路上找點樂子都是一件不可行、甚至是不愉快的事。因此，該團隊專注於尋找具有 QWERTY 鍵盤[16] 的潛在裝置。

當時 T-Mobile 已與 RIM[17] 合作，並說服他們在以前只有電信網路功能的 BlackBerry 手機上增加無線網路功能。但這些手機的外型（尤其受用戶青睞的皮帶夾）不怎麼能夠吸引那些非商務導向的消費者。

尼克參加了 2001 年的消費電子展，尋找消費電子產品的可能性。他見到了 Danger 的執行長安迪・魯賓，後者向他展示了 Danger 最新的產品模型。就像 BlackBerry 一樣，它也是純電信網路的。不過，就像 BlackBerry 一樣，尼克告訴安迪，T-Mobile 需要它成為一部「手機」，因此 Danger 轉而增加電話功能，並與 T-Mobile 合作開發第一款智慧型手機。

尼克回想了 T-Mobile 促成這些具全新數據功能的手機的努力，他說：「我們是將手機放進智慧型手機的人。」

2002 年 10 月，Danger 發布了他們的 Hiptop[18] 手機……但是 T-Mobile 堅持為它重新命名。正如尼克的解釋：「企業經理人和工程師將 BlackBerry 配戴在

---

14 GPRS=General Packet Radio Services，「通用封包無線網路」是當時出現的新型態行動數據網路功能，提供更優於當時其他選項的網路連線。

15 事實上，諾基亞曾經嘗試過全鍵盤式的裝置，但並未獲得成功。當尼克與他們談話時，他們並不願意為裝置添加適合的網路功能並重新引入美國市場；他們將最初的挫折視為一個強烈的危險信號，拒絕了尼克的提議。

16 QWERTY 是基於拉丁字母（包括英文）的傳統鍵盤，QWERTY 為字母區第一行的前六個字母。

17 RIM=Researcn in Motion，黑莓手機的製造商。

18 當時曾在 Danger 工作的費克斯・克爾克派翠克對於這個名稱是如此解釋的：「這是關於筆記型電腦（laptop）的一個笑話，hiptop 是你放在臀部的東西，儘管我永遠不會用那些腰掛皮套來裝手機。你一定是在開玩笑吧？要我把 Docker 放在我的肚子上？別開玩笑了。」

臀部，就好像帶著一台 HP 計算機一樣，但我們不認為消費者會用手機這麼做。」最後，這個產品在上市後被命名為「T-Mobile SideKick」。

這款裝置介於當時的 2G 手機和未來的智慧型手機之間。比方說 Hiptop 提供了一個真正的網路瀏覽器（相形之下，當時手機上的瀏覽器屈指可數）。此外，Danger 手機有自己的應用程式商店，這是同類產品中的首例。但這個應用程式商店的內容是由 T-Mobile 主導的。當時，通訊商掌控著讓哪些應用程式在其網路上執行的生殺大權，被稱為圍牆花園（*walled garden*）[19]。

這些功能，以及雲端／網路功能，包括 Hiptop 的即時電子郵件和聊天通訊的持續連線功能，以及無線更新功能，都可見於日後的 Android 手機，正如一些開發人員在 Danger 手機上實現了這些功能一樣。

最終，Danger 手機始終沒有從小眾圈子走向大眾市場。網路電子郵件、訊息和瀏覽的結合，加上 T-Mobile 極其強勢的網路吃到飽方案定價，共同促成了當時功能強大的手機。Danger 的手機獲得了很多注目，特別是在科技圈[20]和流行文化圈（包括 2006 年電影《穿著 Prada 的惡魔》中亮相的第二款 Hiptop 手機）。然而，這些手機並沒有獲得消費者與其錢包的青睞。儘管如此，這些手機在推動行動網路領域的發展方面，從創造這些裝置的技術，到這些裝置所帶來的全新體驗，再到這一路上受 Danger 手機所啟發的工程師團隊，在在發揮了極大的影響力。

整合

早期 Android 團隊的大多數人們都曾在這些公司中的一家或多家工作過：Be/PalmSource、WebTV/ 微軟和 Danger。在 2006 年中期，這些人至少佔整個團隊的 70 %，而且一直是團隊的大多數，直到 2007 年。

---

19 這道圍牆必須被拆除，好讓 Android 在內的生態系統得以生存；更多內容請翻閱第 22 章「Android Market」。

20 包括 Google 的共同創辦人，他們是 Hiptop 手機的忠實粉絲。這件事有助於安迪在許多年後向 Google 成功推銷 Android 專案的點子。

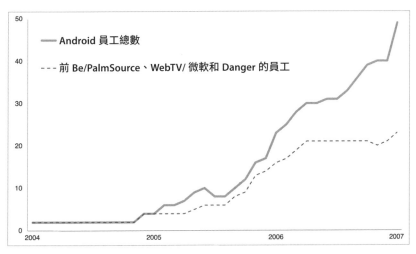

　　　50
　　　40
　　　30
　　　20
　　　10
　　　0
　　2004　　　　　　2005　　　　　　2006　　　　　　2007

── Android 員工總數

--- 前 Be/PalmSource、WebTV/ 微軟和 Danger 的員工

⌄ 大多數在 2006 年加入 Android 團隊的人們至少在 Be/PalmSource、WebTV/ 微軟和 Danger 等其中一家或多家公司工作過。

在科技業，尤其是在矽谷，一個不爭的事實就是人們在各家公司之間流動，而在一個人的職涯中，他最終可能和其他人在不同的地方和背景下再度共事。當你離開公司時，過河拆橋從來都不是一個好主意。首先，待人得體是你應該做的事情。在矽谷，燒掉這些橋是一個非常糟糕的主意，因為未來的你很有可能需要和同樣的一群人一起過橋；如果當時的橋沒有著火，事情就好辦許多 21。

以 Android 的例子來看，人們兜兜轉轉之後在同一家公司工作，並不止是簡單的機緣與巧合。早期團隊在很大程度上仰賴他們之前的公司經驗，並引入了（a）他們已經有過工作關係的人和（b）在 Android 所需領域中有工作經驗的人，例如作業系統、嵌入式裝置與開發人員平台。

早期加入 Android 的這些人很快地凝聚起一個共識，清楚知道他們正在做些什麼，並形成互動緊密的同事團隊，迅速打造這個新的作業系統。

2007 年加入，負責工具（tools）相關工作的薩維爾・杜克羅海特觀察到：「第一批人來自其他地方；很少人來自 Google。開發並交付過作業系統的

---

21 這是矽谷成為高科技重鎮的原因之一（暫且忽略交通問題和驚人房價）。公司必須努力讓員工感到開心，因為如果員工不開心，附近還有更多更努力讓員工開心的公司。

人。有多少人有過這種經驗？他們推出了小型作業系統，並從錯誤中學習教訓。」

丹·伊格諾爾也於 2007 年加入無線更新系統（over-the-air update system），他注意到團隊早已形成一種默契：「共同的歷史經驗賦予人們一種非常深刻的認知：人們認識彼此，他們深知自己對於對方的哪些部分感到不滿，也尊重對方的哪些部分，可以信任哪些人來完成任務，而且人們擁有明確的所有權範圍。人們會脫口而出幾個名字，即使這些人只在團隊裡待了幾個月。人們深刻地知道，別人做了什麼，以及他們是怎麼做的。」

並非這所有的其他公司或他們的產品都大獲成功。但是在構建這些產品的過程中所獲得的知識，對 Android 團隊日後打造一個成功的平台，有著非常深遠的影響力。史蒂夫·霍羅偉茲曾在微軟的 Be 和 WebTV 團隊工作，日後管理 Android 工程團隊，他說：「這是這個世界的一部分：你從失敗中學到的，可能遠比從成功中學到的更多。」

黛安·海克柏恩在加入 Android 早期團隊之前曾在 Be 和 PalmSource 工作過，她說：「我們大多數人在從事 Android 工作之前都經歷過多次失敗，當時的情況、時機或其他因素都不足以獲得成功。在到 Android 工作之前，我經歷過三到四個失敗的平台。但我們不斷嘗試，從每一次失敗中學習，並利用從中獲得的知識來幫助我們打造 Android。」

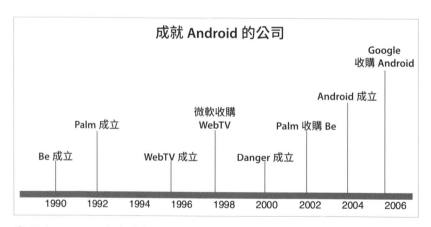

⌄ 早在 Android 本身成立之前，它的故事已經展開篇章，可以追溯到那些促成其早期團隊所有公司的發展歷史。

3

團隊成長期

2004 年底，這家 Android 小新創需要增加後援。安迪和克里斯提供了足夠的工程和設計，讓一些最初的願景和技術發揮作用。但當他們開始向投資人推銷實際產品時，他們需要一個工程團隊來打造平台並負責技術 Demo，讓兩位創始人可以專心拓展業務。

與此同時，曾在 Danger 與安迪共事的布萊恩‧史威特蘭正在尋找新的挑戰。

Android 第一位工程師：布萊恩‧史威特蘭

從五歲開始，布萊恩‧史威特蘭（在團隊中簡稱為「史威特蘭」）就是一名系統工程師。

「我父親用了兩三個晚上的時間，在家中廚房的桌子上組裝了一台 Timex Sinclair clone，這是一台帶薄膜鍵盤的單板電腦，並把它連接到一台劣質的老式黑白電視上。你可以用 BASIC 語言打字。它聽得懂——真的很神奇。而且你會學到伴你一生的生活常識，例如永遠不要拿起烙鐵的哪一端。」

史威特蘭在童年和大學期間繼續編寫程式，但沒有完成他的資訊工程學位：「大二的時候，我大部分時間都沒去上課。ACM[*] 分會的專案、NCSA SDG[**] 的工作，以及開發 X/Mosaic 網頁瀏覽器[***] 的工作分散了我的注意力。然後期末考來了，而我死得很慘。」但程式設計這個愛好將他帶到了 Be，當時他試圖讓 BeOS 在自己的電腦上執行，引起了 Be 公司的興趣。

當時，Be 發布了一個可執行於個人電腦的作業系統版本，史威特蘭在他的電腦上安裝了光碟。但結果並不十分奏效：「它沒有識別出我的硬碟，因為我的電腦裡只有 SCSI1[1] 硬盤。所以我找到了匯流排邏輯的 SCSI 控制器的說明手冊，看完心想：『這看起來可沒那麼複雜』，然後我寄了一封電子郵件給他們的工程師多明尼克・吉安保羅（Dominic Giampaolo），他當時活躍於 Usenet[2] 上。」多明尼克透過電子郵件向史威特蘭傳送了一份用於 BeBox 硬體的 SCSI 驅動程式樣本。

「那個週末，我為我的 BusLogic 控制器搞出了一個 SCSI 驅動程式。主機可以成功啟動了，但還有一些問題；磁碟大小不正確。所以我又寫信給他，告訴他『我寫好了一個驅動程式，但是大小不對：我認為中間層有一個 endian[3] 錯誤。』」

---

1 SCSI=Small Computer Systems Interface。小型電腦系統介面（SCSI）是一種用於電腦及其周邊裝置之間系統級介面的獨立處理器標準。舉例來說，SCSI 可（透過接頭與電纜）連接主機板與硬碟和印表機。

2 Usenet 是一個早年相當流行的分佈式網際網路交流系統，包含眾多新聞組（newsgroups），它是新聞組（異於傳統，新聞指交流、資訊）及其訊息的網路集合。

3 Endian 是位元組順序，又稱端序或尾序，指電腦記憶體中或在數位通訊鏈路中，組成多位元組的字的位元組的排列順序。位元組的排列方式有兩個通用規則：將一個多位數的低位放在較小的位址處，高位放在較大的位址處，則稱小端序；反之則稱大端序。不同架構之間端序的排列方式差異，是常見的程式碼錯誤來源。在這個例子中，這份相同的程式碼可執行於 x86 PC（使用小端序）上，但不可執行於 BeBox（使用大端序）上，這是因為 BeBox 對於程式碼的預設端序是不正確的。

* 譯註：ACM 為電腦協會（Association for Computing Machinery）的簡稱，是一個世界性的電腦從業員專業組織，創立於 1947 年，不僅是世界上第一個科學性及教育性電腦學會，亦是現今全球最大的電腦相關學會。

** 譯註：NCSA 為國家超級電腦應用中心（National Center for Supercomputing Applications）的簡稱，是美國國家科學基金會按照其超級電腦中心計畫最早設立的五個中心之一，它是伊利諾伊大學香檳分校的一部分。

*** 譯註：NCSA Mosaic，是一個早期普及的網頁瀏覽器，於 1992 年底由美國伊利諾大學香檳分校的 NCSA 開發。NCSA 於 1993 年發布，並於 1997 年 1 月 7 日正式停止發展和支援。

「十五分鐘後他回了信，問我是否想要一份工作。」在一趟加州之旅和在 Be 公司一整天的面試（包括與多明尼克的實際偵錯環節），布萊恩得到了一份工作邀約。他回到家中，收拾好自己的行李，在兩週後搬到了加州。他上大學的目標就是為了有朝一日可以編寫作業系統。當這個機會來敲門，他認為大學學位可以先讓個位。

兩年後，也就是 2000 年 5 月，史威特蘭離開 Be 公司，與前 Be（和未來的 Android）同事弘·洛克海姆一起加入 Danger。在 Danger，史威特蘭負責核心和其他系統軟體的開發工作，共同推出第一批 Hiptop 手機。但是，過了最初的幾年，大多數工作內容更偏向於增量式的改善，或是應電信業者的要求實現某些功能（或代替他們砍掉某些功能；甚至有時是根據產品經理認為電信業者『可能』要求的內容而砍掉功能）。曾在 Danger（後來的 Android）負責文字和其他平台功能的艾瑞克·費斯切爾說：「在那裡，我們所做的一切都被籠罩在電信業者的陰影之下，他們既拖沓又異常保守，他們有權否決任何功能或設計。」

一直以來，比起迭代現有系統，史威特蘭對於構建新系統更有興趣，因此他越來越沮喪。到了 2004 年，Danger 已經發展成為一個約有 150 人的大型組織，與他在 2000 年加入時的小團隊相去甚遠。這也是天天超時工作的四年，一開始是幫助 Danger 走過新創企業的重重難關，然後是推出該公司的前兩款手機。所以，在 2004 年 9 月，他請了三個月的長假來從過度工作和沮喪中恢復過來。

史威特蘭一開始並不打算離開 Danger；他只是需要休息一下。休假幾週後，他意識到不用上班這件事讓自己很開心。他還發現，如果他繼續不回去工作，他會繼續感到快樂。更確切地說，他意識到自己不想回 Danger 工作。

但是他仍然需要一份工作。Be 和 Danger 曾經是光鮮亮麗的軟體工作，但並沒有像每個人想像中的成功新創公司一樣得到豐厚回報[4]。

4　成功的收購與 IPO 是新創公司非常罕見的劇情發展。少數人一夕暴富的新聞，比起大多數人在這些公司謀生的故事，大家都更常也更喜歡聽見前者。而後者，這些人的公司一直沒有被大型科技公司收購，更不用說有許多因追逐夢想而破產的公司，以及為了負擔生活而去追逐新工作的工程師們。

在 Danger，史威特蘭有機會認識並好好瞭解安迪，因為當他開始工作時，公司裡只有少數幾位員工。所以當他打算尋找新的機會時，他聯絡了安迪。畢竟，安迪在過去創立了一家有趣的公司；也許他會有更多的想法。而且他也辦到了；安迪和克里斯・懷特一起創辦了 Android，他們正在尋找他們的第一位員工。

那時是 2004 年的秋天，這家新創公司專注於開源式的相機作業系統。安迪向史威特蘭介紹了相機作業系統的點子，史威特蘭對此很感興趣。至少，這是一個開發另一個新作業系統的機會，而這是他所熱愛的。而且至少不再是手機了；還在 Danger 的時候，他已經受夠了那個混亂的領域。於是他打算加入他們，預計休假完就開始上工。

在史威特蘭正式加入之前，安迪與尼克、里奇、克里斯和各個創投機構進行了數次交談，最後決定改變 Android 的產品重心。

在 12 月初，在加入 Android 的第一天，史威特蘭來到辦公室，很高興能從事手機以外的工作。而安迪說，「如果我們改做手機，你怎麼想？」

史威特蘭與另一位 Android 元老：崔西・柯爾在同一天上工。崔西被聘為 Android 公司的第一位行政助理。多年來，她一直擔任著這個角色，並且是安迪的私人行政助理[5]。崔西和布萊恩是第三和第四個加入 Android 公司的人，也是最早的兩位非創始人員工。

安迪・麥克菲登和 Demo

2005 年 5 月，安迪・麥克菲登（在團隊中被稱為「菲登」[6]）加入了這家公司。菲登曾在 WebTV 與安迪・魯賓和克里斯・懷特共事。當安迪（安迪・魯賓）想為自己的新創公司招募人才時，他寄了一封電子郵件給菲登：

5　直到安迪在 2013 年 3 月離開 Android 團隊，崔西一直是他的行政助理。

6　安迪・麥克菲登在本書中也會被稱為「菲登」，以此和安迪・魯賓區分。本書有太多人物的名字都太相似了。

｜電子郵件郵件譯文｜

搞什麼？

你好嗎？

我想找你一起工作。一起來做大事^{TM}吧。

13 歲時，菲登在 Apple II 電腦上以 BASIC 程式語言編寫指令[7]。因此，他後來成為 Android 團隊中其中一位為 Android 系統的 Dalvik 執行環境開發底層程式的人也就不足為奇了。「有些人（後來，當 Android 成為 Google 裡的大型團隊時）不喜歡用 ARM[8] 指令集編寫 Dalvik VM[9] 的部分。當你從八年級就開始在電腦的內臟裡東碰西碰時，你會有完全不同的視角。」

安迪請菲登來幫忙[10]。當菲登開始上工時，Android 的「產品」不過是一個 3000 行的 JavaScript[11]，與各種開源庫捆綁在一起。它不是一個平台；而是一個原型（prototype），幫助人們想像一個不曾存在的體驗。菲登的工作是接收這個史威特蘭和克里斯所做的概念性 Demo，並開始為其添加真正的功能，包括應用程式。這家新創公司必須要能夠向潛在投資人展示真實用戶可以用這個未來系統做些什麼。

7　組合語言（assembly languages）是程式設計師用於電腦、微處理器、微控制器，或其他可程式化器件的低階語言，能夠直接對電腦的硬體進行操作。與 C++ 與 Java 等高階語言相比，組合語言相對簡單而冗長。大多數程式設計師在低階程式語言設計課時會接觸到組合語言，而在實際工作中不見得會接觸到。但是在一些高效能要求的情況下，組合語言能夠派上用場，這也是為什麼它會被 Android 團隊包括菲登在內的一些人使用的原因。

8　Dalvik 是 Android 系統中用來執行程式碼的執行環境（或是 VM 虛擬機器）。Dalvik（或通稱為「執行環境」）將在第 8 章「Java」進行探討。

9　ARM=Advanced RISC Machine。ARM 是一個精簡指令集（RISC）的電腦架構，常用於定義手機晶片處理器上的指令。

10　菲登說，他不是被請來做任何特定的工作，而是搞定任何需要做的事情。如他所說，這更像是一個「帶上手套，開始幹活」的指示。

11　JavaScript 是一個用於網頁的程式語言。在第 8 章「Java」將會有更多介紹。容易令人混淆的一點是，JavaScript 和 Java 程式語言雖然在名字上很相似，但這兩種語言完全不同。

在 2005 年的春天，Android 團隊還沒有一個產品，但他們對於這個產品「應該是什麼樣子」有了清晰的想法。新創公司被收購的價格要低得多。

新創公司的最後一位員工：費克斯・克爾克派翠克

在被 Google 收購之前，最後一個加入 Android 團隊的人是費克斯・克爾克派翠克。

費克斯從很年輕時就開始程式設計了，真的很年輕：「我從四歲起就開始編寫程式。我的記憶中沒有任何一刻是沒有電腦、沒有程式設計的。我的整個童年都是在斷斷續續地使用電腦編寫程式。」

1994 年，十五歲的費克斯從高中輟學，打算去找工作。幾個月後，他找到了一份全職的程式設計工作，此後一直穩定工作：「以『工作年齡』而言，我比 22 歲剛從大學畢業的同齡人還要大上 7 歲。」

他來到矽谷，輾轉於包括 Be 在內的各家公司，通常從事底層系統軟體的工作。2000 年，在離開 Be 後，他加入了一家新創公司，但只待了短短兩天。在新公司的第一天，他意識到這裡不適合他：「我發現事情不對勁的第一個跡象是：我的電腦已經安裝好了，我已經有了電子郵件信箱。他們明明是一家新創公司！」此外，他團隊裡的所有人那天都去參加了一個辦在公司以外的會議，主題是討論一個小小的技術決策。費克斯是認真工作和編寫程式的堅定信徒。這家公司顯然不是他的歸屬之地。第二天，他前往辦公室只為了辭職。

弘・洛克海姆在 Be 公司時就認識費克斯，當他聽說費克斯在尋找新的東西，就向後者引薦了他最近加入的 Danger 公司。後來，費克斯加入了 Danger，從事核心和驅動程式方面的工作，幫助構建 Hiptop 手機的平台。

到了 2005 年中期，費克斯已經離開 Danger，搬到了西雅圖。安迪邀請他加入 Android 公司。說服費克斯的其中一個理由是公司的聯合創始人尼克・席爾斯也住在西雅圖附近，因此費克斯可以選擇留在西雅圖遠端工作。

費克斯加入了這個團隊，一週後，Google 收購了 Android。

費克斯還記得：「當安迪說：『公司將被 Google 收購。』，我想：『哇，這是我進入 Google 的唯一門路了。然後他說：『我們得進去面試。』，我就想：『好吧，就這樣吧。全劇終。』」

史威特蘭回想：「費克斯宣稱如果有人問到任何東西的 Big O[12] 是什麼，他要這麼回答：『我帥到不必回答這個問題。』」

但費克斯最後順利通過面試，他加入了 Google，最終搬回了灣區以便更接近團隊的重心。他一直偏好從事底層系統軟體的工作。從頭開始協助打造 Android 作業系統，意味著無數這類工作的機會。

4
創投提案

2005 年中，Android 被收購，前景一片光明。但早在 6 個月前，情勢並不
樂觀。同年 1 月，這家新創公司急需現金，他們的主要任務和大多數新
創公司一樣：獲得資金。將公司使命從相機作業系統軸轉到開源手機平台
後，他們仍然面臨著將產品實際構建出來的艱巨任務，這意味著他們需要
更多的錢來招募更強大的團隊來完成這項工作。

所以這家公司專注於三件事。首先，他們需要一個 Demo 來展示什麼是可能
的。其次，他們需要闡明公司願景，並打造有助於解釋願景的一份簡報提
案。最後，他們需要帶著 Demo 和簡報上路，向潛在的投資人推銷他們的
故事。

Demo 時刻

菲登加入時的第一份工作是把 Demo 確實做好，也就是史威特蘭和克里斯開
發的一個手機原型系統。它實際上並不能正常運作（比方說主畫面顯示著一
個股票報價器，使用了一組硬編碼的符號和陳舊的數據）。但是這個 Demo
代表的是，當產品實際推出後的理想樣貌。

🄯 由布萊恩‧史威特蘭、克里斯‧懷特所編寫,後由菲登加以增進的原始版 Demo,展示著一個主畫面,上面有幾個應用程式(大部分都沒有實現)。這和現代的 Android 主畫面相距甚遠。

菲登添加到 Demo 中的應用程式之一,是一個簡單的日曆應用。這個早期的 Demo 專案後來曾一度困擾著他。在 Android 平台上工作多年後,他最終協助開發了 Android Calendar 應用程式。時間雖不等人……但是日曆應用可以。

行動商機

隨著團隊不斷完善他們的願景,他們打造了一個投影片簡報。這些投影片描繪了他們眼中所見 Android 在市場上的機會,以及 Android 如何為投資人賺錢的畫面。

2005 年 3 月的簡報有 15 張投影片,足夠吸引風險投資機構和 Google 的注意。

第 2 張投影片對個人電腦和手機市場進行了比較,讓這份創投提案變得有趣起來。2004 年,全球個人電腦出貨量為 1.78 億台。同一時期,手機出貨量為 6.75 億台;幾乎是個人電腦的四倍,但手機的處理器和記憶體卻只能與 1998 年的個人電腦相提並論。

當時在 PalmSource 工作,最終來到 Android 團隊工作的黛安‧海克柏恩看見了行動裝置硬體的潛力。行動產業已經蓄勢待發,因為終於有足夠的運算力,成就一個真正的、大有可為的運算平台:黛安說,「你可以看出一切徵兆。硬體越來越強大,市場規模已經超越了個人電腦市場。」

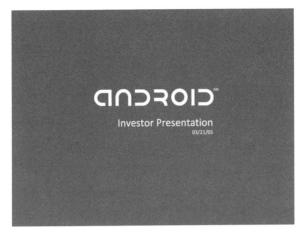

○ 創投簡報的第一張投影片。此時的字體樣式,在
新創階段之後依舊作為 Android 作業系統的 Logo 標
誌沿用多年。

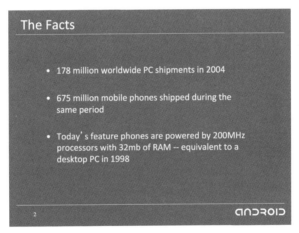

○ 行動手機的銷售量在 2004 年早已遠遠超過個人電
腦的銷售量,為軟體功能更加強大的手機提供了巨大
商機。

這份簡報還指出了行動軟體成本不斷增長的問題。硬體成本正在下降,但
軟體成本卻沒有下降,這使得它在每台手機成本中所佔的比例越來越大。
但是手機製造商並不是軟體平台開發方面的專家,也沒有能力或興趣為自
己手機的軟體提供更多的功能,與競爭對手分道揚鑣。

開源機會

這份簡報中的第二個要點是，「開放」平台的市場中存在缺口，蘊含著巨大的機會。換句話說，Android 將會成為一個免費公開的作業系統，製造商可以透過開源方式取得。公司將能夠在自己的手機上使用和發布這個作業系統，而不需要受制於軟體供應商，也不需要自行開發。這種開放的做法在當時還尚未出現。

微軟提供了一個專有的作業系統，製造商可以向其取得授權，然後將 Windows 系統移植到他們的硬體上。Symbian 作業系統主要提供諾基亞使用，也為 Sony 和 Motorola 使用。RIM 擁有自己的平台，只提供自家 BlackBerry 手機使用。然而，對於想要推出一款功能強大的智慧型手機的製造商來說，除了構建自己的作業系統、投入大量精力訂製現有作業系統和／或支付高額授權金之外，別無選擇。

更成問題的是，現有的系統無法為應用程式提供一個生態系統。Symbian 為一種行動作業系統，它提供了一些核心基礎設施，但 Ul 層被當作是手機製造商的課後練習題，結果導致了一種手機應用程式的常見問題，即以一種 Symbian 風格編寫的應用程式不一定能在其他版本上執行，即便是在同一廠牌的手機。

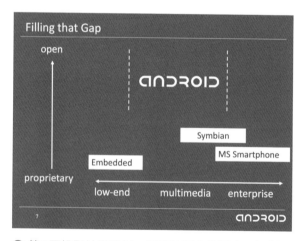

⬆ 第7頁投影片描繪出一個開放平台的潛力，提供了一個當時未見的全新選項。

在伺服器和桌上型電腦的領域中具有稱為「一次編寫，到處執行」跨平台特性的Java程式設計語言，雖然它有可能提供這種跨裝置的應用功能，但Java ME[1] 在行動領域遠遠達不到這一點。雖然 Java ME 在不同的裝置上至少提供了相同的語言（就好比 Symbian 為它的所有實作提供了相同的 C++ 語言一樣），但它透過提供不同版本的平台——「設定檔」（profiles）——來解決手機中各式各樣的外形和架構問題。這些設定檔具有不同的功能，因此開發人員需要更改他們的應用程式以便在不同的裝置上執行，當裝置之間的功能差異很大時，這種方法通常會失敗。

Linux 來拯救我們了！……差不多吧。德州儀器（Texas Instruments，TI）提供了一個基於 Linux 作業系統核心的開放平台。製造商需要的只是 Linux 本身、TI 的參考硬體，然後是製造商必須添購、取得授權、構建或以其他方式提供的大量其他模組，以便打造他們自己的裝置。正如布萊恩·史威特蘭所說：「你可以用德州儀器的 OMAP[2] 晶片來製造一部 Linux 手機。所以呢，你需要德州儀器的 OMAP，還有來自 40 個不同中間件供應商的 40 個組件。把這所有的東西放在一起，將它們整合起來，然後你就會得到一台 Linux 手機。這簡直荒謬無比。」

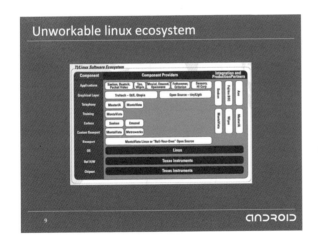

德州儀器提供了一個基於 Linux 系統的解決方案，但驅動程式和其他組件的許多細節變成了製造商的課後練習題，因此這著實不是個吸引人的解決方案。

1　Java ME: Java Platform, Micro Edition。請參考附錄部分的術語介紹。

2　Open Multimedia Applications Platform：OMAP（開放式多媒體應用平台架構）是德州儀器為行動裝置所開發的一系列處理器。

Android 希望提供世界上第一個「完整」的開放式手機平台解決方案。它將建立在 Linux 系統上，就像德州儀器的解決方案一樣，但它同時會提供所有必要的組件，這樣一來，製造商只需要採用同一個系統，就能製造和生產他們的手機。Android 還將為應用程式開發者提供單一的程式設計模型，如此一來，他們的應用程式就可以在執行該平台的所有裝置上執行。透過打造一個適用所有裝置的單一平台，Android 將為製造商和開發者簡化手機的開發流程。

賺錢方式

簡報的最後一部分（對風險投資人來說也是最重要的一部分）是 Android 如何賺錢。投影片中描述的開放平台，就是 Android 團隊最終打算構建和發布的產品。但如果僅僅止步於此，這家公司就不值得風投機構投入資金了。從拯救世界的角度來看，開發和發布一個開放平台聽起來很棒，但是回報在哪裡呢？對投資人的好處在哪裡？換句話說，Android 公司打算如何從一個他們預計無償提供的產品中賺錢？風險投資人想要投資的公司是那些能為他們帶來（無比）豐厚回報的公司。

對於身處同一競爭的其他平台公司來說，獲得收益的途徑相當明確。微軟公司透過授權旗下平台給 Windows Phone 的合作夥伴來賺錢；每一台售出的手機都為微軟公司賺取了每部手機的成本。RIM 既從銷售自家 BlackBerry 手機中賺錢，也從他們忠誠的企業級客戶所簽署的服務合約中賺取豐厚利潤。諾基亞和其他 Symbian 作業系統的採用者，透過銷售搭載該系統的手機來賺錢。同樣地，所有其他手機製造商透過他們銷售的手機所產生的收入，為他們自己的軟體開發計畫提供資金。

那麼，Android 的營利策略是什麼呢？它要如何為這個他們尚未構建的、而且還想免費提供給其他製造商，幫助他們打造自家裝置的這個偉大平台提供資金呢？

答案是，電信業者服務。

電信業者將為他們的 Android 手機用戶提供應用程式、聯絡人和其他雲端數據服務。電信業者將向 Android 公司支付提供這些服務的委託費用。史威特

蘭解釋：「我們不會（像 Danger 為旗下 Hiptop 手機所做的那樣）執行和托管服務，而是打造這些服務，並將它們賣給電信業者。」[3]

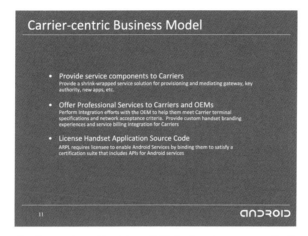

🔼 第 11 頁投影片列出了賺錢方式，由 Android 提供服務給電信業者，賺取服務的授權費用。

推銷夢想

Android 團隊向一些風投機構做了創投提案，這些投資人大多位於遠離矽谷的美國東岸。正如里奇·麥拿所言：「安迪拿著 Android 相機作業系統的那份提案，在沙丘路[4]上來回周旋，總是遭到無數機構的拒絕，包括他曾擔任過常駐創業家（EIR）的紅點創投（Redpoint Ventures）。我加入團隊的一部分原因也是，『我有一堆東岸的風投機構和其他人可以介紹給你認識。』所以我們開始去找那些從來沒有聽說過 Android 的新人。」

在與這些風投機構開會的同時，這個團隊也與 Google 公司有了接觸。一月初，賴利·佩吉（Larry Page）[5]邀請安迪來 Google 開會。佩吉是 T-Mobile Sidekick（Danger Hiptop）手機的忠實粉絲，而這款手機是安迪以前的公司

3　團隊最終打造並發布的系統，如實呈現了這份簡報提案中的願景，除了從電信業者賺取收益的部分，這與後來的發展大相徑庭。

4　連接帕羅奧圖與門羅公園的沙丘路（Sand Hill Road）是許多矽谷風險投資機構的所在地。

5　Google 共同創始人。

製造的，所以他想和安迪談一談行動領域趨勢。安迪打了一通電話給當時還在 T-Mobile 工作的尼克・席爾斯，請他也來參加這場會議。

那是一次很小的會議，參與者只有 Andorid 團隊的安迪和尼克，以及 Google 的佩吉、謝爾蓋・布林（Sergey Brin）[6] 和喬治・哈里克（Geroges Harik，Google 早期員工）。尼克記得那次會面非常隨意，但 Google 顯然對安迪和 Android 的計畫很感興趣。「會議剛開始時，佩吉說 Sidekick 是有史以來最好的手機。他非常希望看到一款更好的手機問世，他知道這就是安迪和我們團隊正在努力的方向。會議結束時，他們說：『我們願意幫助你們。』」

那次會議相當令人振奮，但沒有產生任何實質成果。事實上，安迪想知道他們是否只是利用這次會議來瞭解他對於 Danger 公司的想法，他在 2003 年離開這家由他創辦的公司。他認為 Google 可能對收購 Danger 感興趣。

與此同時，該團隊繼續向風投機構提案。後來在當年三月，他們又去了 Google 開會。這一次，他們展示了一個 Demo，並分享了更多規劃。那次會議後也沒有帶來什麼重大改變，但 Google 明確表示，他們希望幫助這家新創公司。

此時，Android 團隊也在接觸潛在的製造合作夥伴。他們飛到韓國和台灣，分別拜訪了三星和 HTC。與三星的會議從手機部門的執行長李健熙（KT Lee）開始。他說，他已經錯過了 Danger，不想再與大好機會失之交臂，所以他有興趣加入 Android。尼克對於這次會議的描述是：「KT Lee 告訴他的團隊要『讓這件事成真』，所以我們認為這次合作已經是木已成舟的事情了。但後來我們和他手下一個由十幾個中階經理組成的團隊會談時，他們問：『誰負責構建你的作業系統？』當我們說『布萊恩』時他們笑了。他們有 300 人負責開發三星手機的作業系統。」

三星問 Android 團隊是不是在癡人說夢。尼克說：「『不，這是真的，布萊恩和其他幾個人將會開發這個作業系統。』他們問這怎麼可能，我們回答說這非但可能，而且他已經在 Sidekick 手機上辦到了。」

6　Google 的另一位共同創始人。

在一連串商務會議結束後，三星舉辦了一場晚宴來慶祝新的合作關係。但Android 團隊後來才發現，這筆交易是以獲得電信業者的訂單為條件，尼克坦言：「這根本不算是一筆交易。說服 T-Mobile 成為我們的 Android 發布合作夥伴花了將近 18 個月的時間。」

團隊沒有達成合作協議，但他們從中獲得了一個手機名字的靈感。日後在他們開發出手機（後來的 G1 手機）時，他們為它起了一個代號「Dream」，紀念那次會議。

Android 團隊又從韓國飛往台灣，在那裡會見了 HTC 的執行長周永明（Peter Chou）。尼克回想起了那次會議：「布萊恩無意中聽到周永明提到了我們第一款手機的獨家授權。當我們回到飯店房間時，史威特蘭揚言要辭職，因為：『我加入 Android 不是為了做出另一款 Danger 手機[7]。』」布萊恩對於團隊的成功至關重要，因此我非常擔心，但第二天見到他時，一切風平浪靜。」

團隊繼續向風投機構提案，並取得了一些好消息。查爾斯河風險投資（Charles River Ventures）和鷹河控股公司（Eagle River Holdings）都對此感興趣。當他們在等待這些公司的書面文件時，Google 召集他們進行第三次會議。

這一次，會議室來了更多人，Google 準備好討論細節。安迪和他的團隊以為他們是來介紹上次會議以來所取得的最新進展。但在 Demo 過程到一半時，尼克回想：「他們直接說：『打斷一下。我們想買下你們。』」

Google 把安迪團隊認為的 Android 向 Google 推銷的會議，變成了 Google 向他們推銷的會議。Google 表示，如果 Android 同意被收購，會比其他情況更好。他們不需要滿足風險投資人的條件，也不需要向客戶和電信業者收取專門服務的費用，他們只需要將作業系統免費提供給電信業者。事實上，這甚至比免費更好：Google 搜尋的業務收入或許可以與電信業者分享。因

7　史威特蘭說：「我不記得我說過這樣的話，但的確很有可能發生過。」當時他對 Danger 的記憶猶新，而且很強烈。他不想再度經歷在產品決策上受制於電信業者和製造商的情形。他對於開放而獨立的 Android 平台的願景表示高度支持。在 Android 團隊工作期間，當有一些決策可能與願景背道而馳時，他好幾次揚言要辭職。

此，他們可以與電信業者建立合作夥伴關係，而不是向他們推銷產品。尼克認為這是讓電信業者加入的有力論據：「我們實際上打算讓電信業者透過與我們達成合作協議，幫助他們賺錢。」

Android 團隊有望加入 Google，但仍有許多細節尚待解決。與此同時，在 4 月中旬，他們收到了鷹河公司和查爾斯河公司的投資意向書，並決定繼續與鷹河公司的交易。Google 的交易還遠未敲定，但已在 5 月初進入談判階段，因此他們在投資意向書中增加了一項除權條款 [8]，說明他們可能會與 Google 達成合作。

8　除權條款（carve-out）為一項例外條款，允許 Android 達成收購交易的情況下退出此協議。

5

併購

他們買下了團隊和夢想。我願意相信我們執行得不錯。

—— 布萊恩・史威特蘭

當Android 團隊與 Google 代表會面時，佩吉覺得 Google 收購這家小公司至關重要，可以幫助他們建立平台以使 Google 能夠進入行動市場。

雖然雙方原則上都同意收購，但仍有許多細節有待解決。尼克回憶起 Android 需要與 Google 解決的兩大問題：第一個是錢，他們需要就公司的估值以及如何支付達成一致，包括當團隊加入 Google 後達成目標里程碑後的獎金等；第二個問題是承諾，Android 希望確保他們能夠真正實現最初的目標，而不是被大公司所吞噬然後被遺忘。他們需要 Google 在收購後同意支援 Android 的努力，並持續提供內部支援。

談判始於 2005 年春天。但是里奇・麥拿遇到了一個問題：家族度假與這些時間緊迫的會議撞在一起了。最終，他一邊度假一邊參加會議，在英屬維京群島的帆船上打電話參加會議：「我必須找到有訊號覆蓋的港口。在這兩個小時的談判會議中，我得把船停在一邊，讓家人自行在沙灘上打發時間。」

「我們擔心的一件事是，這對 Google 沒有戰略意義。你們甚至還沒有開始關注 WAP[1] 或任何行動產品。我們認為這會耗費大量工作和無數資源。萬一你們改變心意怎麼辦？我們要如何知道團隊能夠獲得成功所需的資源？」

對此，佩吉建議他們去找在 Google 負責產品和行銷部門的高層喬納森·羅森伯格（Jonathan Rosenberg）談談。里奇還記得他的建議：「Google 與其他公司不一樣。很多其他公司，當專案進展不順利時，他們會投入大量資源。在 Google，我們喜歡為進展順利的事情提供更多資源。因此，如果你做了你要做的事，並且確實執行它，你就會獲得更多的資源。」這是他的「信仰之躍」：如果我們相信自己，那麼在放膽一試的時候，就能得到所需資源。

Android 團隊最終（下了船）回到了談判桌上，與 Google 敲定了收購協議，於 2005 年 7 月 11 日正式加入 Google。

幾週後，他們又做了一次 Demo。這次是在 Google 的內部會議上，向更多公司高層進行簡報。麥克菲登和其他人展示了他們的工作計畫。史威特蘭描述這次會議：「我們展示了手上的 Demo，麥克菲登做了簡報。我記得當他準備談談如何變現時，佩吉打斷了他，然後說：『別擔心！我希望你們能打造出最好的手機，剩下的我們來解決。』」

---

1 WAP=Wireless Application Protocol。無線應用通訊協定制定於 1999 年。在 iPhone 問世之前，業界一直在推動一種能更適合行動裝置的平行網路。網站使用 HTML 來編寫網頁，WAP 網站使用 WML，這是當時為低階功能的行動裝置而設計，限制性更多的一種語言。大多數行動裝置不提供完整的網路連線（而 Danger 的 Hiptop 手機是個顯著例外），所以電信業者預期行動裝置能夠支援 WAP。

6

在 Google 的日子

所以，Android 團隊加入 Google 了。他們要做的第一件事就是招募大量人才來完成產品，然後正式推出。輕鬆嗎？不見得。事實上，Android 加入 Google 一開始的狀況，就像它尚未加入 Google 時一樣：這是一個無人知曉的小型祕密專案。他們只是碰巧拿到識別證，到 Google 辦公室裡工作。收購 Android 並不是為了填補一個內部現有的執行團隊；他們被 Google 請進來「展開」這項工作。

在這個時間點上，Android 團隊只有八個人，且其中只有一半的人會動手編寫程式來構建產品。他們需要弄清楚如何從一個向投資人募資的小小新創公司，成長為一個生產和推出實際產品的部門。

團隊迎來了轉變，其中之一包括在新公司中找到自己的出路。崔西・柯爾說：「我們在 41 號大樓的走廊裡待了很長一段時間。很奇怪，他們就這樣丟下我們不管了。」

史威特蘭同意：「最重要的事情是，在這一兩個月的時間裡，我們純粹在思考如何找到自己的雙腳。我們從一個 10 人的新創公司，移動到一個擁有 4500 名員工的公司。最初兩個星期我們輾轉於不同的會議室裡，因為他們沒有挪出任何固定的辦公室給我們。我們該在哪裡工作？要怎麼招人？」

招募人才是下一步：Android 需要更多的人。但事實證明，Google 很難招募到 Android 工程師。

Google 的招募

Google 一直以獨特選才流程而聞名於科技界。大約在那個時候，矽谷主幹道 101 公路上到處都是廣告看板，上面展示了一個神秘的數學難題：

$$\left\{ \begin{array}{l} \text{first 10-digit prime found} \\ \text{in consecutive digits of } e \end{array} \right\}.com$$

▲ 當時在矽谷的 101 公路上，這個計算式
在路旁與駕駛致意。

這個難題讓駕駛們困惑不解。然而這上面雖然沒有提到 Google，但成功解開謎題的人會被導航到這家以程式設計師為重心的公司旗下的招募網站。

如果一名工程師候選人幸運通過了招募人員的簡歷篩選流程，進入了人才招募系統，接下來可能會面臨多場面試，包括電話篩選和與不同工程師的面試。

Google 一直堅信，聰明的軟體工程師可以從事任何類型的程式設計工作。這就是為什麼擅長 3D 圖形的工程師最終會致力於日文文本實作的原因。工程師的技能和經驗讓他們獲得了面試機會，但他們終究會做的實際工作是那些「應該被完成的事情」[1]。這也是 Google 的面試內容是資訊工程基礎知識（演算法和程式設計）的原因。這些面試跳過了其他公司認為必不可少的一步：盤問面試者的專業知識和個人履歷上的亮點[2]。

這種選才方法在一般情況下對 Google 來說萬無一失，因為 Google 的大部分軟體都是基於類似的系統，所以工程師可以從一個團隊自由流動到另一個

---

1 當時，除非你真正進入公司，否則不知道你要負責哪些工作的情況非常常見。有時候從你的正式上工日到被分派到某個團隊的間隔可能是好幾天，或是好幾週。

2 （許多年後）我招募進來的一位候選人在面試當天與我共進午餐。他非常不知所措，顯然面試並不順利。我關心了一下。他說：「沒有人過問我的任何經歷。沒有人！」

團隊。這一切都是與軟體相關的工作，任何具體的產品知識都是聰明的工程師在工作中就能快速掌握的。因此，Google 招募天資聰穎的工程師，而不會尋找擁有特定領域技能的人，因為他們預設人們到了 Google 後自然可以學到他們工作所需的東西。

可惜，這種選才技巧對於 Android 並不管用。舉個例子，一個擅長在伺服器上建立資料分析演算法的工程師，可能對如何構建作業系統一無所知，或者也對編寫一個顯示器的驅動程式一竅不通，也不知道如何對圖形操作、UI 程式或網路進行最佳化。這些主題不一定包含在大多數大學生修過的電子計算機基礎課程中，也不是工程師在參加 Google 面試之前會從事的典型工作內容。菲登說：「我的一位面試官告訴我，Google 很可能不會雇用我，因為我太『底層』了。我們在招募裝置 UI 人員方面非常不順利，因為這個領域與 web UI 截然不同。」

建立一個像 Android 這樣的平台所需要的技能是透過工作和興趣專案而開發出來的，因為人們對這些特定領域充滿熱情。編寫作業系統的工程師一定是「想寫出作業系統的工程師」。學校的確有開設這方面的課程，但不是所有人都會選修，而且課程內容必然是囫圇吞棗的；只有那些真正熱愛作業系統開發的人，才會在課程之外的工作和專案中真正瞭解到他們需要做些什麼。

Android 需要專家；沒有足夠的時間來培養一大批通才。為了讓這個專案有望在當時行動領域的激烈競爭中取得成功，Android 需要盡快交付一個成品，越快越好。他們需要快速構建平台，這意味著他們需要招募領域專家，這些專家可以直接進入狀況。但是擅長開發作業系統的專家不見得能順利通過 Google 的通才面試。

另一個問題是，當時的 Google 相當重視學術背景，他們更喜歡來自頂尖工程名校的候選人。專家們擁有豐富經驗，但他們的非傳統教育背景卻不符合 Google 模式，很難通過面試。這困擾著許多早期 Android 團隊成員，他們沒有 Google 招募人員所期望的亮眼學歷。他們之中的許多人甚至根本沒有大學文憑，更不用說頂尖工程名校的學位了。菲登說：「一個有十多年從業經驗的老鳥，他的招募過程停滯不前，就因為大學 GPA 不夠高。對於一家青睞

史丹佛大學博士學位的公司來說，收購一家只有一名工程師大學畢業的新創公司，這是一個相當大的轉變。」

當時在 Google 開源辦公室工作的克里斯·迪波納，就被請來解決招募問題。

克里斯·迪波納與招募方案

克里斯自己的學經歷也很複雜；幾年前當他搬到加州時，在只剩最後一門課的時候休學了 [3]。他已經成為該地區 Linux 用戶組的社群組織人，這件事讓他在 2004 年被 Google 注意到。經過十三場面試的三天後，克里斯開始在 Google 工作。

克里斯固定為 Google 招募委員會提供建議，這個委員會根據應聘者面試的回饋做出招募與否的決定：「我被當作一個很有用的人。如果面試回饋太過寬鬆，那我就是一絲不苟的硬漢。如果太過嚴苛，那我就扮演好人。所以他們會請我來平衡招募委員會的想法。我是招募人員和管理人員的朋友。」

克里斯的經理問他：「你能幫安迪解決招募的問題嗎？」

克里斯在 Google 的另一個「系統和平台」團隊已經歷過這個難題。這個團隊同樣在尋找專家，比如 Linux 核心開發人員，因此克里斯知道解決方法。

「我們成立了『平台』招募委員會，負責招募非常規員工——這些人擁有非常專精的技能經歷，但不是通才。而我們需要他們。」

克里斯帶安迪去參加這個招募委員會，開玩笑地告訴他：「當招募人員說，『不，不，不，這個人太專精了，我們需要一個能做各種事情的人』，這時你就對他說：『萬一他們想離開我的團隊，我會直接開除他們。』」

實際上安迪並沒有對招募人員這麼說，也沒有因為技能過於專精而開除任何人。在任何情況下，這都不成問題；Google 一直在成長，對各式各樣的工程師的需求只增不減，包括 Android 和其他團隊。所以他們鼓勵招募人員無論如何都要接受這些人，而這奏效了。第一年，這個委員會為 Google 招募

---

3 克里斯（在很久之後）一邊在 Google 工作，一邊完成了大學與碩士學位。

了將近 200 人，其中有許多人是 Android 員工。擁有 Android 團隊所需技能的人會被導向這個更注重專精技能的招募委員會進行選拔。

但是讓人們順利通過招募流程只是問題的一角。吸引資歷符合的人前來申請這件事也變得更加複雜。Google 當時以搜尋和廣告服務而聞名，還有一些網路應用，比如前一年推出的新 Gmail 應用程式。正如黛安·海克柏恩所說，「我從未想過在 Google 工作，因為我對搜尋和網路之類的東西不感興趣。」喬·奧拿拉多（曾與黛安在 PalmSource 共事，後來加入了她在 Google 的框架小組）對此表示贊同：「當我 2005 年應徵 Google 時，我的女朋友問為什麼 Google 有這麼多人。『他們的網站只有一個文字輸入框和兩個按鈕[4]！』」

此外，Android 仍然是一個保密專案。即使在 Google 內部，大多數員工也不知道這件事。

Google 的 Android 團隊不能公開宣傳他們正在尋找開發人員來協助編寫作業系統、開發平台，甚至是手機。一段時間後，有傳言稱該公司正在開發「Google 手機」，但是這就是大眾所知道的全部情況了，團隊不被允許談論此事。與此相對，他們悄悄地聯繫以前的同事，告訴他們快來應徵。

馬賽亞斯·阿格皮恩（黛安在 Be 和 PalmSource 團隊中的另一位同事，於 2005 年底加入 Android）談及這個只能口耳相傳的招募過程，他說：「在 Android 的幾個前 Be 員工說：『你必須來』，但不能告訴我們他們在做什麼，他們只說：『來就對了。』」當馬賽亞斯和黛安團隊中的其他人加入 Google 後，他們就以同樣語帶模糊的口吻來招募她：「他們找上我，說：『你應該加入 Google，這裡正在進行非常酷的事情！』」

2006 年加入這個專案的大衛·唐納在他的面試時察覺到許多蛛絲馬跡：「我的許多面試官都是 Android 團隊的工程師。他們不想告訴我為什麼我應該加入這家公司，所以我改問他們在以前的公司做了什麼，然後……他們就告

4　Google 依舊採用相同的文字輸入框和兩個按鈕的搜尋網頁，儘管這家公司現在已經（傳聞）有各式各樣的專案，吸引了無數軟體工程師。但在 2005 年時，搜尋、廣告和網頁應用程式就是 Google 的代名詞。

訴了我。因此，在經過大約六次面試後，我有一種良好的直覺，Google 確實在啟動一個智慧型手機或 PDA[5] 的新專案。」

湯姆·摩斯與東京招募

Android 招募人才所遇到的困境，並不是山景城總部特有的情況。創意解決方案也是如此。

湯姆·摩斯（負責 Android 業務開發）在日本待了幾個月。湯姆說：「我們知道比賽重點是要擴大規模，因此我們需要走向國際。日本被選為我們第一個試點。」Tom 在日本的職責範圍很廣，從與 OEM[6] 廠商和電信業者達成交易，到向當地開發人員進行宣傳，以及為平台採購在地化內容等等。他還負責人才招募，將開發人員帶進團隊，使其負責為日本平台在地化的工作，還有相關的工程工作。

他所扮演的這一角色，既為了促成與日本地區的一些合作夥伴關係，也是為了給團隊帶來更多的工程人才。除了正常招募流程的困難之外，日本辦公室的候選人不僅必須是頂尖的工程師，還必須要說一口流利英語。這個語言條件使得人才庫變得更小。Android 在日本的外部招募並不見效。

為了鼓勵內部員工申請 Android 團隊的職缺，湯姆在 Google 日本辦公室做了一場技術演講。他介紹了 Android 和團隊文化，並指出 Android 是 Google 的首要關鍵專案。透過直接接觸並吸引 Google 內部的工程師，他很快地從其他團隊（如 Google Maps 和 Chrome）延攬了幾名工程師。

儘管很難找到合適的候選人並讓他們通過招募流程，這個選才招募的故事並非百害而無一利；Google 願意發揮創意，找來適合的人才。馬賽亞斯·阿格皮恩一開始和 Google 面試的時候其實是打算去蘋果公司。「我同時應徵了 Google 與蘋果。蘋果公司甚至給了錄取通知，我接受了。我準備去在 iPhone

---

5　PDA=Personal Digital Assistant，個人數位助理。這種裝置（Palm Pilot 可能是最成功的代表作）搭載了日曆、聯絡人和筆記應用程式等實用功能。當智慧型手機愈加普及，並且提供比 PDA 更強大的功能後，PDA 基本上就消失了。

6　OEM=Original Equipment Manufacturer，原始設備製造商，又稱代工生產，指負責生產實際硬體的廠商。

出現之前的圖形（graphic）組。我真的很高興，因為我想我終於可以從事桌機相關的工作了。BeOS 是一款桌上型電腦的作業系統。我真的不喜歡行動裝置。」

「但是因為我的簽證情況，他們收回了他們的錄取通知。我的 H1-B[7] 工作許可的六年期限快結束了。如果要我留下來，他們必須幫我辦一張綠卡，而這件事很複雜。」

「Google 的回應完全相反。我一開始先告訴他們我的簽證情況很複雜。他們說：『管他呢——先來面試吧。』於是我通過了面試，他們給了錄取通知，然後我解釋了目前簽證的狀況。他們說：『我們以前從來沒有這樣做過。這很有挑戰性』，他們並不是說這太棘手了，而是說這是一件很酷的事情。他們說，萬一不行，我可以在歐洲工作一年。我甚至收到了蘇黎世辦公室的後備錄取通知信！」

7　馬賽亞斯說：「事實上，我的六年工作簽已經到期了。我還被允許留在美國的原因只是因為綠卡申請流程尚未完成，我不能因為任何原因離開美國，那段時間壓力超大。」

PART II

打造平台

基本上，Android 平台是從底層自下而上開始建造的。

在缺乏地基和 50 層樓的情況下，憑空打造一個擎天大樓的頂層公寓，基本上，這是一件不可能任務。同理，如果沒有底層的作業系統核心、圖形化系統、框架、UI toolkit、API 和這些應用程式所需的其他基礎層，構建 Android 應用程式可以說是難如登天。因為沒有什麼比走進你的全新頂層公寓，然後一口氣從空中摔到大街上還更糟糕的了。

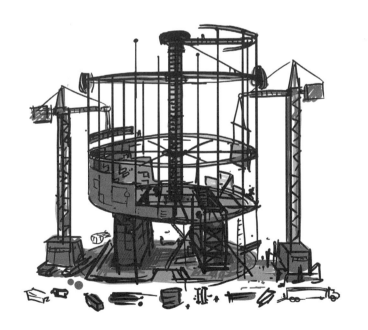

7

系統團隊

系統組負責軟體堆疊的最低層。你可以把他們的工作想成是將手機硬體（Sooner、Dream/G1、Droid 和團隊開發的其他裝置）與執行在每台裝置上的軟體連接起來。

「核心」是讓一切執行於 Android（或任何作業系統）的底層程式。它是實際硬體和系統其餘部分之間的組合介面，是作業系統為使一切正常執行而必須執行的一切（比如啟動系統、建立程序[1]、管理記憶體和處理程序間的通訊）。如果手機是一棟房子，那核心就是地基、電線和牆壁裡的管線，發出「滴、滴、滴」的聲響，讓你半夜無法入睡。

硬體通訊由核心中的「裝置驅動程式」處理，這是與裝置上的實際硬體對話的軟體模組。例如，為了在螢幕上顯示像素，驅動程式在圖形化軟體（它計算出顯示器中每個像素應該顯示什麼顏色，比如影像、文字和按鈕）和這些像素所在的實際螢幕硬體之間進行轉譯。同理，當使用者觸碰螢幕時，這個動作被轉譯成被觸碰位置的原始硬體信號。這些作為觸碰「事件」的信號被傳送到系統中，交由軟體處理，而軟體包括想要處理這些事件的應用程式。

---

1 程序（processes）和程式（programs）在本質上並不相同。每一個應用程式會執行自己的程序，就如同系統、系統和裝置上的任何獨立的組成成分一樣。

bringup 是系統組的基本任務之一，也就是從一項硬體（一台手機，甚至是帶有一系列晶片、電路和顯示器的手機原型）到啟動 Android 作業系統的過程。

布萊恩・史威特蘭與核心

憑藉在底層系統方面的經歷，再加上他是第一個加入 Android 團隊的人，史威特蘭從第一天起就帶領 Android 系統組是理所當然的。他在團隊被收購前就已經負責並領導系統的相關工作；在轉到 Google 之後，隨著團隊壯大，他繼續擔任系統組的領袖。

系統組的主要任務是讓核心運作起來，為早期的 Android 裝置和日後每一款新的 Android 裝置[2]打好基礎。當 Android 還是新創團隊時，核心只需要足以進行 Demo 即可。但是到了 Google 後，他們必須構建真正的產品：一個完整的作業系統和一個擁有穩健核心的平台。

幸好，史威特蘭確保了早期的原型核心有一個還算不錯的起點：「我所構建的一切都是為了讓它最終成為一項產品。我不相信一口氣展示全部的作法。我們沒有程序分離[3]，但我們知道它將走向何方。我們仍然需要核心、啟動程式[4]、圖形化驅動程式以及其他所有東西。我們在一路上陸續做了好幾次 demo，但我們總是試圖走一條不純粹是 demo 的路。這是前往系統的漸進式過程。」

史威特蘭對 demo 軟體的感覺來自於過去任職公司的經驗，在那裡，業務部門的人誤解了優秀的 demo 和實際產品之間的區別。「打造純粹的 demo 的危險之處在於，有人拍版決定要你發布它。那你就完蛋了！」

2　或至少是那些 Google 發布或協助開發的裝置。這包含 G1、Droid 以及後來的 Nexus 手機。在早期，系統組為其他製造商提供協助，幫助他們為裝置啟動系統，儘管這時候其他公司已經有足夠的經驗能自行處理 Android 系統。

3　如果程序沒有完全分離，那麼一個應用程式的穩定性很可能影響到其他無關的應用程式（甚至是整個系統）。出於安全性考量，你通常也會希望應用程式的程序分離；一個應用程式不能存取其他應用的記憶體（或數據）。

4　啟動程式（bootloader）是啟動整個系統的一個軟體程式——用來載入核心並驗證檔案系統的狀態是否良好。當你將手機開機時，由它執行開機動畫。

因此，史威特蘭致力於使 Android 執行於上的核心：「我們一直在使用它（demo 中的核心）。它基本上是現成的 Linux 核心再加上驅動程式。我到了 Google 後提交了一些來自 F-Sample[5] 的 main-line Linux[6] 補丁，上面寫了我的名字。早期，我們沒有餘裕考慮太多上游[7]的東西。」

與此同時，史威特蘭和他的團隊開始看到了成為 Google 組織一部分的實在優勢。在加入 Google 之前，「作為一家小公司，想與 TI（德州儀器）的互動取得進展，這個過程有點痛苦。後來我們獲得支援的程度不可同日而語。」到了 Google 後，「從供應商那裡獲得支援變得容易多了。驚喜、驚喜！人們不再討論我們得花多少錢才能得到開發板。他們會帶上硬體過來，這真是不錯。這是 Google 的一大優勢，成為一個家喻戶曉的名字，而不是這個名不見經傳的小新創。人們會拿起電話回答你的問題。我們仍然得在一些地方爭取支持，但如果不是在 Google，情況可能會糟糕得多。」

關於布萊恩・史威特蘭的一個傳奇是，他在 G1 手機發貨前不久「找到」額外的記憶體，因此他在發布前提交了一個修復程序，將裝置上的可用記憶體從 160MB 擴展到 192MB，使作業系統和所有應用程式的可用記憶體增加了 20%，這對當時這個記憶體非常有限的系統來說，是一個非常重大的進步。

訣竅在於他知道在哪裡可以找到那段記憶體，因為他一開始就把它藏了起來。核心負責為系統的其餘部分提供可用的記憶體。當他第一次在 G1 上啟動核心時，他對其進行配置，讓它回報比實際更少的記憶體空間。對於系統的其餘部分，可用的記憶體空間比硬體中實際空間少了 32MB。他這麼做是因為確信每個開發人員都會用光所有可用記憶體；但是出於必要，他們也可以在更有限的條件下工作。

每個人都在這個小得多的記憶體池中設法讓各自的軟體程式運作起來，因為這就是他們所能做的。當他在 G1 手機發布之前釋放剩餘的記憶體時，這

5　德州儀器所出產的硬體，用於早期的原型。

6　對於開源版 Linux 核心的程式碼貢獻。

7　「上游」（upstreaming）指將程式上傳至開源函式庫。當時團隊更加專注於「讓東西可以運作」。

意味著會有更多的記憶體可以用來同時執行更多的應用程式,因為他提前迫使整個系統在並非必要、人為設定的限縮條件下運作。

後來加入團隊,致力於藍牙相關工作的尼克‧沛利記得,並不是每個人都對這個結果感到高興:「老天,這掀起了一番風波。為了適應(錯誤的)記憶體空間,瀏覽器組多加班了好幾個週日。我記得其中一個人在布萊恩『找到』多餘的記憶體時,還帶著一些響亮的髒話衝進了他的辦公室。」

費克斯‧克爾克派翠克與驅動程式

核心本身不需要額外的人手。考慮到核心的複雜性及其之於整個系統的重要性,這可能相當令人驚訝。但是已經有 Linux 了,而在它不夠到位的地方也有史威特蘭來照看。但是另一方面,核心「驅動程式」的需求量很大。這個系統需要各種不同的硬體,而這些硬體必須由核心來處理。所以當費克斯‧克爾克派翠克加入史威特蘭的團隊後,他開始忙著編寫驅動程式,從相機的驅動程式開始。

「我喜歡作業系統和底層的東西,這是我在進入 Android 團隊時最擅長的事情。(在 Android 的)最初一兩年是底層系統的東西。我們決定使用 Linux,因此沒有太多的核心工作。所以我做了很多驅動程式的工作。我做了第一個相機驅動程式,讓它在 OMAP[8] 上運作,也讓音訊運作起來。」在獲得音訊後,「我們可以透過緩衝區,或者我們可以取得相機數據,我們要用它來做些什麼?」因此,費克斯轉向媒體框架,為應用程式建立 API[9] 和功能,好讓它們能夠存取裝置新的音訊和相機功能。

8　德州儀器的顯示器硬體。

9　API=Application Programming Interface,應用程式介面,是一種介於應用程式和作業系統之間的介面,讓應用程式對其進行呼叫,以便取得 Android 平台上的功能。請見附錄的術語部分了解更多內容。

亞維・維葉勒瓦與通訊

早期缺少的其中一個驅動程式是無線電[10]硬體。新的手機作業系統無法使用通話功能，所以史威特蘭延攬了一位擅長通訊驅動程式的人。

亞維・維葉勒瓦於 2006 年 3 月加入史威特蘭的系統組。他的沉默寡言在 Android 團隊中眾所周知。同組組員瑞貝卡（在後面即將出現）說，她有時會就管理原始程式碼的那個系統的問題，請他幫忙。她已經習慣用「老樣子，再多說點」來回應他的回答。

在亞維成功讓系統與無線電硬體通訊後，他開始專注於電源管理。具體而言，既然硬體能夠撥打和接聽電話，那麼它還得在系統通話過程中不要睡著。

當時，Linux 非常適合伺服器和桌機系統，包括筆記型電腦。但它不是為手機而量身打造的，它需要新的功能來處理這種新的用例。當你闔上筆記型電腦時，你希望筆記型電腦完全進入睡眠狀態。在打開電腦蓋子之前，你不希望、也不需要系統上執行任何東西。

但是手機的狀況截然不同。當螢幕關閉時，你不希望它還像正常使用狀態時執行所有工作，但你希望它足夠清醒，比如說，保持通話[11]，或者繼續播放你正在聽的音樂。

所以亞維在 Android 的 Linux 核心中加入了「喚醒鎖」（wake locks）的概念，確保螢幕關閉並不代表完全關機。當螢幕關閉時，Android 會積極地讓應用程式和大部分系統進入睡眠狀態（因為耗電量始終是個大課題）；而喚醒鎖可以確保系統維持清醒狀態，假如有事情發生，即使螢幕關閉也得以繼續。

---

10 說明一下，這裡的「無線電」（radio）不是指 FM、AM 或是充滿廣告的早晨 DJ 節目。「無線電」這個詞用來描述和電信網路與網路基地台進行通訊的手機硬體。

11 取決於和你通話的人是誰。

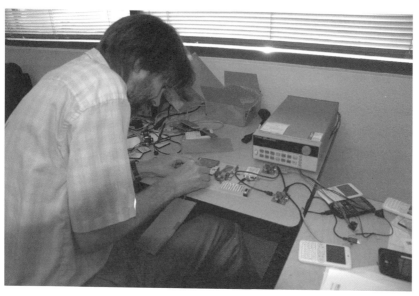

⬆ 2007 年 10 月，亞維對一個 G1 原型的硬體進行偵錯，這個硬體使用一個 TEK 電池仿真器和幾個 pre-G1 裝置（「Sooner」手機）。（照片由布萊恩・史威特蘭提供）

亞維將喚醒鎖功能提交到 Android 版本的 Linux 中。這個功能在 Linux 社群引起了一些騷動，因為開源社群的部分忠實使用者把這個功能看作是 Linux 核心的 Android 分叉[12]的一個例子。克里斯・迪波納（他處理了[13]很多開源專案）記得當時在一次 Linux 會議和社群的人的交談：「有一個傢伙非常生氣，說：『我真不敢相信你們這麼搞！』」

「我當時想：『三年後，這就不成問題了。從現在到那時，要嘛 Linux 社群接受我們現在的補丁，稍微修改它們，也許給它們起不同的名字，要嘛就拋棄市場上的所有行動裝置。所以，和我們一起努力做一些可以接受的事情吧！否則，我們將繼續出貨，因為這對我們來說非常重要，畢竟它有非常不錯的電池續航力。』」

---

12 分叉（forking）是常見的軟體用語，指當某個系統的特定版本被拷貝並進行改動後，會產生一個分叉（fork），此時這個系統就有了兩個（或更多）版本，擁有不同的功能與特性。這在開源社群中是一種不受歡迎的做法，因為所有人都應該對唯一真實的版本進行貢獻。不過有時候，就像在喚醒鎖的例子中，為了取得進展，你不得不顧社群的主流意見而進行分叉。

13 並且持續處理開源專案；克里斯後來成為 Google 的開源長（Director of Open Source）。

最終，Linux 沒有直接採用 Android 的喚醒鎖，但他們確實在日後實作了用以解決相同問題的東西。

伊利安・馬契夫與藍牙

顯示驅動程式是系統組必須解決的另一個問題。即便眼前有一個強大的作業系統，但你卻看不見它在做什麼，那麼它對你就沒有任何意義。當伊利安・馬契夫加入團隊後，他開始著手解決這個問題。

伊利安八歲時在保加利亞學習程式設計，使用一種他不會說的語言。他的父母為家中添購了一台電腦，讓伊利安開始擺弄它。「太神奇了；我喜歡敲打鍵盤，而螢幕上有事情正在發生——這才是我真正的興趣所在的地方。我不知道我當時在做些什麼。我也不是馬上就成了軟體工程師。在保加利亞，一切都是西里爾字母 *。軟體程式碼中的所有東西都是拉丁文腳本，就像軟體程式清單一樣。我既不會說英語，也對拉丁字母一竅不通，所以我只能一個字母一個字母地複製。」

伊利安後來在美國上大學，之後在高通公司（Qualcomm）工作了幾年。這段經歷對他後來的 Android 工作非常有幫助，尤其是系統組的工作，因為 Android 手機使用了大量的高通硬體。

伊利安於 2006 年 5 月加入史威特蘭的系統組。他的第一個專案是讓第二個顯示螢幕順利運作：「（史威特蘭）扔給我一台有兩個螢幕的翻蓋手機。他說：『搞定那個周邊螢幕。』他在沒有任何說明文件的情況下就搞定了 Linux。我猜他只是想給我點什麼，讓我不要再煩他。」

在那個專案之後，Sooner 裝置 [14] 開始進入團隊的工作中。伊利安致力於搞定裝置上的硬體輸入：方向鍵（具有上／下／左／右箭頭）和軌跡球。同一時期，他注意到 Android 系統變得太大，而且不斷增長，無法容納在裝置中

---

14 Sooner 是 Android 1.0 系統所瞄準的原始裝置，而 G1（代號：Dream）則是第二台。最終，Sooner 面臨腰斬，詳細故事寫於第 37 章「激烈競賽」。

* 譯註：西里爾字母是通行於斯拉夫語族部分民族中的字母書寫系統。

有限的儲存空間裡，因此他投入時間優化系統的檔案大小，好讓一切恰如其分。

🔵 Sooner 手機，有著硬體鍵盤、方向鍵和許多、許多按鍵。

然後他開始研究藍牙。這包括使驅動程式適用於藍牙硬體，以及讓應用程式可以與裝置通訊的藍牙軟體。「這是 Android 上的第一個藍牙軟體，它⋯⋯不是很好，（藍牙）是一個可怕的標準。他們發明了一些網路範圍和複雜性，用來支援無線耳機。藍牙被如此過度地設計。我搞定藍牙的硬體和軟體，然後我把這項工作轉給了另一位工程師尼克·沛利。尼克負責搞定藍牙協議堆疊，讓它順利運作。他值得所有的功勞。」

尼克·沛利與藍牙

尼克雖然在澳洲的大學主修資訊工程，但從沒想過他最終會以程式設計為生。他在澳洲電信（Telstra）找到一份通訊工程的工作，預計在周遊世界的 gap year 後入職。

但當他到加州旅行時，澳洲電信的工作告吹，所以他需要再找工作。他對矽谷一直有興趣，所以很快就在當地應徵面試。只有一家公司給了回應：

Google。幸運的是，他得到了這份工作，並於 2006 年加入了 Google 搜尋工具（Google Search Appliance，GSA）團隊。

⌃ 正在 debug 的費克斯與伊利安……大概是 2007 年 8 月。（照片由布萊恩‧史威特蘭提供）

GA 是 Google 認為早期賺錢的產品之一，當時他們的主要產品是搜尋引擎。他們將一種安裝在機架上的硬體賣給那些為內部文件編製索引的公司。它將 Google 網路搜尋的力量擴展到了這些公司的內部網站。但後來 Google 進入了廣告業務，GSA 很快就不那麼萬眾矚目了。當尼克加入團隊時，這個產品已經不像以前那樣受到積極吹捧，但尼克坦言：「對於一名新手工程師來說，這是一個學習 Google 搜尋堆疊的絕佳方式。」

2007 年夏天，他參加了 Android 團隊第一次向 Google 其他員工的簡報介紹。尼克深受吸引。「我沒有相關背景。我只是第一批加入團隊的人之一，沒有接觸過消費電子產品，也沒有像桑、瑞貝卡和邁克[15]一樣有過平台級產品的工作經驗，他們來自 Google 平台團隊。我只有一年半拿得上檯面的工作經歷。」

---

15 桑、瑞貝卡和邁克也是系統組的成員，將在後文出場。

但是我來到他們面前，我說：「這太棒了。我願意做任何事情。你們需要哪些幫助？」

布萊恩說：「藍牙！」

「我知道他們野心太大，一定會遭遇失敗。我告訴我女朋友和媽媽：『這不可能。但這裡的人很棒，我會學到很多東西。』」

尼克接手藍牙，並很快掌握了它。「這條學習曲線如此陡峭，一旦我開始跟上進度，立刻就被困住了。」他必須讓藍牙不僅作為驅動程式運作，還要能連上 Android 的平台和應用層。這項工作最難也是最持續的部分之一是，讓它正確地與世界上各式各樣的藍牙周邊裝置一起運作。

「大多數藍牙裝置都有許多『怪癖』（bugs），而且從來不會有韌體更新。所以我們必須繞道解決這些問題。我想出了一個簡單的策略——每當發現藍牙互操作性錯誤時，我會買下這個藍牙裝置，將它納入我辦公桌上的收藏，並將其作為手動測試的一部分。很快，我就多了兩張擺滿藍牙裝置的桌子。我會讓它們都插上電源充電——這麼做讓我不會搞丟任何充電器，而且我不必在執行測試之前等待裝置充電。不止一次，當我們接到消防檢查通知時，我不得不清掉所有裝置，因為充電線全都糾纏在一起了。」

「車載套件比較棘手，因為你無法在辦公室裡塞進一輛車。但我很快發現，主要汽車廠商很樂意將裝有車載資訊娛樂系統的箱子寄給我，這樣我就可以在辦公桌上對相關硬體進行測試。它們淹沒了我的桌子，佔據走廊的各個角落。」

尼克的主管是布萊恩・史威特蘭。像早期 Android 時代的許多主管一樣，史威特蘭不是一個事必躬親的人。尼克還記得，這包括拒絕與他的團隊成員舉行同步會議：「我記得幾週前，我問我們是否需要一對一會議（1-on-1）。他似乎對這個問題不太滿意，但表示歡迎我安排一次。我照做了。他遲到了 10 分鐘，劈頭第一句話就是「我 $#^&O# 討厭 1-on-1……」從那以後，我們再也沒有 1-on-1 會議了。

「但布萊恩是我最喜歡為其工作的其中一位主管。他的系統知識無人可及。他對工作範圍和責任都很大方，從來不會管太多（micro-manage）。

布萊恩致力於打造手機，對員工非常友善。為他工作是我職涯中的一個亮點。」

⬆ 2008 年 3 月，尼克在辦公室小睡片刻。照片左上方是一個車載資訊娛樂系統，裝於汽車廠商寄來的保護盒裡。（照片由布萊恩・史威特蘭提供）

桑・梅哈特與 SD Robot

時值 37 度的夏天，我看著這台手機，聽著這個人不斷說著垃圾話。

—— 桑・梅哈特

為了打造驅動程式並構築整個系統，團隊迎來了桑・梅哈特。桑在 2007 年加入史威特蘭的團隊，大約與尼克同時加入，當時正值發布 SDK[16] 的前夕。

小時候的桑透過在鍵盤上敲敲打打來學習程式設計。他的父母在地下室有一個電腦儲藏室，他可以在那裡自由玩耍。「有一天我很沮喪，所以就在

---

16 SDK=Software Development Kit，軟體開發套件是應用程式開發領域的一個通用詞。SDK 是一組集合了任意工具、函式庫和 API，好讓開發人員編寫、構建和執行應用程式。Android 的第一個公開 SDK 於 2007 年秋季發布。

鍵盤上隨便亂敲。我不小心按到了 Ctrl-C，這時命令行介面跳了出來，我不知道那是什麼。於是開始輸入東西，它顯示『Syntax Error』（語法錯誤）。我心想：這什麼意思？我輸入別的東西，結果顯示：『Undefined Function Error』（未定義函數錯誤）。」我心想：這又是什麼意思？」他堂哥建議他輸入「LIST」，然後桑正在玩的遊戲的 BASIC 程式碼就出現在螢幕上了。

桑學習程式設計的方法最終成為構建驅動程式的絕佳經歷。編寫硬體驅動程式的大量工作是圍繞在弄清楚硬體能做什麼以及如何讓它執行。大部分工作內容是進行實驗、瞭解硬體如何運作，以及與它對話的規則和協議是什麼。打從一開始，桑就是在試圖搞清楚這些規則是如何運作的，他在家中地下室的電腦上隨機輸入字母，看看接下來會發生什麼。

他透過破解軟體版權保護方案等課外愛好，來繼續童年時對於程式設計的興趣。由於當時加拿大沒有強大的軟體市場，他這麼做是為了解決遊戲存取受限的問題。整個高中時期，他一直在編寫程式，後來都在為晶片和其他硬體系統開發核心和驅動程式，不斷學習如何讓軟體和硬體進行對話。

桑沒有上大學。更諷刺的是，正是一份為了向青少年展示上大學好處的實習工作說服了他不繼續求學。

他得到了一份在貝爾北方研究公司（Bell North Research，BNR）從事 CPU 模擬器工作的實習機會（後來他得到了一份暑期工作），當時他學會了新的程式設計語言和處理器的內部結構。他對這份工作充滿熱情，讓他想進入 BNR 工作；但他意識到，他的高中成績無法讓他進入好大學，也不能讓他進入他心目中理想的公司。所以他決定跳過這一步，自食其力，和一些朋友一起創辦了一家網路服務供應商（ISP）。這一路上，他不斷在破解作業系統和隨機硬體元件，為成為一位優秀驅動程式開發者打下扎實基礎。

「給我一個你不知道運作方式的奇怪硬體，再給我一個能讓硬體運作的軟體。在拆開軟體和分析硬體之間，我可以進行逆向工程，建立另一個可以工作的驅動程式。」

2005 年，桑加入了 Google 的平台團隊，為客製化硬體編寫驅動程式。2007 年，他轉而加入 Android，在史威特蘭的系統組工作。

「我加入團隊後，開始 G1 的開發工作。最初，裝置外型是個『franken-board』，也就是高通的『衝浪板』（surfboard），這是一個巨大而瘋狂的電話板原型，是一個在大電路板上的 MSM 晶片組[17]。它就像一部電話，但有各式各樣的測試點，所以他們可以載入程式，做各式各樣的事情。」

⌃ 2008 年 2 月，桑正在（用打火機）對電池執行溫度測試。桌面上放了一個作為 G1 裝置處理器的高通公司「衝浪板」。（照片由布萊恩‧史威特蘭提供）

剛加入團隊時，桑的主要工作就是 bringup。「Bringup 在當時是非常非常底層的東西，時鐘控制和電軌、電源控制等等。」第一個系統（G1）異常複雜。它實際上有「兩個」CPU，一個由高通的控制器晶片（ARM 9 處理器）控制，另一個由 Android 控制（ARM 11 處理器）。啟動 G1 需要先啟動高通晶片，然後再啟動 Android 晶片。

「我的工作是找出如何構建驅動程式。我必須想辦法讓這兩個東西進行交流。然後連接時鐘控制、連接電軌，這樣我們就可以開始打開周邊裝置，

---

17 MSM=Mobile Station Modem，高通公司為移動站點數據機設計的整合晶片（SoC），在同一塊晶片上整合所有行動硬體。

比如 SD[18] 控制器，這樣就可以啟動 SD 卡，還有圖形控制器。所以我做了所有的底層細節工作，然後轉到處理 SD 卡。」

G1 上的 SD 卡出現了一個有趣的問題。首先，SD 卡有兩個用途：儲存檔案和連上無線網路。SD 卡通常被認為是行動儲存裝置。但在那個時候，SD 卡有時也被用來提供 Wi-Fi 連線（這張卡則會有一個 Wi-Fi 晶片，而不是記憶體硬體）。

讓 SD 運作很重要，因為它控制著這兩個區域。但這很難。「（Android 團隊中）沒有人知道 SD 卡如何運作。你無法獲得 SD 卡的技術規格，因為你得先加入 SD 協會，而他們不會讓你做任何開源的事情[19]。」所以我必須對 SD 卡、SD 卡協議和（用於 Wi-Fi 的）SD IO 協議進行逆向工程，並對一堆驅動程式進行逆向工程，想辦法知道如何編寫自己的驅動程式。我花了好幾個月想辦法讓它工作。

桑成功讓 SD 開始工作（包括儲存和 Wi-Fi），但還有一個問題。使用者可以很輕鬆地拿取 G1 上的 SD 卡，它可以隨時插入或取出。「有人認為將 SD 卡放在側邊是個好主意，可以熱插拔（hot-swappable），在裝置開機運作時插上或拔除。假如你想試圖把一個硬碟從 Linux 系統中拔出來，那可不是一件易事。最糟的情況是裝置在毫無預警的情況下被破壞。你可能正在對磁碟寫入資料。也許你三十秒前拍了一張照片，所以那些緩衝區還在作業系統的頁面快取中，而它們不會在接下來的三十秒內被寫出來。」

G1 的 SD 卡插槽上有一個蓋子，使用者必須打開蓋子才能將 SD 卡彈出。打開蓋子的動作會向系統發送一個提示信號，在使用者彈出 SD 卡時，迅速讓（系統中的）一切維持穩定。但是很難在程式中找到所有需要這樣做的地方。更糟糕的是，如果想對這種情況進行偵錯，會需要大量「把卡彈出」的繁瑣動作。一遍又一遍，沒完沒了。最終，桑開口請求幫助。

---

18 SD=Secure Digital，是 SD 卡的簡稱，用於相機（及部分手機）的記憶卡。

19 「開源」是 Android 系統整體的一切前提。如果程式碼不是開源的，那麼它無法成為 Android 平台的一份子。

於是他找上安迪。他說：「『嘿，你懂機器人。那有沒有人可以幫我做一個能做這些事的機器人？』他幫我介紹了一個人，我告訴他們我的需求：一個小機器人，允許我透過軟體控制它插入抽出，然後我會建立一個小的閉環測試。這讓我能夠追蹤所有的 bug。」桑使用 SD 卡機器人一個接一個找到那些 bug，直到系統能夠穩定而可靠地工作。

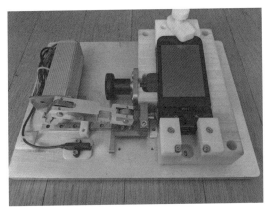

⌃ 桑的 SD 卡機器人，它會持續將 SD 卡插入抽出卡槽，強制裝置進入當機狀態，好讓桑找出問題所在。（照片由桑・梅哈特提供）

後 G1：Sapphire 和 Driod

在 G1 發布之後，San 開始研發代號為 Sapphire 的裝置，後來它成為了 T-Mobile G2 MyTouch。這個裝置的主要工作目標是提升效能。「它慢得要死。它比 G1 快一點，但與此同時，羅曼 [20]，去他的，還有（平台和應用組）的所有傢伙都一股腦兒把這所有又厚又瘋狂的軟體放在它上面。如果想要切換應用程式，過程會永遠拖拖拉拉，一直延遲。我在那個專案上花了很多時間去優化核心。那真的是一堆效能提升工作，過程有點像是一直重複做沖洗的動作。」

在 G2 出貨後，桑的下一個挑戰是 Motorola Droid。他必須處理的一個問題是處理斷電情況，而這個問題非常……複雜。「這些小壞蛋體內有 30 個不同的

---

20 桑口中的「羅曼」是羅曼・蓋伊，在第 14 章「UI toolkit」有許多戲份。

能量域，全部都被單獨控制。關機有如一組妙不可言的舞蹈動作：先關掉這個，等上好一陣子，再關這個，再關那個，再關這個……一路下來，你越往下跳，手機就只會變得越來越笨。」

「Droid 上的失敗例子是這樣的：手機進入閒置休眠，或者你將它關機，結果這時你接到一通電話，而手機永遠不會響。當手機進入這些電源狀態，就不再監聽數據機，因為手機會將它關閉。數據機試圖喚醒手機，但由於手機不再監聽數據機；手機下定決心去睡覺。所以手機跑去睡覺，而數據機一直叨叨不休，發出：『但是（but）、但是（but）、但是（but）、但是（but）……！』的聲響。」

「最終，我們才意識到，數據機和 CPU 之間缺少了一根線，因此無法喚醒硬體。」然而想要改變硬體為時已晚 [21]，所以他們最終透過在系統其他部分的電線上發送喚醒信號來解決這個問題。

Droid 專案的另一項工作還包括，桑在 Wi-Fi 系統中找到了一個導致影片中斷的 bug。「有一場美國小姐選美比賽，針對一男一女的婚姻這個議題，出現了非常有爭議性的評論。弘來到我的辦公室，他說：『我們遇到了一個大問題。YouTube 的影片有問題，只有在 Wi-Fi 連線時才會出現畫面中斷。我說：『好吧，沒問題，這可能是 DMA[22] 的問題。給我一個參考影片。』」

弘把影片和 bug 發生的時間給了他，而恰好是美國小姐選美比賽中那段尷尬畫面。桑花了兩天時間對它偵錯，一遍又一遍地細聽同一個影片片段。「每當我聽到有人提到美國小姐，我就有從內心深處油然而生的感覺，我彷彿置身在加州核桃溪，時值 37 度的夏天，我看著這台手機，聽著畫面中的人不斷說著垃圾話。」

---

21 這是硬體開發與軟體開發之本質上的差異。如果你在軟體發布前夕發現了一個 bug，你仍然可以著手修復。事實上，在軟體正式發布後，你也可以進行修復，只要你可以將更新版本送到使用者手上。但是在硬體的情況中，bug 只能一直存在；你無法用一個新的硬體進行替代，至少你無法不導致大型延誤和高昂重製成本。因此，硬體上的 bug 通常會透過提供軟體替代方案的形式來解決。

22 DMA=Direct Memory Access，「直接記憶體存取」是一種不需涉及 CPU、可以存取的記憶體。這對於記憶體密集的硬體子系統來說很實用，例如儲存空間和顯示器，在 CPU 忙著處理其他工作時，可以直接讀取和寫入記憶體。

瑞貝卡・薩維恩與不受喜愛的手機

我們穩穩地造了出來。只是忘記了周圍的牆壁。

—— 瑞貝卡・薩維恩

系統組需要更多人力來推進 1.0 的發布。瑞貝卡・薩維恩於 2008 年初加入團隊。

在程式設計的路上，瑞貝卡比起 Android 團隊上的許多人還要晚得多；她直到上了大學之後才真正一頭栽進去。她一直以為自己會成為一名醫生，所以她到大學是攻讀化學工程，準備取得醫學預科學位。就在那時，她才發現自己討厭化學。與此同時，她在大學的資訊工程系找到了一份工作，任務是協助建立一個電腦實驗室。她把越來越多的時間花在資工系館。在她開始修 CS 課後，她一下子就迷上了。

大學畢業後，瑞貝卡繼續攻讀研究所，最後加入了 Google，在平台團隊中與桑一起共事。在桑離開原組並加入 Android 團隊大約一年後，瑞貝卡也準備開始嘗試新的東西。「我想要有點不舒服。我想來點挑戰。」她於 2008 年 1 月加入史威特蘭的系統組，也就是在 SDK 發布後的兩個月，正好趕上了 1.0 版的發布。

加入新團隊的第一天，她對同一個核心問題進行偵錯，在辦公室一路待到了晚上 9 點後。「史威特蘭就像是在說：『好吧，這應該能行。』」

團隊剛剛發布了 SDK，現在他們需要讓一切都在一個真正的裝置上執行。瑞貝卡最初致力於 Android 的顯示驅動程式。史威特蘭指派她負責一個最小的驅動程式。不久後，她向他抱怨說它真的充滿問題。他告訴她這只是一個原型；她不應該真的用它。她說：「我希望你能提前告訴我。我以為你知道自己在做什麼。」

讓驅動程式開始工作後，瑞貝卡繼續致力於記憶體子系統，並在接下來的幾年裡一直負責這塊。她的目標是讓位元組以最少的拷貝數量通過系統（因為拷貝操作是很耗資源的）。例如，如果相機拍攝了一張照片，在某處的緩衝區中會有大量像素必須傳送到 GPU（圖形處理器），然後傳送到影片解碼

器，最後傳送到顯示記憶體。最簡單的實作方式是將像素複製到每個新的子系統中。而這會耗費很長的時間和大量記憶體，尤其是因為照片檔案往往很大（即便是當時功能有限的相機）。最終，她讓系統可以在零拷貝的情況下運作。

2008 年末 G1 手機發布後，瑞貝卡開始著手下一款裝置：Motorola Droid。

Droid 是一個不受歡迎的專案和裝置。團隊的其他成員正在研發代號 Passion 的裝置，這就是後來的 Nexus One。Passion 將會是一部 Google 手機，擁有所有最新、最棒的功能，團隊無一不對此感到非常興奮。然後就是這個 Motorola 裝置。

瑞貝卡說：「沒人想碰它。它很醜。每個人都對 Nexus One 滿心期待。那 Droid 呢？我們被置之不理，自生自滅。不久之後，Droid 成了團隊的關鍵大事，因為它成了 Verizon 首度發布的手機 [23]。」

晶片組來自德州儀器（TI），晶片已搭載了驅動程式。但是這時還有一個諾基亞的驅動程式的替代實作，瑞貝卡建議他們從那裡開始。」

「我們與 Motorola 進行了三方會談，我告訴他們：『我不認為我們應該使用 TI 核心，它亂七八糟。我認為我們應該使用諾基亞核心。』然後我接到 TI 業務的電話，他說：『Motorola 打電話給我，他們說，你說我們的程式是狗屎。』」

「我說：『我不認為我在會議中使用了任何髒話。』」

那個令人尷尬的 root 錯誤

Android 早期開發過程的標誌之一是團隊的執行速度。在短短三年內從 0 到 1.0，這項成就相當驚人，尤其第一個版本就包含了絕大部分基礎，使 Android 迅速成為世上最廣為流通的作業系統之一。

---

23 這次發布涉及了大量行銷預算與公開宣傳，最終售出了很多 Android 裝置。關於 Driod 的故事可見第 45 章「Droid 辦到了」。

我發現咖啡濺到自己身上的機率與我移動的速度成正比。執行速度也是有代價的。在早期，每個人都跑得很快，以至於他們有時忽略了一些在更謹慎、更慢節奏的環境中可能會察覺的事情。其中一個著名例子是（至少對內部人員來說），能夠從聊天應用程式讓手機重新開機的「功能」。

傑夫·夏奇伊和肯尼·盧特（Kenny Root）在 1.0 版本發布時還是外部開發人員（他們後來都被招進 Android 團隊）。早在第一次發布之前，他們就在修補 Android。肯尼開發了一個 SSH 客戶端（一個允許你登錄遠端電腦的應用程式）。肯尼的版本是針對 SDK 的 pre-1.0 版本構建的。而傑夫是對此版本再進行更新，以便適應 Android 的後續版本，並新增了更多功能。他們最終將其發布為 ConnectBot，這是 Android 市場上 [24] 的首批應用程式之一，目前也仍然是最好的 SSH 客戶端。

當他們第一次開發 ConnectBot 時，他們從一些使用者那裡收到了奇怪的錯誤回報。傑夫說：「我們從一些人那裡得到了這個奇怪的 bug——有個人說他透過 SSH 進入家裡的伺服器，輸入 reboot，然後他們的手機就會重新啟動。我們認為他們一定是嗑了什麼，所以用『不可重現』（Not Reproducible）關閉了這則錯誤回報。」[25]

因此這個錯誤被證明是完全有可能出現的，而且對 Android 來說有點可怕。

---

24 Android Market 是應用程式商店的原始名稱，後來改名為 Google Play 商店（Google Play Store）。

25 軟體產品中的錯誤（bug）被記錄在一些 bug database 中。這是工程師（們）用來更新關於該錯誤的資訊以利診斷問題。在理想情況下，錯誤（最終）會被解決。最好的情況是，它們會被標記為「已解決」（Fixed）。在（對回報問題的人來說）最壞的情況是，它們會被標記為「如常運作」（Working As Intended），意思是：「沒錯，你眼睛很利喔，它就是這樣子。而且我們認為這是正確的行為。」但最令人灰心的情況是——對所有人來說都是——「不可重現」（Not Reproducible），意思是：「我們真的相信你……但是在我們的裝置上沒有發現這個問題，因此我們無從解決。」

瑞貝卡·薩維恩說：「人們發現如果在 Gchat[26] 中輸入 root[27]，你就可以在手機上獲得 root 的存取權限。然後人們也發現，輸入 shutdown 或 reboot 也會奏效。」

瑞貝卡解釋了這種錯誤如何產生。「鍵盤事件被傳送到一個處於工作狀態的控制台。你總是想有一些序列控制台[28]。這很方便。所以我們把根控制台放在那裡進行偵錯。……我們應該記得把它關掉才對。」

「在某個時候，出現了這個一直存在的錯誤，我們曾經用 framebuffer 控制台來支援，所以我們可以切換到一個模式，你可以看到 log，就像你在 Linux 系統上看到的一樣。我們有一個反覆出現的錯誤，在畫面左上角會出現一個黑色方塊，這是定時器的問題。一些競爭危害（race condition）[29] 會在你回到圖形的時候導致游標閃個不停。所以我去找史蒂夫·霍羅偉茲（他告訴我）：『那個黑色的方塊。我有一個黑色方塊！』」

「在花了很長的時間試圖解決這個問題後，我心想：『不如關掉 framebuffer 控制台吧。為什麼我們需要在裝置的螢幕上看到核心日誌？這太愚蠢了。我們直接把它關掉，這樣就不用處理這個問題了。』」

「但當我們關閉控制台時，它仍然在那裡（只是看不見而已）。我們的反應都一樣：啊、哦、哎唷！」

---

26 Gchat 是以前 Google Talk 的非正式名稱，後來被 Hangouts 取代。最近改名為 Google Chat。

27 取得一台電腦的 root 權限，可以讓你執行一般使用者以外的動作，例如刪除重要檔案、關機或重灌系統等等。你通常無法透過輸入 root 就取得權限（駭客最愛系統中的「後門」安全漏洞，但是如此就能讓人容易取得 root 權限，與其說是「後門」被敲開，倒不如說是前門根本沒鎖。）

28 序列控制台是一個終端機視窗，就像 Windows 電腦的 DOS 視窗或是 Mac 電腦的終端機應用，你可以在這個視窗裡對系統輸入命令。

29 競爭危害是一些軟體 bug 的常見原因。這種狀況是，在軟體中或是整個系統中的兩個不同（基本並不相關）的部分，試圖在同一時刻彼此競爭，存取相同資源。由於這兩者是獨立執行的（或者執行於同一處理器的不同執行緒，或是分別執行於不同處理器），因此無法預測哪一個能夠先得到該資源。一般的處理方式是讓程式足夠有彈性，可以處理任意存取順序。問題原因出在編寫程式時，很容易忽略隨機地點的處理順序問題，而且競爭危害的發生頻率不是很高，有時候你根本不會遇到，它們只會在某處發生，就在你沒有盯著裝置螢幕的時候。這也是一種競爭危害。

「我們穩穩地造了出來。只是忘記了周圍的牆壁。」

傑夫說：「在 ConnectBot 中輸入 reboot 的人，實際上是在他們的遠端伺服器和手機裡輸入了重啟指令，所以造成了這令人驚訝的手機重開機。」

尼克・佩利也記得這個 bug：「我們以為這是某個人發現的某種微妙而高明的駭客行為。不、不、不：你按下的每一個鍵盤鍵，都會進入 root 殼層。」

肯尼・盧特補充：「這可能為 G1 的第一個「root」開闢了一條路，但我保證它不是以我的姓命名的。」

🔵 2008 年 3 月，正在偵錯的瑞貝卡。（照片由布萊恩・史威特蘭提供）

還有其他一些例子表明，Android 遺漏了一些細節；每個人都跑得非常非常快，要讓事情能夠運轉起來，還有很多工作等著完成。幸運的是，這個平台存活了足夠長的時間，團隊得以在後來重新審視系統並修復這些問題。至少我們已知的那些問題。

陳邁克與「B 組」

> 我感覺我們將要改變世界。而且我們辦到了。

> ── 陳邁克

在 1.0 發布前加入系統組的最後一名成員,是陳邁克。

邁克早在中學時就想成為一名程式設計師。Lode Runner 這款遊戲使他想在長大後創作電玩遊戲。然而,這個夢沒有持續多久;升上高中,他開始對管理電腦系統更感興趣。但在大學裡,他選修了程式設計課程,重拾了最初的計畫,以成為程式設計師為目標。畢業後在 Google 的第一份工作就此寫下了他的命運。

他於 2006 年加入 Google,加入桑和瑞貝卡所在的平台團隊。和他們一樣,他後來也調到了 Android 團隊,比瑞貝卡晚一個月,也就是 2008 年 2 月。SDK 已經發布,但是要讓產品變成 1.0 版本,還有很多工作等著人們去做。

安全毯

邁克的起步專案是在發布 1.0 之前確保 Android 的安全性。輕輕鬆鬆。

Android 打從一開始就將安全性列入設計考量。史威特蘭特別希望為 Android 實現一個比他在 Danger 工作時更安全的模型。之前的 Hiptop 手機更耗用資源,而且沒有保護應用程式免受彼此攻擊的硬體措施,所以它們依賴於軟體機制。布萊恩堅持所有的 Android 硬體都必須要有一個 MMU[30] 來提供硬體安全性。

平台安全性的重要性之一在於,將裝置上的所有應用程式視為獨立的「使用者」。在其他作業系統上,使用者可以相互保護,但無法保護自己。舉例來說,你可以在微軟系統上建立一個使用者帳戶,在這個帳戶中所建立的資料將受到保護,不會被系統上的其他使用者存取。但是,你安裝的任何

---

30 MMU=Memory Management Unit,記憶體管理單元是一種負責處理記憶體存取請求的電腦硬體,功能包括虛擬位址到實體位址的轉換。這個方法可以避免某個程序非法存取其他程序的虛擬記憶體空間。

應用程式都將以你的身分執行，因此所有應用程式都可以存取你帳戶中的所有資料。任何使用者和他們所安裝的應用程式之間存在一種隱含的信任關係。

但是 Android 工程師認為，裝置上的應用程式之間的信賴關係不應該是自帶的（而這是對的）。因此，布萊恩的設計不是讓應用程式以安裝它們的使用者身分執行，而是讓每個應用程式在裝置上以獨立、唯一的使用者身分執行。透過 Linux 核心的使用者識別機制，也就是 UID 的這種方法，確保應用程式不能自動存取同一裝置上任何其他應用程式的資料，即使這些其他應用程式是由同一裝置的擁有者安裝的。布萊恩提供了建立、銷毀或以使用者身分執行的底層服務。框架組的黛安·海克柏恩將這個服務與更高層級的應用程式權限整合在一起，並為應用程式 UID 制定了管理規則。

這個由硬體保護的程序和作為使用者的應用程式所組成的系統，大致上已經建立好並且處於執行狀態，但是還有許多細節需要完善。比方說，儘管應用程式的程序相互受到保護，但許多內建系統程序仍是以具有更高權限的使用者身分執行，這使得它們可以存取超出它們在裝置上所必要的內容。

與此同時，iPhone 最近被越獄 [31] 了，這是一個很好的提醒，敦促他們在推出 1.0 之前，務必完成這項安全性工作。

邁克認為這個任務不但使人領略 Android 和作業系統安全模型；同時也讓人得以窺見史威特蘭的管理風格。「布萊恩用一種很有趣的方式把你扔進深水區，藉此判斷你是浮是沉。」

就起步專案而言，的確如此……這是一項大任務。不僅有使命必達的龐大壓力，畢竟在發布第一款裝置之前，勢必得搞定安全性，而且它還影響了當時在 Android 上構建平台和應用程式的其他人──壓力越來越大。「當我試圖做出變更的時候，我把一切弄得支離破碎。當時非常痛苦。所有的團隊都會抱怨有東西壞了，而我正試圖盡快解決這個問題，試圖預測它。」

---

31 越獄（jailbreaking）是指對作業系統進行修改、移除或變更裝置上的軟體限制，讓裝置可以安裝 App Store 不提供的應用程式等，這個行為又被稱作「側載」（sideloading）。

「史蒂夫・霍羅偉茲（當時的 Android 工程總監）將炮火瞄準了我：『你破壞了構建！』我說：『我知道，史蒂夫。我知道是我破壞了構建。我現在正在試著修復它。你站在那裡不會讓我更快修好它。』」

「那猶如一場烈火試驗。我學了一堆東西，碰了系統所有部分，然後破壞了一切。」

邁克的下一個專案是延長電池壽命。那時候，G1 上市日就近在眼前，而電池續航力一塌糊塗。更糟糕的是，所有的團隊都將問題歸咎於其他團隊。「應用組會責怪框架組。框架組責怪系統組。系統組又責怪應用組。」

安迪不在乎是誰的錯，他只想把它修好。他把問題交給了史威特蘭，後者又把問題交給了邁克。

布萊恩問：「你對電源管理瞭解多少？」

邁克說：「我什麼都不知道，布萊恩。」

「好吧，那我建議你開始學習，因為你現在負責這件事。」

邁克很快意識到問題的一部分原因出在期望值。「我向每個人解釋的問題是：你告訴我，我們必須擁有和 iPhone 一樣好的電池壽命。我們還要有能力在背景 [32] 執行這所有的應用，我們的硬體有更大的螢幕，我們得運行背景執行任務，我們是第一個做 3G 手機的人，而且我們的電池體積更小。」

邁克做的主要事情之一是對系統進行儀器配置，藉此瞭解電源的流向。在此之前，他們可以看到電池正在耗盡，但不知道是什麼東西導致，因此很難找到並解決問題癥結。一旦知道問題在哪裡，他們就能著手解決。

邁克還與框架組的黛安持續爭論。許多電池問題都是由應用程式的不良行為造成的，這些行為會導致喚醒鎖 [33] 的待機時間過長，但使用者會指責整個

---

32 當時 iPhone 並不提供背景執行功能，這是 Android 早期的獨特功能之一。

33 （之前提過的）喚醒鎖可以避免系統進行休眠狀態。這是 Android 系統的強大且必要的一環，但使用不當時會造成嚴重的電量問題，因為喚醒鎖的設計初衷就是讓系統保持運作，而不是讓其休眠，使用更少電量。

Android系統太過耗電。「我當時在推動一個更明確的系統，如果一個應用程式進入背景執行，你可以強制釋放資源。所以基本上這是一個較不靈活的平台。黛安堅信這不是平台的錯，而是開發者的錯，正確的解決辦法是教育這所有的應用開發者。」

「這是我們僵持多年的一場戰鬥。」

邁克參與的另一個專案是調節器（governor）。

作業系統中的調節器是一種機制，用來改變 CPU 的速度或頻率，達到節省能量的目的。舉例來說，如果你的 CPU 高速執行，它會消耗更多的能量，消耗更多的電池。但如果裝置在那個時候處於待機狀態，那麼就是對電池能量而言不必要的巨大浪費。調節器用於檢測這些不同的運轉模式，並對 CPU 頻率做出相應調整。

在 G1 發布當時，唯一有效的調節器是 Linux 核心中的按需（ondemand）調節器。這是一個簡單的系統，只有兩種設置：全力運轉和閒置。這總比什麼都沒有好，但是對於 Android 來說還不夠好，特別是因為這個調節器的啟發式演算法專門針對運行於伺服器或桌機的 Linux 而調整，而不是針對更受限制的行動裝置。

邁克在 1.0 後期開始接手調節器，但在安迪向 Google 高層做了一次不走運的 Demo 之後，不得不把這個專案先放在一邊。

邁克簽入了一個變更，不小心讓手機執行速度變得超級慢。「我在 master[34] 上對保守的調節器進行了試驗，它變得非常、非常傾向以犧牲性能為代價來節省電量。導致這部手機幾乎無法使用。」

---

34 主幹（master）是所有程式碼變更最終集合的地方。通常在一個構建版本中還會有用於特定裝置或情況的其他分支（branch），而主幹則是生產用的主程式碼被簽入、建構、測試和發布的所在。將一個變更簽入到主幹，表示所有人都會在各自的建構版本和裝置中看到這項變更（無論是好是壞）。

就在此時，安迪與佩吉和謝爾蓋正進行每月一次的專案回顧，了解專案的進展情況。安迪在手機上閃現[35]了一個master的構建版本，然後去開會了。

在會議上，他展示了一個用了這個master版本的Demo……結果並不順利。

「他開完會回來，非常生氣。」

這件事對邁克來說是一次很好的學習經歷。一方面他了解到，在將變更推送給每個可能使用該版本的人之前，要好好測試它們的重要性。同時，他也深刻體會到，遇到一位挺他的主管有多重要。

「布萊恩在走廊上與安迪當面對峙，大聲反駁說是安迪的錯，是他沒有經過任何測試就使用了master。我們所做的一切都是為了準時發布Android，我們哪有時間確保你的demo是否完美無瑕。我從沒見過有人對安迪大吼。他從未提到我的名字，儘管他知道那是我寫的程式。」

「後來，他來到我的辦公桌前，語氣平靜地要我恢復我所有的更改，在發布之前不要再碰它。」

B組

後來邁克加入了瑞貝卡的Droid專案。系統組分為Passion（後來成為Nexus One）和Droid兩個小組。史威特蘭記得：「我當時決定，我們需要將系統組的工作分成N1和Droid兩個小組，並在團隊會議上我提到這件事，我說：『我們需要一個A組和一個──』在我停頓，想為第二個小組起一個好名字之前，艾瑞克[36]脫口而出：『B組』，讓我更恐懼的是，他們把它視為一種榮譽徽章（可能也是因為它讓我感到尷尬）。」Passion專案中的人大多是那些對硬體更熟悉的人。但瑞貝卡開玩笑說，Droid專案之所以有「B組」，正是

---

35 「閃現」（flashing）是Android團隊用來表示「安裝」一個建構版本的說法（名稱由來是因為Android裝置使用快閃記憶體）。如果在你的電腦上有一個構建版本，那麼你可以讓這個版本從電腦上閃現到手機（用USB線連接電腦與手機）。在Android大樓裡還設有一些「閃現站」，讓人可以將近期的任何構建版本閃現到自己的裝置上。閃現這個功能對於測試工作來說很實用，可以將不同構建版本安裝到手機上，或者是當你之前閃現的版本不夠……好，就像故事中提到的那樣。

36 艾瑞克‧吉林（Erik Gilling）是當時另一位系統組的成員。

因為他們正在開發團隊不感興趣的裝置。因為 Passion 得到了當時團隊所有的愛和「熱情」。

邁克說：「每個人都認為 Nexus 即將成為佔領市場的酷玩意：第一款 Google 品牌手機，沒有鍵盤，流線型設計，OLED 螢幕。那是一部好手機。」

與此同時，Droid 的硬體設計當時並不引人注目。「人們總是大肆宣傳硬體設計應該如何驚豔眾人。當他們終於公佈它的樣子，卻發現那是個又方又醜的東西。我記得當時我心想，這應該只是最初的原型。最終設計應該會截然不同，對吧？抱歉，這就是我們要發布的外型。」

結果，到頭來，Verizon 對 Droid 手機的品牌塑造和成功行銷，徹底蓋過了 Google 對 Nexus One 所做的一切。第 45 章「Droid 辦到了」中會有更多關於這件事的著墨。

打造穩健的系統

在開始討論軟體堆疊的其他部分之前，系統組的工作方法和成就值得我們仔細回顧。首先，他們構建的所有東西都是作業系統其他部分的基礎，例如啟動電源，更不用說功能了。但是，他們對工作採取的方法，也顯示出 Android 團隊的整體風格，即完成一項完整（且快速）的工作，在滿足當下立即的需求後也不會停下腳步，由衷期待他們所設想（或希望）的 Android 最終會變成什麼樣子。

例如，他們不僅僅在一兩個正在開發的裝置上工作。與此同時，Android 的其餘成員將心力放在 1.0 之前開發 Sooner 和 Dream 手機，系統組試著讓 Android 在完全不同的裝置上運作，使其更加強大和靈活，在日後能夠適應完全不同的硬體製造商。

此外，該團隊不只是將硬體製造商的驅動程式組合在一起，然後直接出貨；他們從底層開始，把所有東西都寫得堅固耐用。

尼克談到了團隊中的這種工作氛圍：「為什麼系統組不僅僅是一個整合團隊？整合更像是把東西拼湊在一起，讓它們動起來，從製造商那裡拿到驅動程式，讓 Android 在上面運作，而不是自己編寫驅動程式。」

⌃ 當 Android 系統移植（port）到這台諾基亞裝置，
這被史威特蘭稱之為「the holiday port」，因為這件事
發生在 2007 年感恩節週末。（照片由布萊恩·史威特
蘭提供）

「我們編寫了一大堆其他公司不會寫的裝置驅動程式；他們大概只會使用
晶片供應商提供的 Linux 參考驅動程式。那時候，那些 Linux 參考驅動程式
都是垃圾。我們決定不用這些參考驅動程式，這個決定非常關鍵，我們選
擇將它們好好重寫，使其具有向上游傳輸的品質，並且我們可以在一旁待
命、維護和提供支援。生態系統的其餘部分可以分支（fork）我們的驅動程
式，或者直接重用它們。」

⌃ 2008 年 3 月，Android 系統被移植到某台電腦上。筆記型電腦的寬螢幕無法完美顯示
直向的手機畫面。（照片由布萊恩·史威特蘭提供）

「最後，我們擁有了更高品質的驅動程式。當然，仍出現了一些 bug，但我們得到了穩定性。如果你用了糟糕的驅動程式，這會影響到你的穩定性——周邊裝置會無緣無故失靈，裝置會重開機。如果沒有好的驅動程式和喚醒鎖之類的東西，就很難正確地進行電源管理；電池壽命只會被破壞殆盡。」

「這是一個關鍵性的決定，我認為布萊恩指引我們走上正確的道路這件事上，功不可沒。我們正在構建一個優質的函式庫，並且我們堅持以正確的方式做事。」

8

JAVA

聖誕假期後，我精神飽滿，目光炯炯，很早就進公司，順便跟魯賓
聊了聊天。他告訴我，他和布萊恩在週末一起吃晚餐，他們決定好
要用 Java 寫所有的東西。

—— 喬·奧拿拉多

語言選擇

為 Android 選擇一種程式設計語言，這件事與 Android 的成長有著莫大關
係，而這一點可能不那麼顯而易見。畢竟，程式設計語言只是向電腦輸入
資訊的媒介：真的有那麼重要嗎？

是的，確實如此。有經驗的程式設計師可以並且確實一直在學習新的語
言。但即便是這些專家，他們也會有更擅長的語言，他們會開發出一些
模式，在使用自己熟悉的語言時更有效率。而中間件（middleware）的作
用，或者說開發者可以從一個專案帶到另一個專案的工具函式庫（utility
libraries），其作用無法輕易忽視。事實上，程式設計師可以在一個專案中依

賴某個函式庫[1]，然後使用它來加速啟動（bootstrap）其他專案，這意味著，他們可以在每個新專案中更加高效、更有生產力，再也不需要「重新發明整個世界」，不必從零開始構築一切。

選擇使用 Java 程式設計語言[2]很重要，因為在 Android 發布的時候，Java 是全世界軟體開發人員使用的主要語言之一。因此，Android 的存在，允許這些開發人員使用他們現有的語言技能在 Android 上編寫應用程式，這意味著許多開發人員可以避免學習新語言所需要的暖機時間。

但這種語言選擇在 Android 早期的效益並不明顯，也絕非立竿見影。實際上團隊內部討論過三種語言選項。

首先是 JavaScript。事實上，一開始只有 JavaScript 這個選項，因為 Android 最初是一個基於 web 程式設計語言而編寫的桌面應用程式。

JavaScript 是一種程式設計語言，用於編寫我們所造訪的網頁上的程式碼。當我們看到網頁上有東西在移動時，這個動畫通常是由 JavaScript 程式碼編寫並實現的。但是 JavaScript 有點……呃，混亂，就像真正的程式設計語言一樣。對於開發人員來說，使用 JavaScript 讓東西運作起來很容易，但是它的一些基本概念[3]使得開發更大的系統變得更加困難。

在真正的 Android 平台上開始工作後，我們得決定選擇使用哪一個語言：JavaScript、C++ 或 Java。

1　函式庫的概念的相關探討內容，可見附錄部分的「物件導向程式設計」一節。

2　在後續內容中，為表簡潔，我會直接以 Java 表示「Java 程式設計語言」。我們之所以使用「Java 程式設計語言」這個全稱，是為了區分 Oracle 公司的「Java 平台」（Java Platform），這個平台包含了 Java 語言、Java 執行環境（hotspot），以及 Oracle（原先由昇陽電腦發明，後被收購）開發的函式庫集合的實作。然而，在 Android 的情況中，它僅使用了 Java 程式語言本身，使用完全不同的執行環境及函式庫。與其用「Java 程式設計語言 ™」變相增加字數，破壞本書的可讀性，我決定直接寫成 Java，讀者只要知道我所指的是 Java 語言即可。

3　我很喜歡閱讀書的前言，因為它能提供關於作者與主題的脈絡背景。在我讀過的所有技術書籍的前言中，我最喜歡的一個句子來自道格拉斯・克洛克福德（Douglas Crockford）的《JavaScript: The Good Parts》：「感謝 XYZ（JavaScript 發明者），少了他，這本書根本沒有存在的必要。」

C++ 很有吸引力，因為許多開發人員都懂，而且直到今天，C++ 仍被用於編寫底層程式設計工作。C++ 開發人員對重要的應用程式操作方面有很大的控制權，比如記憶體分配。但是另一方面，開發人員必須在他們的應用程式中管理這類資訊。如果他們分配記憶體來儲存一個物件（比如一則圖像），他們必須確保在完成後釋放記憶體。假如做不到這一點（在軟體中太過普遍的問題），會導致記憶體流失（memory leaks），也就是記憶體被默默消耗，應用程式無限制佔用記憶體，直到用盡系統中所有可用的記憶體。當系統沒有辦法提供更多的記憶體時，應用程式就會失敗。

Java 是一種圍繞在「執行環境」（runtime）或「虛擬機器」（VM）的概念上構建的程式設計語言，它可以處理那些繁瑣的記憶體管理工作，在 C++ 中這些工作必須由 C++ 程式設計師自行處理。在剛剛提到的圖像例子中，當 Java 程式設計師載入了一個圖像，導致該記憶體被分配。當不再使用該圖像時，執行環境會自動「回收」該記憶體，這個功能被稱為「垃圾回收器」。Java 開發人員可以忽略記憶體回收（和流失）的程式細節，將焦點放在編寫實際的應用程式邏輯上。

團隊考慮 Java 的另一個原因是 J2ME[4]，這是一個已經執行在各式裝置上、基於 Java 的平台。費克斯・克爾克派翠克說：「在那個時候，若想和電信業者說上話並且獲得訂單，支持 J2ME 是一條必要條件。」在 Android 剛建立的時候選擇 Java，則可以提供一些在平台上執行 J2ME 程式的能力，人們認為這個方式很實用。

最後，編寫 Java 程式的強大工具是免費的，這包括 Eclipse 和 NetBeans。另一方面，C++ 沒有免費而優質的 IDE[5]。雖然微軟提供了 Visual Studio，這是一個很棒的 C++ 開發工具，但它並不是免費的，Android 希望吸引所有開發人員，而他們不需要昂貴的開發工具。

第一個計畫是，不侷限於一種語言，而是提供一種選項。費克斯說：「我們最初的想法是，我們要以一種獨立於語言的方式做一切事情。你可以自由選擇使用 JavaScript、C++ 或 Java 編寫你的應用程式。後來我們意識到，我

---

4 J2ME= Java 2Platform, Micro Edition，又稱 Java Me。請見附錄部分關於 Java Me 的討論。

5 IDE=Integrated Development Environment，即整合開發環境，請見附錄。

們有 12 個人，每個人各行其事，永遠不可能成功。所以，我們說：『好吧，我們必須選出一種語言。』」

安迪・魯賓認為提供唯一一種語言選項，對開發者來說是一種簡化。史威特蘭說：「我們試著同時使用 Java 和 C++ 兩種語言。但 Andy 有一種很強烈的感覺，那就是我們只需要一種語言、一個 API，這樣才不會造成混淆。他認為 Symbian[6] 和它 n 個不同工具包[7]非常令人困惑。」

這些是在爭論中所涉及的技術細節和優點。實際上，最終決定不是那麼正式；安迪打電話約史威特蘭吃飯，並在晚餐時告訴了他。

語言的選定是一個很好的例子，顯示 Android 在做出決策方面有多麼迅速。在某種程度上，這是因為這是安迪所做的決定。安迪傾向做出艱難的決定，接著團隊爭先恐後地執行。但更重要的是，迅速拍板的決策，讓組織可以繼續前進，去完成其他需要做的任務。語言選擇已經在內部爭論了一段時間，從來沒有正確的答案。確實做出一個決定，比起讓每個人都感到滿意更重要。所以 Android 選擇了 Java，而團隊繼續前進。

費克斯談及這一決定時，他說：「畢竟電信業者希望系統能夠支持 J2ME[8]應用程式和當時存在的這種生態系統，這看起來倒不像是一個自由的『選擇』。我們當中有些人以前在 Danger 中工作，做過 Hiptop 手機，我們知道我們可以讓 Java 在低階手機上執行。」

黛安・哈克伯恩記得當時的決定：「安迪說的沒錯：『我們不能用三種不同的語言。太荒謬了，我們必須選一個。所以我們要做 Java』這帶來了一些腥風血雨，沒有人在乎 JavaScript，但是很多人喜歡 C++。」

6　Symbian 是諾基亞和其他製造商所使用的作業系統。這個平台有許多不同版本，因此為其編寫應用程式相當困難，因為無法確定某個特定 Symbian 裝置具有哪些功能。

7　Toolkit（工具包、工具組）經常被用來描述一個平台的視覺／使用者介面相關功能。關於 Toolkit 和 framework 這兩個詞語的討論，請見本書附錄部分。

8　Android 從未支援過 J2ME 應用程式。在 Android 發布之時，J2ME 不再具有重要性（這和 Android 無關，而是因為在 iPhone 智慧型手機出現後，人們不再關注 J2ME 這個平台。）

包括團隊專業知識在內，在種種原因的權衡之下，Java 是合情合理的選擇。例如，來自 Danger 的工程師已經學會了如何用這種語言為那些早期的、非常受限的裝置，高效地編寫作業系統。最終，因為這個決策和許多其他決定，團隊採取了務實的方法。正如黛安所說：「這不是因為所有人都喜歡 Java，而是因為這是讓平台成功的關鍵，於是團隊進行調整。」

儘管 Java 被選為 Android 開發的主要語言，但仍有許多程式是用其他語言編寫的（現在也是）。平台本身的大部分程式是用 C++ 編寫的（甚至有一小部分是用組合語言寫的）。還有，大部分遊戲都是用 C++ 寫的，某些 app 的全部或部分程式也是用 C++ 寫的。C++ 是一種受許多開發人員歡迎的語言，因為它為低階程式提供了一些效能優勢，以及與現有 C++ 函式庫和工具的整合。但是主要的語言——特別是對於大多數非遊戲的應用程式——變成了 Java，這就是所有以 Java 編寫的 Android API 的用途。

不是每個人都對選擇 Java 語言這個決定感到滿意。桑・梅哈特並不是 Java 的粉絲，尤其是因為他負責低階系統程式設計。「我對這個語言本身沒有意見。嗯，也許有啦，畢竟它隱藏了很重要的細節，難以寫出可擴展性和良好執行的程式。」他為車子訂了一個新車牌，上面寫著：JAVA SUX（JAVA 爛透了）。「當我去領車牌時，他們（監理站人員）問我這代表什麼意思。我說我曾經在昇陽電腦工作，我們發明了 Java 這個東西，SUX 代表二級用戶擴充（Secondary User Extensions），然後對方回我：『喔。』」

🔺 桑的車牌。桑不是 Java 語言的愛好者。（照片由艾瑞克・費斯切爾提供）

執行環境

要理解執行環境，首先需要瞭解程式設計語言的一些特性。程式設計師用他們選擇的任何語言（C、Java、C++、Kotlin、Python、assembly……）編寫程式碼。電腦並不理解這些語言；它們只看得懂二進制編碼（0和1）……僅此而已。二進制編碼代表電腦執行的指令，比如：「將這兩個數相加」。為了將典型的程式設計語言轉換成電腦能夠理解的二進制編碼指令，程式設計師得要使用一個被稱為「編譯器」（compiler）的工具。

編譯器可以把程式設計師使用的任何語言，翻譯成電腦能夠理解的二進制指令。因此，舉例來說，你可以把一段用C語言寫的程式編譯成一個二進制版本，這樣一來，經過編譯的C程式碼就可以在PC上執行了。

同一組編譯程式可能無法在不同類型的電腦上執行，例如Mac或Linux伺服器，因為其他電腦可能不具有同款CPU，所以編譯器所產生的二進制指令在其他系統上不具意義。相反地，原始碼需要被編譯成不同版本的二進制指令，才能在不同類型的硬體上執行。

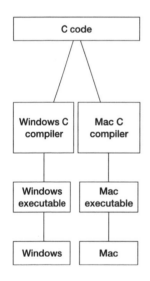

◀ 不同的編譯器會建立特定於某機器的執行檔（executables），而這份程式只能在該機器上執行。

這時Java出現了。Java編譯器不是將原始碼翻譯成機器可讀的代碼，而是將原始碼編譯成被稱為位元組碼（bytecode）的「半成品」，再依賴各種不同平台上的虛擬機器——執行環境（runtime）——來解釋執行位元組碼，並將其

翻譯成該電腦系統的二進制指令,在本質上屬於動態編譯。這種在不同硬體上執行的能力被昇陽電腦(設計者詹姆斯・高斯林當時服務的公司)稱作「一次編寫,隨處執行」的跨平台特性。程式碼可以被編譯成位元組碼,然後在任何具有 Java 執行環境的電腦上執行。

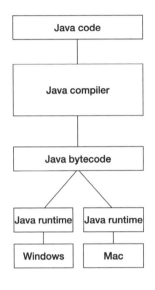

◀ Java 程式碼只需被編寫一次。這個編譯會產生同一份執行檔,任何具有 Java 執行環境的電腦上都可執行。

Android 團隊想要使用 Java,因此他們也需要一個執行環境。事實上,他們找了好幾次。

起初,團隊只用了現有的執行環境。第一個是 Waba[9]。後來,JamVM[10] 虛擬機器取代了 Waba。

麥克・費萊明這時已經加入團隊,協助 JamVM 運作:「丹・伯恩斯坦的 VM 暫時還沒好,而我們要寫一大堆程式。如果真的要成為一個 Java 平台,我們需要一些東西來執行一段時間。史威特蘭和菲登幫助了我。」JamVM 一直為 Android 使用,到了 2007 年,Android 執行環境(Dalvik)正式上線執行。

9　在其開源網站(*waba.sourceforge.net*)的描述是:「一個小型、高效且可靠的 Java 虛擬機器(VM),專用於攜帶式裝置(但也可以在桌機上執行),由 Wabasoft 的 Rick Wild 編寫。」

10　由 Rober Lougher 開發的 JamVM 也是一個開源項目,可以在 *http://jamvm.sourceforge.net* 取得,網頁上的描述是:「JamVM 是一個開源的 Java Virtual Machine,旨在提供 JVM 規格的最新版本,同時不失簡潔及易讀性。」

丹·伯恩斯坦與 Dalvik 執行環境

打開一個檔案，隨機輸入幾個關鍵字，開始偵錯直到搞定。

—— 丹·伯恩斯坦（安迪·麥克菲登轉述）

儘管 Waba 和 JamVM 對於原型開發和早期開發來說已經綽綽有餘，但是團隊想要一個屬於自己的執行環境，可以根據需求來控制與客製化。布萊恩·史威特蘭參與了在 Danger 時期的執行環境編寫，但是他現在忙於 Android 的核心和系統工作。因此，團隊招來了丹·伯恩斯坦，他曾與布萊恩在 Danger 共事過。

丹（團隊成員用他的代號「danfuzz」叫他）在 Danger 時就從布萊恩那裡接手了執行環境工作。「在我被找來不久，我就開始稱自己為『小布萊恩』，他（布萊恩）不喜歡我這樣叫……所以我故意一直說。」

丹在七歲時開始接觸程式設計。他和哥哥一開始只是想打電動，所以他們說服父母買了一台 Apple II，而後者認為這既是遊戲機，也是一台教育機器。他們的父母顯然贏了，因為丹不只玩遊戲；他開始設計遊戲程式：「我寫了超級彆腳的電玩遊戲，全是文字和低畫素的圖形。」丹和他的哥哥後來都成為了軟體工程師。

從 1990 年代到 2000 年初，丹在矽谷的多家公司工作過，其中包括 Danger，他在那裡開發（等等，你知道的）……Java 程式設計語言專用的執行環境。因此，當他在 2005 年 10 月加入 Android 團隊時，他是這項工作的不二人選。

丹的第一項任務是評估可能的選項。當時，對於 Android 的小團隊來說，他們是否可以直接使用已經存在的東西（開源項目或一些他們能夠獲取的技術），或者他們是否應該自行在內部構建東西，這件事並非一眼就能判斷。於是丹開始同時研究這兩個選項的可行性，一邊評估現有的執行環境，一邊從零開始構建執行環境。

儘管在啟用 Java 這件事上，Waba 和 JamVM 使團隊迅速進入狀況，但它們並沒有被認真考慮當作長期選項。這兩個執行環境都直接解釋 Java 位元組碼。但是團隊認為，如果將 Java 程式碼轉換成另一種更好的格式，能夠更

加提升效能和記憶體空間。新的位元組碼格式意味著新的執行環境，於是丹一頭栽進這項任務。

丹開始著手開發一個新的執行環境，他把它命名為 Dalvik：「我剛剛讀完一期麥克斯文學雜誌（McSweeney's），裡面收錄了一部現代冰島小說的英譯本。所以我腦子裡想到了冰島。我看著冰島的地圖，試著找一個簡短易讀、沒有任何奇怪字母的東西，於是我找到 Dalvík[11]（發音為 Dal-veek）。這名字聽起來像一個美麗的小鎮。」

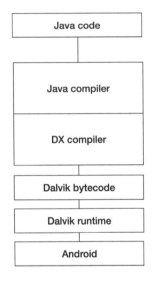

為 Android 編寫的 Java 程式碼會經過兩道編譯步驟：第一次被編譯為 Java 位元組碼，第二次被編譯為 Dalvik 位元組碼，執行於 Android 的 Dalvik 執行環境。

Dalvik VM 不會執行 Java 位元組碼，而是執行由 Java 位元組碼編譯而來的另一組位元組碼形式（Dalvik 位元組碼）。擁有自己的位元組碼格式，可以大幅提升效率，而且當時裝置上的（記憶體）空間非常寶貴。Dalvik 位元組碼需要一個額外的編譯步驟（使用另一個 DX 編譯器）才能轉換成 Dalvik 可讀的形式，這個執行檔的名字是 dex[12]。

---

11 丹說：「有個冰島人曾經指出我拼錯了，我告訴他那個小鎮的確是叫 Dalvík，但這個執行環境的名字叫 Dalvik。」

12 dex=Dalvik Executable，是專為 Dalvik 設計的一種壓縮格式，為 Android 上的 Dalvik 執行環境可以讀取的位元組碼。

⌄ 丹・伯恩斯坦站在冰島達爾維克小鎮前。在 G1 工作收尾，手機也正式出貨後，丹申請了一段休假，造訪達爾維克鎮，在那裡遠距工作。（照片由丹・伯恩斯坦提供）

最終，菲登也加入了執行環境的開發工作。「Danfuzz 的位元組碼轉換器很好用，而這時需要有人來編寫 VM。於是我自告奮勇，但表示我對 Java 和 VM 知之甚少，不太確定從哪裡開始。結果他說：『打開一個檔案，隨機輸入幾個關鍵字，開始偵錯直到搞定。』」

團隊中的另一名工程師戴夫・博特（Dave Bort）編寫了第一版 Dalvik 垃圾回收器。這個垃圾回收器與執行環境隨附於 1.0 版本，是後續幾年來改進和優化的基礎。

在這段時間裡，從為平台編寫的所有 Java 程式碼中，執行環境不斷發生變化。從 Waba 到 JamVM，再到新生的 Dalvik 執行環境，這個重大轉變正在發生，而程式碼仍在執行。羅曼・蓋伊對此的評價是，即便團隊正在改變系統的一個龐大而關鍵的部分 [13]，「我不記得遇到過什麼令人窒息的 bug，甚至根本沒有 bug。我也不記得 Android 上還有什麼東西能這麼穩定。」丹回答說：「系統那一層的特性幫了大忙——萬一虛擬機器不運作了，那事情就大條了。」

---

[13] 在組內其他人正在編寫軟體的同時變更執行環境，就像一場腦部手術一樣，你不是在修復病人的腦部，而是幫他換上一個不同的大腦，好好縫合，然後讓大腦立刻開始運作。

Zygote

Dalvik 團隊為了讓 Android 1.0 順利運作而創造（且持續維護）的東西之一是 Zygote[14]。Zygote 就像是製作三明治而切下的那塊吐司。你當然可以在每次想吃三明治時，從頭開始烤一整條吐司，但是這樣一來，每當你想吃三明治的時候都得花費大量的精力和時間。如果有一條現成的吐司，讓你可以直接切下幾片來製作三明治，這顯然又快又輕鬆。Zygote 就像是專供應用程式使用的吐司片。

丹想到了這個點子，靈感來自 Emacs[15]（Unix 系統上一個流行的文字編輯器）允許隨時轉儲（dump）狀態的特性，使用者可以從已保存的狀態直接啟動 Emacs（這個動作被稱為 undump）。這表示 Emacs 可以更快啟動，因為它只需要從磁碟中直接開啟狀態，而不需在啟動時執行一大堆程式碼邏輯。「我的想法是，可以實作一個類似 undumper 的系統，這是 Emacs 最著名的特色（至少對我來說）。麥克‧費萊明說：『假如我們跳過轉儲到磁碟並重新載入的步驟呢？』於是他開始試驗。」麥克讓系統成功啟動並執行，顛覆了應用程式的啟動方式。不同於讓每個應用程式載入其所需程式後再進行初始化，Zygote 系統建立了一個程序，它包含大部分核心平台程式，可以預先載入並初始化所有程式。每當一個應用程式啟動時，Zygote 程序就會進行「分叉」（將自身複製到一個新程序中），就結果來說，這加速了新應用程式的啟動效率。

鮑伯‧李（負責核心庫的工作，這是下一章的主題）在談到 Zygote 時，他說：「它就是這麼簡單！這就像一個 API 呼叫！我們之所以能夠辦到這點，

---

14 維基百科將 Zygote（受精卵）定義為：「由兩個配子受精形成的真核細胞。」這段說明一點幫助都沒有，但這則定義後面又提到：「受精卵提供了形成一個全新個體的所有遺傳訊息。」這段話比較貼近 Zygote 在 Android 系統中的意涵。

15 Emacs 是一種典型文字編輯器，受到某些軟體開發人員的青睞。其他軟體開發人員更喜歡另一個叫做 vi 的文字編輯器，還有一些人傾向使用 IDE 隨附的版本。很少一部分的開發人員不在乎使用哪種文字編輯器，他們更願意將熱情留給與其無關的問題，比如在程式碼縮排時應該使用 Space 鍵還是 Tab 鍵等等。

是因為記憶體採用『寫入時複製』（copy-on-write）[16] 的策略。因此，只要你沒有在最初的 Zygote 程序中修改這些記憶體頁面，那麼這所有的記憶體都將共享於整個作業系統。這是一種非常優雅的解決方案，極其聰明地善用現有資源。」

起初，這個系統的運作並不如預期。鮑伯追查到了垃圾回收器的一個問題：「在一次垃圾回收後，我心想：『我的應用程式又佔用了這麼多記憶體！』這是因為垃圾回收器會接觸每一個記憶體頁面。」換句話說，執行環境的常規作業是，將記憶體寫入了需要保持唯讀的頁面，藉此達成 Zygote 共享記憶體的目的。

對此，菲登提出了一個解決方案。在 Zygote 階段之後，每個新程序都會將「堆積」（heap）從垃圾回收器中分離出來，將其從垃圾回收器所檢查的記憶體中排除。共享記憶體的部分在新應用程式中甚至不存在，因此不受影響。

在此之後，鮑伯和菲登繼續研究 Zygote，以便找出哪些「類別」（classes）[17] 需要存在於 Zygote 中才能為所有應用程式提供最佳化記憶體共享。鮑伯說：「我修改了 VM 並加入一些工具，這樣一來我可以判讀，嗯，每個類別初始化器需要多長時間，並計算出每個類別分配了多少記憶體，然後透過演算法決定預先載入哪些類別。你不會希望共享程式佔用過多記憶體，結果只被一個應用程式使用。」

鮑伯認為，讓 Android 在當時得以確實發揮功能，這項功勞必須歸給 Zygote：「Zygote 幫了大忙，它能夠共享記憶體，從一開始只有幾個 Java 程序執行，進展到可以在一個非常小的裝置上執行幾十個程序。我們的應用程式變得更快了，不再必須等待整個虛擬機器全部啟動；我們只需要分叉出一個程序，就能加速啟動應用程式。一切都已經準備就緒。」後來，Zygote 不僅包含程式碼，還包含圖像等共享資料，並隨著平台的增長，繼續為 Android 提供記憶體和啟動優勢。

---

16 寫入時複製（Copy-on-write，簡稱 COW）是一種電腦程式設計領域的最佳化策略。其核心思想是，多個呼叫者可以共享相同資源，只要他們其中沒有人試圖寫入（修改）資源的內容。因此，只要所有人都只讀取 Zygote 的資料／記憶體，並且不對其進行修改，那麼這份資源無須被複製，進而避免了成本昂貴的複製作業。

17 關於「類別」概念的相關討論，可見附錄部分的「物件導向程式設計」一節。

9
核心函式庫

擁有一種平台程式設計語言是一回事。這是一件大事,尤其是這個語言是大多數開發人員已知的語言。但是程式設計師也希望有一些常見函式(standard utility function),這樣他們就不用在每次編寫應用程式的時候都要重新發明一切。程式設計語言賦予你為邏輯編碼的能力(比如條件語句、迴圈、等式)。但是像資料結構、網路、檔案讀寫等這類高階功能,則屬於核心函式庫(core libraries)的工作範疇。

儘管 Android 團隊採用了 Java 語言,但他們顯然沒有使用昇陽電腦[1]的 Java 函式庫的實作,也就是「Java 開發工具包」(JDK)。舉例來說,JDK 隨附了一個 ArrayList 類別,可以實作出程式設計中一個簡單而常見的資料結構。但是 Android 沒有使用這些函式庫,所以他們需要提供自己的類別。

鮑伯‧李和 Java 函式庫

當 Android 需要 Java 標準庫時,他們從 Google 內部延攬了一位 Java 專家:鮑伯‧李。

---

1   昇陽電腦在 2009 年 4 月被甲骨文公司(Oracle)收購。在 Android 開發當時,這家公司仍是一家獨立公司,因此我會繼續使用「昇陽電腦」一詞。

鮑伯（又被人稱為「Crazy Bob」[2]）從中學開始編寫程式，那時是 1990 年代初，初衷是創作電玩遊戲。他很快就學會了各種程式設計語言，並在高中時從設計電玩遊戲轉而為住家附近的一所大學架設網站。這所大學對他的能力感到非常驚艷，為他提供全額獎學金，希望他繼續負責網站工作。但是大學生活並不適合鮑伯，他選擇離開校園，並開始從事顧問工作，一邊編寫書籍和流行的 Java 庫，這些經歷在後來讓他在 Google 得到了一份工作。

鮑伯想從事行動科技方面的工作，所以在廣告組（Google Ads）工作了幾年後，他在 2007 年 3 月轉到 Android 團隊。

在鮑伯加入時，Android 還在使用 JamVM 執行環境，Dalvik 還沒有上線。核心函式庫基本上是人們為一次性目的而編寫的實用函式的隨機集合。「它們完全不相容。當有人需要某些東西時，它只會實作當下需要的東西。它們有點像 Java 庫，但顯然缺少了很多東西。」

幸好，當時存在幾個現有的標準庫選項，鮑伯和他的團隊對它們進行了評估。「我們也研究過 GNU Classpath，最後我們選擇採用 Apache Harmony[3]。它有很多不夠完善的地方，所以要對其進行重寫，然後貢獻出這些程式碼變更。比如我們重寫了 thread local 和 Runtime.exec()。重寫這些東西並將它們合併佔了大部分工作。」

「團隊中的其他工程師也在核心 Android 平台上添加 API，只是因為這在當時看起來是個好主意。如果有人認為某樣東西能夠派上用場，他們就會把它放到平台上，然後就出現了一些非常糟糕的東西。」

WeakHashMap 就是一個例子，這是開發人員在記憶體受限的情況下（就像當時的 Android）使用的資料結構類別。透過自動清理不再使用的物件（垃圾回收），它比傳統的 HashMap 類別更具效能優勢。這就像一個記憶體堆積的掃地機器人，自動清理你留下的垃圾。注意，這裡的 weak 取自「weak reference」（弱引用），表示當不再使用時可以進行垃圾回收的對象。

2　鮑伯從高中起就有了 Crazy Bob 這個綽號，甚至把它當作公司電子郵件地址。

3　GNU Classpath 和 Apache Harmony 都是 Java 語言的開源函式庫專案。

添加了 WeakHashMap API 的人是框架組的喬・奧拿拉多。大概吧。他說：「我有一個依賴 WeakHashMap 的函式庫，我需要連結（link）[4]它，所以我建了一個名為 WeakHashMap 的類別。」問題是，喬所建立的這個類別，並不是一個「弱引用」的 HashMap，它只是一個標準的 HashMap。它繼承了 HashMap 的特性，並沒有添加任何會使它變弱的邏輯。後來，有一次傑夫・漢彌爾頓（他也在框架組）正在編寫需要 WeakHashMap 功能的程式碼。他發現這個類別已經存在於核心函式庫中，於是他使用它，然而出現了需要大量偵錯的記憶體問題，後來傑夫才發現喬的 WeakHashMap 類別根本沒有清理掉任何記憶體。它只是一個普通的 HashMap，並沒有完成傑夫所期望的垃圾回收工作。

鮑伯繼續說道，「我知道 Android API 可以做得更好……但是它們也可能變得更差。」鮑伯的大部分時間都花在了阻止這些 API 公開上。「我會尋找並刪除這個 API 的所有內容。如果某一個類別只被一個應用程式使用，那麼我會把這個類別移回那個應用程式中——如果你不打算（從多個應用程式中）使用它，那它就不屬於框架庫。」

為了讓核心函式庫運作，鮑伯實作了重要的網路功能，並在這一路上持續修正各種錯誤。其中有一個問題讓每部手機完全無法啟動。「在你第一次啟動手機時，它必須連線到時間伺服器，但（裝置上的）時間被設定成 2004 年的某個時候。」手機嘗試透過安全連線連到伺服器，這需要伺服器上的安全憑證。但是手機上的初始時間早於伺服器發布憑證的時間，導致連線失敗，手機無法啟動。鮑伯的解決方法是找出故障條件，並將電話上的初始時間設定為他修復這個錯誤的當天。

鮑伯還發現了一個行動資料特有的網路問題。Android 手機經歷了數次嚴重的連線中斷，原因似乎出在電信業者糟糕的網路基礎設施。

網路通訊協議內建了容錯功能，這是因為網路可能中斷、資料包可能遺失或延遲。Android 使用 Linux 中的「擁塞窗口」（congestion window）方法，透過減半資料包的大小來響應中斷，這個方法會持續減半資料包大小，直

4　程式碼的編譯過程會涉及一個「連結」（link）步驟，在此時構建程式碼與它所有的依賴項。因此，如果程式碼引用了一個類別，則編譯器必須能夠存取此類別，才能成功編譯。

到它收到伺服器的接收確認。然後，在每次響應成功後，再逐次將資料包的大小加倍，直到資料包最終恢復到原始大小。

這種演算法對於正常情況下的網際網路流量是合理的作法，在這種情況下，延遲（傳送消息和接收響應之間的延遲）是以毫秒為單位來測量的，而且中斷很少發生。但它不太適用於行動資料（蜂巢式網路），因為行動資料通常存在一秒或更長的高延遲，而且短暫的中斷也很常見。鮑伯做了一些分析和調查來追蹤這個問題。在響應失敗而減少了資料包的大小後，「每當有一個封包成功時，會使得緩衝區的大小加倍。但由於行動網路的高延遲性，當時 2.5 G 或 3G 的往返時間需要一兩秒，所以它只在資料每次成功往返時擴大緩衝區。當發生某種故障或中斷後，通常需要 30 秒才能恢復。」

傑斯・威爾森和糟糕的 API

我們花了很多時間獲取這些 API 並從頭開始重新實作，讓它們變得更好，同時維護它們現有的糟糕的 API。

—— 傑斯・威爾森

在核心函式庫的工作上，鮑伯自己一個人奮戰了一段時間。後來，在 1.0 發布之後，他得到了一些幫助。喬許・布洛克（Josh Bloch）[5] 在 2008 年末加入他的團隊，傑斯・威爾森在 2009 年初加入。

在鮑伯加入 Android 之前，傑斯・威爾森和鮑伯一起開發 Google AdWords 產品。「鮑伯離開了 AdWords，轉到 Android 組，在當時看來，轉到 Android 似乎不是一個有助職涯發展的決定。我跟著他去了那裡，主要是為了繼續和鮑伯共事，而不是開發 Android。」

---

5 喬許是軟體世界的大名人。他在 Java 發展初期任職於昇陽電腦，是許多 Java API 的發明者。此外，他是《Effective Java》的作者，這本書大概是人們仍會購買並專研的程式設計專書（當遇到多數軟體問題時，現在的軟體開發人員傾向從網路上找資料）。

鮑伯和傑斯後來陸續離開了 Android 團隊和 Google。鮑伯成為 Square 的技術長。傑斯又一次追隨鮑伯，加入了 Square[6]。「我猜他大概握有我的把柄。」傑斯笑著說。

傑斯描述了核心函式庫組的工作情形：「在 Android 的第一年，人們只是無腦地添加任何他們覺得用得上的函式庫，並把它們放在公開 API 中。我們有一個叫做 kXML 的東西，這是一個 Pull 解析器。我們有 org.json JSON 函式庫。也有 ApacheHttp 客戶端。我們基本上有這所有的函式庫的 2006 年快照版本，這些庫早以引入上萬個功能，對於 Android 系統來說過於龐大。它們目前的版本在很大程度上是不相容的。如果你要發布一個 web 伺服器，你可以控制你想包含的東西的版本；如果你以一種不相容的方式進行改動，你的客戶只會跟著改動它。Android 的版本控制是這樣的，如果我們在 JSON 庫中改動一個 API，即使新的 API 更好，應用程式也無法選擇加入或退出這個 API 改動，所以我們必須確保 100% 的向後相容性。我們花了很多時間獲取這些 API 並從頭開始重新實作，讓它們變得更好，同時維護它們現有的糟糕的 API。」

「我們繼承了所有的 Apache Harmony 程式碼，Apache Harmony 從來都不是一個正式的產品。它更像是一個用來製造產品的庫存材料。我們有太多的工作要做，才能把不完整的東西糾正過來。」

「這份工作涉及大量的『重新實作－優化』作業。標準庫中的 org.json 程式碼，是百分之百的全新程式碼。」有一天，丹・莫里爾（Dan Morrill）找上我，他說：「嘿，提醒一下，我們正在使用的 JSON 開源庫寫了這麼一句：『JSON 軟體應該被用來行善，而不是作惡』[7]。這表示它才不是一種開源軟體，因為開源精神絕對不會歧視任何努力。」因此我得將它全部重新實作。」

6　這回傑斯又一次追隨鮑伯了。

7　https://www.json.org/license.html

10
基礎設施

在所有軟體專案中，尤其是那些不止一兩個人參與的專案，有一個並不顯而易見的前提，那就是為了實際構建出產品所需的基礎設施（infrastructure）。基礎設施可以指許多東西，包括：

構建　你該如何處理工程師不斷提交的程式碼並構建產品？如果產品需要執行於各式不同裝置上，而不是唯一一個裝置上，這時該怎麼辦？為了滿足測試、偵錯和發布等目的，你要將這所有的構建版本（builds）儲存在哪裡呢？

測試　當產品被建構出來，你要如何測試它？又該如何持續測試，在造成嚴重事故之前找出錯誤（同時如何更容易地回溯到這些錯誤被第一次提交的時間，好讓錯誤得以被發現並進行修復）？

版本控制　要把所有的程式碼儲存在哪裡？要如何允許一組人員同時對同一份原始碼文件進行改動呢？

發布　如何將產品實際運送到裝置上？

Android 需要專門解決這些基礎設施問題的人。

喬・奧拿拉多與構建版本

一開始，Android 構建版本是由一個脆弱且耗時的系統拼湊而成的，這個系統構建了核心、平台、應用程式以及這之間的所有組成部分。在早期還沒有太多東西可以構建的時候，這個系統的執行狀況還算過得去，但是 Android 系統漸漸變得太過龐大，以至於不能有效運作。因此，在 2006 年春天，喬・奧拿拉多著手解決這個問題。

喬認為他註定要成為一名軟體工程師，因為他的父母都是麻省理工學院的畢業生。「他們在技術模型鐵路俱樂部[1]相遇；相談甚歡，一見鍾情。很顯然，我會成為一名電腦科學家。」

高中時，喬和他的朋友傑夫・漢彌爾頓（他未來的 Be、PalmSource 和 Android 同事）一起製作畢業紀念冊，他們做了第一本完全數位化的 Jostens[2] 紀念冊。他們的系統包括一個自定義搜尋演算法和一個數位化系統，簡化了實體出版工作，並且降低了學生的購買成本。喬後來在 Be 公司工作（和傑夫一起），然後又到 PalmSource 工作，從事與他後來在 Android 工作類似的作業系統專案。

2005 年末，喬對 PalmSource 的前景感到不樂觀，所以他聯絡了一位曾在 Be 工作過的前同事。這個人認識史威特蘭，他推薦喬到 Android 團隊。後來喬得到了工作邀請，但不確定他究竟要參與什麼工作，所以招募專員幫他與安迪搭上線。在保證他會保密後，安迪告訴喬：「我們要做出有史以來最棒的手機。」這是喬加入 Android 團隊的故事。

在 Android 早期開發階段，喬參與了幾個專案，包括框架和 UI toolkit。但是在 2006 年春天，他發現構建版本需要一次重大的系統重構。

1　技術模型鐵路俱樂部（Tech Model Railroad Club）為 1940 年代 MIT 的一個駭客社團。

2　Jostens 銷售學校相關紀念品，例如班級戒指和畢業紀念冊。

「我們有一個巨大的遞迴式 [3]Make 構建系統，我想著：『讓我們擁有一個真正的構建系統吧。這多少有些爭議啦，真的可行嗎？』幸運的是，喬經歷過 Be 公司的工作。Be 使用一個類似的構建系統，這個系統是由一群人編寫的，其中包括未來的 Android 工程師尚 - 巴蒂斯特・蓋呂（Jean-Baptiste Queru，他在團隊裡又叫 JBQ）。」喬回想：「我想有些（也在 Be 工作過的）Danger 的人，在系統之前就已經離開了，他們認為這是不可能的事情。怎麼可能會有一個什麼都知道的 make file 呢？畢竟這會讓事情變得一團混亂。但⋯⋯這成功了。」

喬一頭栽進這項工作，讓構建系統可以為 Android 所用，提升這個系統的工作效率，並且使它在這個過程中更加穩健。整個專案用了幾個月的時間，開發出一個叫做 Total Dependency Awareness 的系統。

艾德・海爾與 Android 基礎設施

> 第一個猴子實驗室是我的筆記型電腦和七台 Dream 手機。我寫了一些腳本和工具來擊敗它們，直到它們崩潰。
>
> —— 艾德・海爾

喬編寫的構建系統在一段時間內充分執行。但是隨著團隊和程式碼提交量增長，在開發人員提交程式碼變更時，需要有一個系統能夠自動構建產品。舉個例子，萬一有人提交的程式碼可能導致 bug，那麼最好的方式是單就這則程式碼變更來構建和測試產品，而不是等到許多其他變更陸續堆積在上，結果掩蓋了問題的根本原因。

2007 年 9 月，為了控制構建版本和測試基礎設施，團隊請來了當時在微軟工作的艾德・海爾。

3　定義：遞迴（recursion），請參見「遞迴（recursion）」。遞迴是軟體領域中的常見技法，函式可以透過呼叫自己來進行遞迴。一個簡單的例子是，從零到一個正整數 X 的總和，可以為 X 加上 0 到正整數 (X-1) 的總和。遞迴是一個很強大的概念，但是需要時間思考，也很難確保它是否會終止。

艾德在大學時期專攻資訊工程，但他迫不及待地想畢業。「我希望盡快離開校園，早點進入職場。我在學校表現不錯……但我在工作中表現更優異。」

艾德於 1987 年加入蘋果公司，在那裡工作了五年。「這家公司當時的狀態真的很奇怪。他們的主力賺錢產品仍然是 Apple II，但所有人的注意力都轉向了 Mac。」幾年後，艾德加入了 Taligent[4]，不久之後又加入了 General Magic 公司：「就在他們首次公開募股的時候。這家公司創下了 IPO 漲幅紀錄，在隨後的幾個月內一路暴跌。當時公司本身也不是很健康。所有的人都已經有點不抱期待了。IPO 之前有太多炒作，以至於許多期望落空。」

艾德在 General Magic 公司待了大約十個月，然後加入了 WebTV。他待到這家公司被微軟收購，後來在微軟公司工作了十年，直到加入 Android 團隊。在 WebTV 和微軟時期，艾德與未來的 Android 人一起共事，這些人物包括安迪‧魯賓、史蒂夫‧霍羅偉茲、麥克‧克萊隆和安迪‧麥克菲登。

大約在 2007 年 10 月 Android SDK 首次發布時，艾德加入了 Android 團隊。在艾德加入的時候，Android 已經有了一個名為 Launch Control 的自動構建系統。這個系統以每天三次的頻率，獲取已提交的任何程式碼並進行構建，並產出一個結果，而這個結果可用於自動化測試系統。

Launch Control 系統的存在聊勝於無，但這遠不及 Android 所需要的。「這是 QA 要測試的東西，而不是一個能夠顯示 Android 系統內所有狀態的儀表板。它不具備太多的可追溯性。持續整合（continuous integration）[5] 試圖盡量多次地進行構建和測試，提供越多數據越好。」

Android 團隊需要一個能夠更頻繁進行構建和測試的系統。它還需要拓展規模（scale up）。當時，它只服務於一部裝置：Sooner 手機。但不久後這個團

4　Tailgent 是蘋果與 IBM 共同成立的公司，目標是開發一個全新的作業系統，當時蘋果想要研發一個後繼者，替代逐漸過時的 macOS。Tailgent 公司最後失敗了，而蘋果在公司內部繼續嘗試開發新的作業系統，直到後來收購了史帝夫‧賈伯斯的 NeXT Computer，並採用了 NeXTSTEP OS。

5　持續整合（Continuous Integration，簡稱 CI）是一種軟體開發流程，持續整合所有軟體工程師的程式碼變更，以利構建與測試。這有助於透過固定指標檢視產品的品質與穩定性，避免在無人注意的情況下發生錯誤或失去控制。

隊將會擁有 Dream 手機（在 1.0 版本中作為 G1 發布），現在，這個系統必須為多個目標裝置而構建。

艾德從一個人獨自工作開始，後來帶領了一個團隊處理構建系統的工作。艾德說：「是戴夫・博特（Dave Bort）做好了這個系統，足以作為產品的基礎設施。好的設計，加上好的版面，讓它變得又好又耐用。戴夫・博特把它從一個不錯但潦草的構建系統，變成了一個真正的產品。」

「同時，他重組了構建系統，重組了整個原始碼樹。他為開源和架構層面的東西奠定了所有基礎。即使他是在構建系統上工作，它也是架構性的；它涉及了整個系統。他打下了所有基礎。基本上，他讓 Android 開源這件事準備到位。」

測試、測試

另一個需要解決的問題是測試。如何驗證來自系統不同部分或由不同工程師所編寫的隨機程式碼片段，實際被推送到構建系統後不會造成任何破壞？在任何軟體系統中，自動化測試框架[6] 有其存在必要，以便盡快發現問題。Android 當時沒有自動化測試，所以艾德找了幾隻猴子來做。

「在 WebTV 時，我們有一個叫猴子[7] 的東西，它能在網頁上找到網址連結，然後瘋狂地到處上網。」

---

[6] 在理想狀況下，測試應該一直是自動化處理，以此確保改動不會破壞任何東西。手動測試更加耗費時間與成本，而且更不頻繁，因此自動化測試更被推崇。

[7] 最終負責猴子實驗室的布魯斯・蓋伊說，其名字來自「無限猴子定理」（Infinite Monkey Theorem）。無限猴子定理的表述如下：讓一隻猴子在打字機上隨機地按鍵，當按鍵時間達到無窮時，幾乎必然能夠打出任何給定的文字，比如莎士比亞的全套著作。這目標看似和在一個作業系統中尋找當機原因不太相干。

猴子並不止來自 WebTV；黛安也曾在 PalmSource 使用過一個猴子系統。安迪・赫茲費德（Andy Hertzfeld）的知名著作《Revolution in the Valley: The Insanely Great Story of How the Mac Was Made》也提到了猴子，顯然猴子在平台測試上已有相當悠久的歷史。最初的 Mac 有一個名為 The Monkey 的實用函式，可以隨機產生輸入事件來測試系統的穩健性。但誰能知道猴子竟然這麼好用、這麼無所不在、這麼擅長測試，而且又如此隨機呢？

「我不記得黛安是否已經（為 Android 平台）做了這件事，也不記得我們是否和她提過這件事。但她將隨機化和事件注入的系統放入框架中，這就是我們今天稱之為『猴子』的東西。」

「我建了第一個猴子實驗室，第一個猴子實驗室是我的筆記型電腦和 7 台 Dream 手機。我寫了一些腳本和工具來擊敗它們，直到它們當機，拿到當機（報告），並叫它們重新回去工作。我會分析這些報告，並對它們進行總結。所以，每天我們都可以知道它將處理的事件數量，以及它遇到了什麼樣的當機情形。傑森・帕克斯和我，後來還有伊凡・米拉，我們聯手組了一套工具，協助建立第一個穩定性指標。這工具用了很多年，儘管它很糟糕。那不過是用 Python[8] 腳本分析錯誤報告然後寫出 HTML 報告罷了。2008年末，我找了（同樣來自微軟的）布魯斯・蓋伊，他把它變成了一個真正的實驗室[9]。」

這些年來，布魯斯將實驗室從最初的 7 台裝置發展到 400 多台。他說，在這段時間裡，總有一些意想不到的問題需要解決。「有一天當我走進猴子實驗室，竟然聽到一個聲音說：『這裡是消防局，有何通報？』」這個情況導致黛安在 API 中添加了一個新函數 isUserAMonkey()，用來控制猴子在測試中不應該採取的行動（包括撥打電話和系統重置）。

早期的猴子測試在當機前會執行多達 3000 個輸入事件。到了 Android 1.0，這個數字上升為約 5000 個事件。布魯斯說：「Passing 則是 125K 的賽事。我們花了幾年時間來實現這個目標。」

羅曼・蓋伊談到了猴子測試在 1.0 的開發過程中有多麼重要。「我們過去非常依賴猴子。每天晚上我們都要執行這些猴子測試，每到早上我們都得修復無數當機。我們的目標是提高猴子的數量。我們能讓猴子跑多久而不崩潰？因為它們到處都在崩潰，從小工具到核心或是 SurfaceFlinger[10]。特別是在我們遇上了觸控式螢幕後，事情變得更複雜了。」

8　Python 是一種多用途的程式設計語言，常用於編寫如艾德在此描述的小工具程式。

9　猴子測試實驗室一直是 Android 測試的重要一環。在一間寧靜實驗室的某個角落有一群虛擬猴子團伙，對裝置敲敲打打直到它們當機，然後蒐集當機紀錄並回報錯誤。真是可惡的猴子！

10　SurfaceFlinger 是底層圖形系統的一部分，將在第 11 章「圖形」介紹。

⬆ 2009 年 5 月的猴子測試實驗室（照片由布萊恩・史威特蘭提供）

除了猴子測試之外，團隊中的其他人也在進行不同種類的測試，驗證平台是否做出正確的行為。伊凡・米拉於 2007 年初從研究所畢業後直接加入 Android 團隊，負責早期效能測試框架的工作，計算應用程式啟動所需的時間。他還開發了一個名為 Puppet Master 的早期自動化測試系統，允許測試腳本去驅動 UI（如開啟視窗、點擊按鈕），根據黃金影像（golden image）[11] 衡量 UI 畫面的正確性。由於將畫面與黃金影像進行比對的困難度不小，以及測試和平台的非同步性，這樣的測試結果好壞參半。一個測試腳本會請求一個特定的 UI 動作，比如點擊一個按鈕或者啟動一個應用程式，但是平台可能需要一段時間來處理這個事件，這使得正確性測試變得棘手並且容易出錯。

在服務組和 Android Market 組工作一段時間後，陳釗琪（Chiu-ki Chan）加入了地圖組，她在測試中處理了這些既存難題。她一直在開發一個自動測試

---

11 黃金影像測試的原理是，以已知正確執行的視覺結果為對照，比對未來的執行結果。通常會允許一些微小差異，不會被判定為失敗。這種技術對於非常低階的測試（比如驗證圖形 API 能否繪製一致圖形）往往是有效的，但隨著每一次的測試，這種技術可能變得異常脆弱，因為可能會引入許多不被視為失敗的差異。

地圖 app 的系統，但是在一個不是為測試而設計的系統上測試她的應用，這件事變得越來越困難。她說：「測試？根本就沒有測試這回事。」

Android 整體測試的一個重要部分是 Compatibility Test Suite（CTS，相容性測試套件）。這是一個最初由外部承包商（由派崔克・布萊迪[12]管理）構建的系統。CTS 測試非常重要，因為它們不僅可以測試系統中的特定功能，並能在測試失敗時捕捉回歸錯誤（regression）[13]，同時還要求合作夥伴也必須通過測試，以確保他們所出貨的 Android 裝置符合 Android 定義的平台行為。舉例來說，如果有一個將螢幕畫面塗成白色的測試，而測試結果實際上是白色像素，那麼裝置理論上不可能將「白色」重新解釋為紅色並且通過測試。

精實的基礎設施

Android 構建、測試和發布基礎設施，就像 Android 的其他部分一樣，是由一個資源有限的小團隊一手建立的。在進行決策時，他們會有意識地考慮到讓產品上線的優先順序，在預算有限的情況下應該先將開發重心放在何處。艾德・海爾說：「我們當時並不知道，我們正在做的事情是否會成功。我們只是想努力做出一個新的裝置，希望吸引市場注意。」蘋果獲得所有目光，微軟不會輕言放棄，實際上他們佔據最佳位置。所以，一切都從「竭盡所能取得進展」的心態開始。我們並不是將一個確實很棒的解決方案視為頭號任務，而是「我們必須把它做起來，證明我們能夠交付和迭代。」我們從來沒有停下來，慢條斯理地說：「我們真的需要好好投入建構版本的基礎設施，Python 腳本不會讓我們走得更遠，所以我們應該真正考慮如何使用 Google 後端基礎設施。」我們從未停下片刻來思考過這個問題。我們只能全速前進。

「如果它是核心產品的一部分，我們會加大投入。但如果只是測試，或者構建，只要最基本、最精實的東西就夠了。這就是我們的營運理念。」

---

12 派崔克・布萊迪（Patrick Brady）後來成為 Android Auto 部門的副總裁。

13 「回歸」（Regression）是常出現在軟體測試的術語。測試的目的是為了找出軟體中的錯誤。回歸是指發生在現有程式碼的新錯誤，以前可以正常運作的軟體（通過測試），現在卻出現了錯誤，導致測試失敗。這通常表示最近提交的程式碼可能存在 bug（或者測試本身品質不佳，會隨機回報失敗，令人不爽的是，這種情況比你想像的更常見。）

11

圖形

當 Android 團隊的人提到「圖形」（graphics）時，他們指的可能是非常不同的東西，因為有許多層的圖形功能，是由截然不同的團隊，出於非常不同的目的實現的。例如，有些 3D 圖形系統使用 OpenGL ES[1] 以及最近的 Vulkan 來支援從遊戲到映射應用程式、虛擬實境（VR）到擴增實境（AR）的任何東西。UI toolkit 中也有圖形功能，它負責繪製文字、形狀、線條和圖像等內容，如此一來，應用程式開發人員就可以用圖形填滿他們的 UI 介面。再者，圖形也可以指系統中最底層，負責讓像素與視窗顯示在螢幕上的圖形。

我們將從這個最底層的圖形開始，這個圖形系統是由馬賽亞斯‧阿格皮恩完成的，他是來自 Be 和 PalmSource 的另一名員工，於 2006 年底加入 Android 團隊。

1　OpenGL ES 是一個圖形處理 API（主要是用於遊戲的 3D 圖形，也包括 2D 圖形）。圖形運算作業基本上包含了形狀與圖像的繪製，而 OpenGL 透過在 GPU 上執行指令，一手包辦這些處理運算。OpenGL ES 是 OpenGL 的一個子集，專門用於嵌入式裝置如智慧型手機。

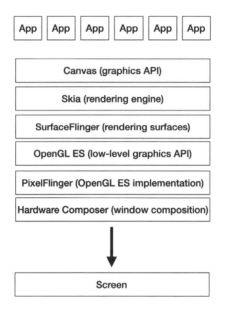

⊙ 這是一個 Android 圖形系統的簡化視圖。應用程式呼叫 Canvas API 來繪製東西。Canvas API 由 Skia 渲染引擎在底層實作,它將形狀和文字等東西轉化為像素。SurfaceFlinger 提供了一個緩衝區(buffer),或者可以說是一個表面(surface),這些像素被繪製到此處。SurfaceFlinger 呼叫 OpenGL ES,這是一個渲染三角形的低階圖形 API。OpenGL ES 使用 PixelFlinger 繪製緩衝區:不過,當日後 GPU 成為智慧型手機的標準規格後,PixelFlinger 最終被 GPU(圖形處理單元)取代。最後,需要繪製到螢幕上的所有表面(包括前台應用程式以及狀態列和導覽列)會在 Hardware Composer 中合成處理在一起,最終顯示在使用者可見的螢幕上。

馬賽亞斯 · 阿格皮恩與 Android 圖形

> 軟體渲染,在我看來,已經逐漸消亡。

—— 馬賽亞斯 · 阿格皮恩

馬賽亞斯是一個冷靜且寡言的人,他通常很晚才進辦公室,會待到很晚,幾乎只專注於編寫程式(盡他所能迴避郵件往來和會議)。

在早些時候，馬賽亞斯的脾氣[2]偶爾會顯露出來。如果有什麼事情讓他心煩意亂，他就會衝出公司，有時會離開幾天甚至幾週。有一次，馬賽亞斯對布萊恩・史威特蘭很不滿[3]。他扔掉手機，大步走出辦公室，幾分鐘後又回來要求拿回手機，因為他需要它的記憶卡。

從童年時期開始，馬賽亞斯一直在學習如何為各種電腦編寫程式，從 Armstrad CPC 到幾台 Atari 電腦，再到 BeBox 電腦。他為他的 Atari Falcon 電腦編寫過圖形和音訊應用程式（包括一個他以 Crazy Music Machine[4] 之名販售的聲音追蹤器 app）。後來他為法國電腦雜誌撰寫程式設計文章而小有名氣[5]。他的一項業餘愛好是為 Atari 和 BeBox 編寫了 Epson 印表機驅動程式，這些驅動程式隨附於這些電腦硬體廠商所出貨的產品。他在 Be 印表機驅動程式方面的成果與經驗，為馬賽亞斯捎來了一份工作；他於 1999 年離開法國，加入 Be 公司。

馬賽亞斯在 Be 任職到被 Palm 收購，並繼續與 PalmSource 的其他團隊一起工作，主要從事圖形軟體的工作，直到他認為自己已經受夠了 PalmSource 的未來發展方向。他與喬・奧拿拉多幾乎同時離職，並於 2005 年末加入 Google，從事 Android 方面的工作。

基本所需

當馬賽亞斯加入 Android 時，他從系統基礎開始。當時，作業系統基本上尚不存在，所以當時加入的每個人都得出力構建系統的基礎要件。

2　我不曾親眼見過他這種樣子；也許這與早期開發時期所有人為了交付產品的龐大壓力與大量加班有關。

3　史威特蘭回憶：「正確來說是他把手機砸到我身側，我沒必要躲閃。當時我正為一些 pre 1.0 的工作忙得焦頭爛額，我說：『我現在沒時間處理這個』，這大概是那天壓倒他的最後一根稻草。」
　　弘固定把有硬體問題的手機寄回 HTC 要求檢驗。史威特蘭記得他把那支扔向他的手機也放到待寄箱子中：「我按照常規程序，把馬賽亞斯的 G1 手機（螢幕全碎了）放到弘的桌子上，並且留下一張便利貼，上頭寫著我推測的故障原因：『憤怒管理不佳』。」

4　Application Systems Paris 出版。

5　尼可拉斯・羅亞德（Nicolas Roard），他是早期 Android 瀏覽器組的成員，在加入 Google 前就聽說過馬賽亞斯的大名，他在高中時就閱讀過馬賽亞斯寫的文章。

例如，平台還沒有 C++ 的核心資料結構（Vector 和 HashMap）。在桌機或伺服器世界中不需要這些部分，畢竟它們內建了開發人員可以使用的標準庫。但是在 Android 上，尤其是那個時候，平台只包含了絕對必要的程式碼和函式庫。添加一個標準庫會引入太多不必要的部分，佔用根本不夠用的儲存空間。所以馬賽亞斯編寫了這些資料結構的版本，讓每個人都可以用於 Android 開發工作。

馬賽亞斯還致力於優化 memcpy[6] 和 memset，它們是用於操作記憶體區塊的低階工具。Memcpy 是整個系統[7]都會用到的一個關鍵軟體，在記憶體被大量使用的情況下經常成為效能瓶頸。鮑伯・李對這項工作的評價是：「他為 memcpy 手寫了這個組合語言，執行速度快，效能顯著提升。實在棒極了。」

PixelFlinger[8]

馬賽亞斯的圖形系統的主要目標是實現一個他稱之為 SurfaceFlinger 的東西，用來顯示「緩衝區」（表面，surfaces/buffers），而這個緩衝區上填滿了由系統上所有應用程式產生的圖形。但是這個系統必須依賴一個尚不存在的底層功能，所以他開始著手構建。

6　Unix 指令經常以簡稱表示，在今日看來這些名稱相當模稜兩可。尤其是，為什麼 "memcpy" 比完全拼成 "memcopy" 更好用呢？在 1970 年代早期 Unix 被開發出來時，由於儲存空間限制和電話式打字機的傳輸時間在內的好幾個原因而需要縮寫指令。布萊恩・史威特蘭說這是「老派工程師的懶惰所致——我最近編寫了一個小程序來測試無線電介面，我將這個二進制指令命名為 rctl 而不是 radio-control——畢竟可以少打幾個字。」

　　肯・湯普森（Unix 設計者之一）在《The UNIX Programming Environment》一書中回應了「假如重新設計一次 Unix，會做出哪些與以前不同的選擇」的問題時，他說：「我會在 creat 指令後面再加上一個 e。」

7　這不止適用於 Android 系統；memcpy 是所有作業系統的基礎要件，因為拷貝記憶體在軟體系統中是一件很重要的事。

8　馬賽亞斯選擇 PixelFlinger 這個名字來致敬傑森・山姆斯（Jason Sams）在 Be 公司所編寫的 Bitflinger 圖形程式碼，傑森後來也成為 Android 團隊一員。

馬賽亞斯的一項假設是，SurfaceFlinger 需要一個 GPU[9] 來完成它的工作；它將使用 OpenGL ES 來執行將應用程式中的圖形數據放入緩衝區所需的低階操作，然後將這些緩衝區顯示在螢幕上。問題是，Android 當時並不是運行於一個具有 GPU 的裝置上。當年，Android（以及整個 SDK 發布）所瞄準的目標裝置是 Sooner 手機，它並沒有 GPU，也沒有 OpenGL ES。

但馬賽亞斯已經預見了 GPU 成為智慧型手機標配的未來。「在加入 Android 之前，我有一點點行動平台的經驗。對我來說，有一件事情非常顯而易見，未來我們將使用硬體進行渲染[10]。在我看來，軟體渲染將會消亡。」

「我的想法是，一旦我們獲得硬體後，我希望一切都準備就緒。問題是，現在的我們沒有硬體。我們真的不知道什麼時候會發生。所以我想，我負責圖形，那我要假裝我有一個 GPU。於是我寫了一個 GPU，基本上就是這樣。如此一來，我就能使用『GL』編寫 SurfaceFlinger 了。它使用的是真正的 OpenGL ES，但被預設為軟體。然後，漸漸地，真正的硬體開始出現。」

當馬賽亞斯說他寫了一個 GPU 時，他的意思是，他寫了一個虛擬的 GPU 軟體；這個軟體扮演 GPU 的角色，執行相同的工作，但這個 GPU 存在於軟體中，而不是一個專門的硬體。GPU 並非無所不能；任何執行在 GPU 上的軟體無法辦到的事情，GPU 的專用硬體也無計可施。它只是可以更快完成工作，因為其硬體針對圖形最佳化處理[11]。在編寫他的假 GPU 時，馬賽亞斯提供了一個軟體層來處理通常由 GPU 負責的圖形運算，將這些命令翻譯成現有 Android 顯示系統可以理解的低階訊息。

9　GPU 可以加入圖形處理作業。從 1990 年代後期開始，GPU 成為桌上型電腦的標準配備，但在馬賽亞斯開始這項工作時還不常見於手機硬體中。

10　在此解釋一下，所有的渲染都發生在手機硬體上。但是 CPU 渲染（以通用系統進行像素運算）和 GPU 渲染（以專用的圖形處理器執行運算）存在巨大差異。GPU 在繪圖運算工作的效能及速度都更好，這是馬賽亞斯所指的「硬體渲染」。

11　具體來說，當時的 GPU 對紋理映射進行最佳化處理，繪製了覆蓋有圖像數據的幾何圖形。我們在螢幕上看到的大多數圖形，從複雜的遊戲到簡單的 2D 按鈕，都可以歸類成具有幾何屬性的圖形數據。

他編寫的 OpenGL ES 層向一個被稱為 PixelFlinger 的下層發出指令，這一層負責繪製紋理三角形 [12]。在 PixelFlinger 上使用 OpenGL ES 的額外抽象層增加了工作和處理成本，如果它是 Android 的唯一目標裝置，這件事就沒有意義。但是在一個放眼未來的 Android 世界裡，這個未來幾乎肯定包括 GPU 硬體，這表示 SurfaceFlinger 只需編寫一次，就能瞄準 OpenGL ES。一旦未來趨勢跟上馬賽亞斯的願景，GPU 也到位了，它將如期運作，而且速度更快（透過硬體，而不是基於軟體的 PixelFlinger。）

馬賽亞斯編寫 PixelFlinger 的虛擬 GPU 的方法是 Android 早期採用的「產品 vs. 平台」方法的一個例子 [13]。在所謂的「產品」方法（product approach）中，團隊的核心目標是讓最初的手機盡快工作，講求速度。但是馬賽亞斯採用的平台方法（platform approach）建立了一層層的軟體層，擴展了最初的版本，從長遠來看，這對 Android 系統是非常有幫助的。「完成這些步驟有其必要，為硬體就緒做好準備。而且要讓人們相信這是必須要發生的事情。」

這種對圖形系統和平台其他部分的長期方法，是團隊早期工作方法的一個要素。整體來說，這個團隊非常積極，更傾向以小型團隊全力衝刺，以快速、務實的決策來推進 1.0 版本。但是團隊早前所做的幾個決定以及那些必要的額外工作之所以發生，正是因為對平台的未來而言，這些決策與工作是正確且應做的事，儘管未來並不確定。因此，儘管該團隊專注於發布 1.0 的目標，但他們試圖透過持續構建一個平台來實現這一目標，向著 Android 最終實現的未來邁進。

就 Android 手機而言，PixelFlinger 的生命週期很短。它對於團隊在早期開發的 Sooner 手機來說至關重要，但到了 1.0 版中的 G1，這時 G1 手機已經具備了馬賽亞斯所希望和預想的 GPU 能力 [14]。PixelFlinger 的重要性不在於它為特定

---

12 GPU 以及其下 OpenGl ES 的渲染引擎，基本上都負責渲染三角形；它們繪製的三角形通常包含了一些圖像數據（紋理），在繪製許多其他的紋理三角形時，就能創造出非常複雜的視覺場景。當然不止這些，但渲染場景（甚至是遊戲或電影效果中的複雜 3D 場景），其本質都是紋理三角形的集合。

13 詳情請見第 29 章「產品 vs. 平台」。

14 G1 手機的 GPU 功能相當受限；一次只能被一個程序使用。

產品提供的功能，而在於它對平台的意義，它構建了具有前瞻性的功能，將架構和生態系統推向由硬體加速驅動的未來 [15]。

SurfaceFlinger

PixelFlinger 和 OpenGL ES 開始運作後，馬賽亞斯就可以實作 SurfaceFlinger 了。應用程式將它們的圖形物件（按鈕、文字、圖像等等）繪製到記憶體的緩衝區中，而 SurfaceFlinger 會將這個緩衝區傳送到使用者可見的螢幕上。

SurfaceFlinger 在本質上可以看作是應用程式中發生的高階圖形處理和他以前編寫的 OpenGL ES 層之間的黏著劑，負責拷貝緩衝區，並將它們顯示在使用者眼前。應用程式渲染與螢幕顯示像素的分離是有意為之的；馬賽亞斯的設計目標之一是，透過確保任何應用程式都不會對任何其他應用程式造成渲染效能問題來實現流暢的圖形（這與 Android 在平台上所採取的整體安全性方針有關，應用程式之間具有明確的分離。）因此，應用程式將圖像繪製到緩衝區中，而 SurfaceFlinger 則從那裡取用。

Hardware Composer

馬賽亞斯編寫的圖形系統的另一部分是 Hardware Composer（HWC）。SurfaceFlingerz 負責將 UI 圖形繪製到視窗。但是有幾個視窗需要組合在一起，才能構成畫面上的最終像素。

---

15 事實上，PixelFlinger 在 1.0 版本之後仍被使用了很長一段時間：它被用於手機開機動畫、裝置更新 UI 以及仿真器。運行於開發人員電腦上的仿真器無法存取 GPU，因此多年來一直改用馬賽亞斯的虛擬 GPU。

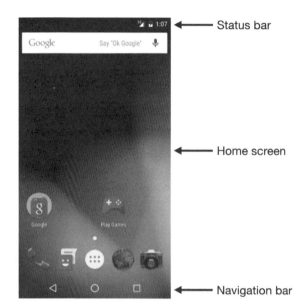

Status bar

Home screen

Navigation bar

請在腦中想像一個使用者眼中的典型 Android 畫面。畫面中有一個狀態列（顯示目前時間和各種狀態和通知圖示）、一個導覽列（返回按鈕和主頁按鈕所在的位置），最後是實際的前台應用程式（主畫面）。當然，畫面中也可能有其他視窗，例如前台應用程式頂部的彈出式選單。

這所有的都是獨立的視窗，通常在獨立的程序中執行。例如，導覽列和狀態欄由系統程序管理，而應用程式視窗由應用程式程序管理。這所有的視窗需要以一種合理的方式一起顯示，而這就是 Hardware Composer 的工作。

馬賽亞斯對 HWC 的想法是，使用一個被稱為硬體重疊（hardware overlay）[16] 的專用圖形硬體，為每個應用程式提供專用的顯示記憶體，避免所有應用程式共享同一個影音記憶體的額外消耗。使用重疊硬體還可以節省電力，並為應用程式提供更高的效能。透過專用的重疊硬體，系統可以避免對這

---

16 重疊圖層是一個專用的顯示硬體，用來顯示不同視窗的圖形，特別是那些快速移動的圖形視窗，包括影片與遊戲。

些簡單而頻繁的視窗操作而使用耗電的 GPU。此外,因為使用了覆蓋層,讓 GPU 可被其他應用程式取用 [17],加速遊戲或大量圖形運算處理。

HWC 會將每個視窗傳送到不同的重疊圖層,而不是手動在螢幕上繪製每個視窗,也不再告訴 GPU 透過 OpenGL ES 來繪製它們。然後,顯示硬體將這些重疊圖層組合在一起,顯示在螢幕上,使其看起來像在同一個螢幕上載有各種資訊,而不是由實際上完全不同的幾個程序拼湊而成。

問題是重疊圖層很難實踐,因為每個裝置往往有不同的重疊數量和能力。但是考量到 G1 手機的 GPU 限制,加上其對於重疊圖層的支援相對較佳,馬賽亞斯和傑森・山姆斯想出了一個新穎的做法。他們的軟體告訴底層硬體 HWC 需要什麼,而不是試圖直接在 HWC 中處理重疊圖層的無窮變化。此時,要嘛硬體可以支援他們的要求,要嘛就是 HWC 必須放棄使用 OpenGL ES。逐漸地,硬體供應商看到了直接處理這些覆蓋圖層處理的好處,這也成為供應商在其裝置上為平台的這一關鍵領域提供額外效能的地方。

麥克・瑞德與 Skia

馬賽亞斯的所有工作的目的都是為了在螢幕上顯示一些東西:來自應用程式的圖形內容。因此還需要建立一個讓應用程式為其 UI 繪製圖形內容的系統。為此,Android 使用了一個名為 Skia 的渲染系統,這是早期從麥克・瑞德手中購得的一個系統。

如果「連續圖形企業家」真有其人,那這人想必就是麥克・瑞德。

麥克很晚才開始程式設計,至少與許多早期的 Android 工程師相比。麥克獲得了科學和數學的大學學位。1984 年,第一代麥金塔電腦發布,並且出現在他的校園裡。「這改變了一切。我想做圖形,因為這才是 Mac 真正展示的東西。所以我拿了數學學位,但是自學了程式設計。」

---

17 事實上,使用重疊圖層是 G1 手機的條件之一。當時的 GPU 一次只能被一個程序使用,所以,假如 HWC 使用了 GPU,那麼應用程式就無法同時使用 GPU。使用硬體重疊是繞開這項限制的一個好選擇。

從研究所畢業後，麥克設法擠進蘋果公司（他的原話是「我勉強搞到了那份工作」），在那裡他遇到了後來成為 Skia 聯合創始人的凱瑞‧克拉克。在蘋果工作了幾年後，麥克離開並創辦 HeadSpin，打造光碟遊戲專用的遊戲引擎。HeadSpin 後來被《Myst 迷霧之島》的遊戲製造商 Cyan 收購，麥克在離開後又創辦了一家名為 AlphaMask 的圖形技術公司。AlphaMask 後來被一家為行動裝置提供瀏覽器軟體的公司 Openwave 收購。

麥克於 2004 年離開 Openwave，並與他的前蘋果同事凱瑞一起創辦了 Skia[18]，在那裡，他們打造了一個圖形渲染引擎。Skia 將這個引擎授權給各種客戶，包括加州幾家公司。在麥克的某次加州行時，凱瑞建議麥克去見一家名為 Android 的新創公司，這家公司是由凱瑞在 WebTV 的幾個前同事——安迪‧魯賓和克里斯‧懷特——創辦的。

2004 年末，Android 還是個很小的團隊，只有兩位聯合創始人和新員工布萊恩‧史威特蘭和崔西‧柯爾。Android 正處於從相機作業系統向手機作業系統轉型的過渡期。儘管如此，安迪知道他們需要一個渲染引擎來顯示 UI，所以他向麥克買了一份 Skia 的評估授權，表示願意保持聯繫。但是麥克沒有收到他的回覆：「安迪像是從人間蒸發了，他沒有回任何電子郵件。」

幾個月後，在 2005 年的夏天，安迪終於聯絡上麥克。「他說：『抱歉我消失了一陣子，我現在要用一個新的電子郵件地址聯絡你。』顯然，這次的電子郵件地址來自 @google.com。他說：『嘿，我被收購了。我們應該完成那個授權。』」

不過，Google 不單單只是向 Skia 購買授權，而是直接收購了麥克的公司。畢竟，當時 Android 處於積極招募階段，而收購可能是快速招攬人才的有效方式（如果有錢的話）。

這次收購於 2005 年 11 月 9 日宣佈，來自 Skia 的四名工程師（麥克、凱瑞、里昂‧史柯金斯和派翠克‧史考特）於 12 月開始工作。

---

18 凱瑞後來也在 Google 的 Skia 組工作了很多年。

工作地點是此次談判的要點之一。幾年前，麥克和凱瑞決定離開加州，在北卡羅萊納州落腳，他們並不想回到灣區。Google 同意將這個團隊留在北卡，他們在那裡建立了新的教堂山辦公室（Chapel Hill office）[19]。

當這個團隊加入 Google 後，他們開始為 Android 製作 Skia 圖形引擎。這個底層渲染軟體本身相當完整；他們在 C++ 中完全支援 Android 需要的各種 2D 繪圖運算（線條、形狀、文字和圖像）。事實上，自早年以來，Android 中 Skia 的原始圖形功能變化並不多（儘管在此過程中發生了重大改進，比如硬體加速）。但是考慮到 Android 選擇 Java 作為應用程式的程式設計語言，他們需要讓 Skia 可以從 Java 呼叫，而不是從 C++ 呼叫，因此團隊編寫了 Java 繫結（bindings）[20]。

為 Skia 編寫繫結並將引擎整合到 Android 平台的其餘部分並不太困難，因此 Skia 團隊很快就接手了幾個其他專案。其中一個專案——新的 UI 系統——並沒有持續太久。麥克的團隊提議 Android 使用 Skia 的現有系統來顯示 UI。他們已經有了一個系統，開發人員使用 JavaScript 和 XML 的語言組合進行程式設計。

不過，由於 Android 主力語言轉向 Java，再加上喬·奧拿拉多的一些深夜工作[21]，讓這個團隊走上了一條不同的道路。

---

19 隨著 Skia 組持續成長，並且開始接手 Android 以外的圖形渲染專案，教堂山辦公室的規模也逐漸擴張。

20 繫結（bindings）是 Java 語言中用來包裝底層 C++ 功能的函式。呼叫一個繫結函式，基本上就是將 Java 程式碼的執行轉移到 C++ 程式碼。

21 我們將在第 14 章「UI toolkit」了解更多喬的工作成果。

12

媒體

當軟體工程師說到「媒體」（media）時，他們指的通常是「多媒體」（multimedia），即音訊和影片。這些技術領域互不相同，都需要積累深厚的專業知識。一般來說，一位工程師只會深入鑽研其中一種領域知識，而不是兩者兼之。儘管如此，音訊和影片工程師通常會被集中到同一個「媒體」團隊。也許這是因為這兩個領域都要求裝置提供強大功能和足量記憶體——以及極致的軟體最佳化——才能為使用者創造穩定而可靠的體驗。

戴夫‧史帕克斯與鈴聲

在戴夫‧史帕克斯的一生中，他只上過唯一一門程式設計課，那是高二時的一堂 Fortran 課。在這門課中，所謂的「編寫程式」這件事涵蓋了在打孔卡上輸入代碼，然後用橡皮筋包好寄到當地的辦事處，並在那裡的電腦上執行。幾天之後，學生們將會拿到一份印刷講義，上面印著程式的產出結果[1]。

當時，戴夫對放在教室後面的一台舊款 Monrobot XI 系統更感興趣，這是一台大約從 1960 年就存在的機器，使用一個磁鼓記憶體作為資料儲存裝置。他學會了如何在那個舊系統上編寫機器代碼，與此同時，他的 Fortran 課差點被當。

他的程式設計生涯始於高中畢業後，當時他任職於 RadioShack。某一天，雷‧杜比（Ray Dolby）[2] 來到店裡尋求幫助；他想要一個能讓股票資料下載

---

1 今日的開發人員會抱怨編譯大型 Android 應用程式的速度很慢，可能得花上好幾秒鐘，如果是更複雜的構建版本或許還得耗時更久。編譯程式，在過去更是曠日費時。

2 杜比降噪系統的發明者，杜比實驗室的創辦人，就是那位「雷‧杜比」先生。

成電子試算表的程式。店經理說戴夫能幫上這個忙。在寫完一個程式，拿到 50 美元酬勞後，戴夫已經是一名職業程式設計師了。

在 2000 年早期，電信業者要求手機支援各種鈴聲格式。讓這個要求變得更加複雜的是，不同電信業者各自使用不同格式，因此手機製造商必須支援多種格式，才能夠在不同的市場中銷售他們的產品。

山葉株式會社（Yamaha）提供一種可以處理這種需求的專用合成器晶片，而計價方式是單價（數美元）乘以手機數量。為此，製造商持續尋找壓低成本的方法，一家名為 Sonivox 的公司推出了一種基於軟體的解決方案，將價格降低至 1 美元／每手機。

當安迪・魯賓打來電話，在 Sonivox 負責這項產品的人就是戴夫・史帕克斯。

由於 Android 會是一個開源的作業系統，安迪的需求與 Sonivox 的典型客戶截然不同；他想要這個產品，但安迪也想要公開它的原始碼，這變相地抹除此軟體解決方案的未來商機。戴夫記得那筆交易的過程是：「這個東西未來會被開源。這裡是一疊現金。」

這筆交易發生在 2007 年初。三月份，戴夫來到 Google，花了幾個小時和費克斯・克爾克派翠克一起將軟體整合到系統中。瞬間，Android 可以播放鈴聲了。

幾個月後，安迪打電話給仍在 Sonivox 的戴夫，邀請他加入 Android，建立一個媒體組。後來戴夫在 2007 年 8 月加入 Android 團隊。

馬可・尼利森與音訊

在費克斯讓鈴聲與 Sonivox 軟體成功整合後，他也讓一個單獨的 MP3 鈴聲成功響起：這首歌是奈爾斯・巴克利（Gnarls Barkley）的《Crazy》。喬・奧拿拉多解釋：「MP3 回放是一個大工程。一旦他辦到了這件事，我們就需要一個鈴聲。他上傳了《Crazy》的 MP3 檔案，也就是那個『手機鈴聲』。」

每次電話一響,所有的 Android 手機都會播放同款鈴聲,這首歌讓每個人都……你懂的。

團隊需要有人讓鈴聲系統更具通則性,所以他們找來一位擁有多年音訊軟體編寫經驗的人:馬可·尼利森。

當馬可還在荷蘭讀高中時,他父母買了一台 Commodore 64 給他。一開始,馬可只是用來玩遊戲,但他很快就開始在上面編寫程式,學習 BASIC,並且是組合語言。他編寫文字編輯器,然後開始玩多媒體應用程式,包括一個名為 SoundTracker Pro[3] 的音樂佇列應用程式。

大學畢業後,他繼續從事多媒體工作,先是在一家為飛利浦 CD-i 平台編寫軟體的公司任職,後來到了 Be 公司。像 Be 的許多同事一樣,他在 Palm 收購 Be 後也加入了 Palm。他在 PalmSource 待的時間比他團隊中的大多數人都要長,他們大多在 2006 年初加入 Google 從事 Android 工作。終於,馬可也在 2007 年 1 月加入了 Android 團隊。

馬可一頭栽進了 Android 音訊功能的開發工作。他的第一個專案是增加不同的鈴聲選擇,這個功能的重要性不言而喻。「不是說我不喜歡那首歌,而是當你每隔幾分鐘旁邊人的電話響起同一首旋律時,你真的會覺得心很累。」

他持續從事聲音和多媒體方面的工作,在模擬器上添加了聲音功能(這個模擬器被團隊作為軟體偵錯工具),而且為 Android 編寫了第一個音樂應用程式,之後他還為 Éclair(Android 2.1)版本編寫了第一批即時動態桌布(視覺化呈現聲音與音樂),隨 Nexus One 一起發布。

AudioFlinger

G1 手機是另一個必須解決的音訊問題。這台裝置的原始 HTC 音訊驅動程式漏洞百出,甚至在一個聲音已經在播放的情況下,嘗試播放第二個聲音這樣簡單的事情都會導致裝置重新開機。Android 團隊無法存取這個驅動程式

3　SoundTracker Pro 仍可供下載,而且在 YouTube 上還有教學影片。有沒有人是老粉絲?有吧?有吧!

的原始碼，因此他們透過在驅動程式之上引入一個名為 AudioFlinger 的層來解決這個問題。

AudioFlinger 這個名字的靈感來自馬賽亞斯的 SurfaceFlinger。SufaceFlinger 解決了圖形方面的一個相似問題，許多應用程式產生像素數據，將這些數據暫存於緩衝區，再透過 SurfaceFlinger 將其顯示在螢幕。類似地，AudioFlinger 將系統中的多個音訊流合併成一個單獨的音訊流，再傳送給驅動程式，而不會導致裝置重新開機（這是關鍵）。馬賽亞斯與馬可、亞維和費克斯合力工作，讓 AudioFlinger 可以在 G1 手機上成功運作。起初，它只是被看作是僅限於 G1 這個裝置平台可用的臨時解決辦法，但正如軟體界的常態，它比預期活得更久，直到它最終被整個重寫，好讓系統可以更直接地與沒有這些歷史問題的驅動程式對話。

沒人喜歡的影音程式

影片處理很複雜。首先，影片需要「解編碼器」（codecs）[4] 來載入和儲存影片檔案。影片軟體還需要能夠播放由編解碼器載入的內容。一旦你讓這所有的工作如期執行，你還需要進行優化，讓它跑得更快，因為一個不能流暢播放的影片，看起來就不像「影片」了，反而讓人看得心灰意冷。

與此同時，軟體需要能夠與硬體對話，這是一個棘手的問題，因為影片專用硬體在不同裝置之間可能會有很大差異。

對於一個小團隊來說，很難孤軍奮戰地將影片所需的一切實作出來。因此，安迪決定購買必要的技術，而不是讓團隊自行編寫。他讓費克斯·克爾克派翠克調查一些可行選項，也要他特別關注一家名叫 PacketVideo 的公司。當時，PacketVideo 的一整套授權軟體，可以執行 Android 需要的所有事情。

交易即將拍板定案。費克斯的調查更像是一次例行檢查，而不是深度研究分析。費克斯記得：「安迪告訴我，無論如何他都要達成這筆交易。」就像

4　編解碼器（endec=encoder/decoder），指的是一個能夠儲存（編碼）和載入（解碼）某種格式檔案的軟體。舉例來說，影音系統通常必須具備儲存和載入 MP4 檔案的能力。

團隊的其他人一樣，他當時正分神於其他緊急工作，而這筆交易似乎已成定局，所以他沒有花很多時間評估情況：「我當時認為那無關緊要。我覺得程式碼不夠好，但沒有說出來。」

他簡單調查了其他選項。他因為程式碼狀態不佳而否決了其中一個備選方案。另一家公司則是太過專注於為了讓他們的產品在 Windows 系統上執行，使得它在任何其他作業系統上都無法使用（像是 Android 需要的 Linux 系統）。相較之下，PacketVideo 是更好的選擇。『這可能是我看過的媒體框架中最不糟糕的了。』」

安迪提議的交易對 PacketVideo 來說很尷尬；他要求 PacketVideo 放棄他們的核心業務。這家公司透過授權他們的影片軟體來賺取收益。Android 不僅需要他們所開發的程式碼功能，還需要這些程式碼本身。Android 計畫開放平台上的所有程式碼，當然，也包括 PacketVideo 的程式碼。因此，安迪提出的交易是，Android 將獲得他們的軟體並且公開發布於網路上，這件事基本上破壞了他們日後任何潛在的授權商機，因為任何潛在的客戶都可以直接複製 Android 程式碼。費克斯說：「安迪說服他們的說法是『你們的業務將會從軟體授權轉向提供專業服務。我們會提供資金幫助你們轉型。』」

交易順利完成了（在湯姆・摩斯[5]的幫助下），程式碼也整合好了，結果 Android 團隊……很不高興[6]。費克斯回憶：「程式碼品質很不好。想要優化它真的很難。」

馬賽亞斯・阿格皮恩也同意這一點：「從技術角度來看，這是一場災難。表面上來看，PacketVideo 真的很不錯：大量的編解碼器、回放、錄音、影片、音訊。看起來問題似乎搞定了，但我們花了很多年的時間來進行修復，最終還重寫了這一切。」

5　湯姆・摩斯為安迪處理商務談判。我們將在第 28 章「交易」看到更多關於湯姆的故事。

6　軟體開發工作的一個重點特色是，專案在正式交付後也不算大功告成（至少這不會被形容為一個成功專案）。只要產品持續提供某功能，那麼這個功能背後的程式碼就得持續得到團隊的維護與支援。因此，即使影片程式完成它的份內工作，由於持續存在的 bug、效能問題、額外功能需求以及一般性維護，它仍舊會是團隊的負擔。

費克斯繼續說道：「也許我唯一的貢獻就是拒絕發布他們的 API，只發布了極其簡單的 MediaPlayer/MediaRecorder（API）。這是一個低複雜性、低效能的 API，能夠在底層動用大量東西。」也就是說，透過只向應用程式開發人員提供簡單和通用的影片功能，而不是直接公開 PacketVideo 的進階功能，費克斯確保了影片實作細節可以在團隊有更多餘裕處理問題時再進行改動。

事實上，這就是最終發生的事情。多年後，系統的這一層被完全重寫為一個名為 stagefright 的組件。安德烈亞斯‧舒伯爾（Andreas Huber）是當時媒體組的一名工程師，他持續不懈地一點點重寫 PacketVideo 的程式碼。最終，他意識到舊的程式碼再也不會被呼叫，於是他刪除了這些程式碼，PacketVideo 程式碼也就不復存在。

13

框架

⌃ 丹・桑德爾每次造訪山景城的 Google 辦公室時,他通常
都會在白板上隨手留下藝術創作。上面這張關於框架組的塗
鴉就是他某次拜訪留下的紀念品。

框架(framework)[1]是 Android 團隊用來泛指平台大部分東西的一個詞
語,這些東西可能包含內部作業系統層級的東西(在系統中除了核心
之外的幾乎所有其他軟體),以及應用程式用來存取功能的 API 等。框架功
能的範例包括:

- 套件管理器(package manager),負責在裝置上安裝和管理應用程式。

- 電源管理(power management),例如控制螢幕亮度設定(螢幕是任何
  裝置上最耗電的使用者)。

---

1 「框架」(Framework)是一個在軟體界(以及 Android 團隊)被過度使用的詞。本書附錄的
   術語部分有更深入的討論。

- 視窗管理（window management），在螢幕上顯示應用程式，並在它們開啟和關閉時進行動畫處理。

- 輸入（input），從觸控螢幕硬體接收資訊，將其轉化輸入事件，再發送到應用程式中。

- 活動管理器（activity manager），處理 Android 上的多任務系統，決定當裝置記憶體空間不足時要終止哪些應用程式。

在 2005 年底，專門負責框架領域的工程師陸續加入 Android 團隊之前，上述這些東西都還是紙上談兵，因此當時在 Android 團隊的人不得不一步一步地構建框架。

黛安・海克柏恩與 Android 框架

> 黛安很顯然是（對 Android 平台）影響力最深遠的人物。我打賭她一定會對此輕描淡寫，但她錯了。
>
> —— 費克斯・克爾克派翠克

到了 2005 年底，框架的一些部分已經啟動，但眼前還有很長一段路要走，此時的待辦工作包括實現可供應用程式使用的 API 以及系統所需的所有其他功能。這時，黛安・海克柏恩加入了團隊。

黛安（團隊也叫她「hackbod」[2]）是對 Android 框架和整個平台擁有最深刻、最廣泛了解的人，這一點團隊所有人都深信不疑。一方面，她對平台中的所有部分如何組合在一起瞭若指掌，也對作業系統和 API 具有廣泛的知識經驗。

此外，她編寫了絕大部分的框架程式。

黛安的家庭背景與電腦密不可分。她的父親在惠普公司創立了印表機部門，曾經進入首席執行長候選人之列。在其他孩子透過電玩遊戲體驗電腦

2　黛安的外號由來是大學資工系自動為她產生的使用者名稱，系統使用了姓氏的前六個字母加上名字的第一個字母。這個聽起來像是超級駭客英雄的外號，其實純屬偶然。

的年紀，她早已開始接觸並愛上系統設計。「我會研究系統的運作機制，以及它與應用程式和執行緒一起工作的方式。」

大學畢業後，她先是到了 Lucent Technologies 工作，在業餘時間玩玩 BeOS（她的說法是「編寫框架、一些應用程式、UI 配置框架……諸如此類的東西」）。後來，她希望這份興趣不再只是一種副業，所以她搬到灣區，開始為 Be 公司工作。

「當時是網際網路的繁榮期。你在一家不賺錢的公司工作，不知道公司該如何賺錢，但每個人都想開發作業系統。這就是他們在那裡的原因。那不是為了賺錢。[3]」

黛安在 1999 年底開始在 Be 工作，認識了一群後來又一起到 PalmSource 工作的人，這些人後來也都加入了 Android 團隊。她在 Be 和 PalmSource 的工作範圍就是框架。

在 Be 公司時，黛安致力於開發 BeOS 的下一代版本，但卻是這個作業系統的終點。「他們試圖與微軟一較高下。但你無法與根深蒂固的平台競爭。除非他們對著自己的雙腳開槍，否則這是不可能的，因為他們的生態系統充滿源源不絕的活力，即便你做的任何事情都比他們做得更好，他們仍有大把時間向你做出反擊，處處牽制製肘。」

「這是雞生蛋、蛋生雞的問題。你必須先吸引一群使用者，讓應用程式開發者對你感興趣，你也必須吸引一批開發者，才能讓使用者對你感興趣。你可以獲得一些使用者，但在任何你試圖引來活力與氣勢的地方，佔主導地位的平台都可以進入那個特定的市場，不費吹灰之力地將你殺死。這簡直是不可能的。」

---

3 黛安在 Be 的經驗，與其他湧入灣區或者說進入科技業的人們形成對比，這些人期待的是在網路新創公司一舉暴富。

當時灣區的生活比較負擔得起（儘管生活開銷依然不低），因此的確有可能不那麼在乎薪水多寡。但是（至少在最理想的情況下），工程師的確對於工作內容是否合乎興趣的在乎程度更勝於薪水數字。畢竟科技業職缺多到數不清（至少以近幾年的大環境來說），何不挑一個最能吸引你、讓你更願意為其付出時間精力的工作呢？

後來，Palm 收購了 Be，因為 Palm 公司計畫為他們的裝置打造更強大的作業系統，他們需要具有專業知識的工程師來實現這個願景。這是黛安與行動運算領域的初次相遇。「當時我從未想過行動領域。但一旦我開始意識到 Palm 的存在，就真的被吸引了。這似乎是一個可以與微軟競爭的方式。它（智慧型手機）是一種全新的裝置，所以如果你可以一舉成為它的平台，那麼你就擁有了比 Windows 更大的生態系統，你就有了以小搏大、一戰成名的機會。你可以看到這個趨勢已然來臨。硬體變得越來越強大，這個市場已經比 PC 更大了。」

而這時 PalmSource 正在苦苦掙扎。他們的最初想法是提供可供 Palm（和其他公司）使用的作業系統。但是當 PalmSource 推出 Palm OS 6[4]時，Palm 決定繼續使用他們在 Palm 和 PalmSource 拆分時就使用的作業系統版本。然後，當團隊幾乎完成了一個產品等級的作業系統，可以提供三星手機使用時，這個交易卻失敗了。在那之後，這個作業系統沒有其他買家，這家公司開始四處尋找自己被收購的機會。

當時行動作業系統有個耐人尋味的發展趨勢，黛安與團隊所負責的作業系統也不例外，而這件事後來也在 Android 上重新浮現（但是被處理地更成功）。「讓手機製造商對別人的平台感興趣真的很難。他們開發自己的軟體，他們害怕手機變得和 PC 一樣，變得只有一家軟體供應商擁有銷售硬體的平台。」

當軟體比較簡單時，這種由硬體公司自行打造各自的作業系統的模式還算可行。處理掀蓋式手機的來電和聯絡人資訊，完全在這些公司的能力範圍內。但是，當智慧型手機上的功能不斷增加，尤其是在 iPhone 推出之後，這些公司很難追上趨勢的變化。在 iPhone 發布後，需要作業系統的公司正在尋找比他們自己所建立的作業系統更加複雜、更加豐富的東西，因此更願意與 Android 合作。

4　Palm OS 6，PalmSource 歷經多年研發的心血，從未迎來正式發布。維基百科上有一段關於這個 Palm OS 版本的貼切描述：「Palm OS 6.0 被重新命名為 Palm OS Cobalt，以便澄清這個版本從一開始就不是為了取代 Palm OS 5。」
這話真傷人。

「軟體變得比硬體更具價值。現在大部分都投入到了軟體上。如果真是如此，那麼在軟體上投資最多的人將成為最大贏家，而這個人可能是致力於實現跨硬體平台的人。」

Palm OS 包含了一個強大的 UI 框架。PalmSource 的潛在買家 Motorola 對這個框架和 Palm OS 很感興趣，有意讓它用於自家生產的手機。但 Motorola 的收購卻殺出程咬金，PalmSource 後來被 ACCESS 公司收購了。「我們很樂見自己被 Motorola 收購，我們都希望如此。他們想拿走我們正在做的事情並加以利用。」相較之下，ACCESS 公司並不符合團隊當時的發展方向。

在收購後，ACCESS 推翻了團隊的作業系統策略。黛安和她的團隊迎來終結。「PalmSource 結束了。手機製造商不想用別人的平台，因為他們不想為人作嫁。我看著我的團隊紛紛離開公司（我在那裡管理框架團隊）。馬賽亞斯和喬要走了。他們來找我，說：『你應該來 Google——這裡有很多很酷的東西。』他們給了我一個提示：『這是一個平台……而且是開源的……』到 Google 工作，而且是開發一個手機的開源平台，甚至毫無資金的後顧之憂？你怎麼能對此說不呢？這簡直不能再完美了。」

黛安於 2006 年 1 月加入 Google，並開始在 Android 團隊工作。

很早就有人向她介紹 Google 對 Android 戰略的看法了。「當我加入時，賴利·佩吉和謝爾蓋·布林提到 Android 的說法，以及安迪呈現它的方式，讓我覺得他們不只是想要一個『產品』。它的存在更加宏大，它關乎 Google 的未來生存。他們不想成為一個專有平台的公司，對這個平台擁有絕對的控制，就像微軟擁有 PC 平台一樣。這不單單只是為了賺錢。[5]」

5　我在講到 Google 收購 Android 時也提到過這一點，在後續討論 Android 成功要素時還會再次討論。Google 的收購決策背後有好幾個原因，但是可以總結為他們希望創造一個平等的使用環境。換句話說，他們希望 Google 服務的潛在使用者能夠自由存取這些服務。市場中佔主導優勢的玩家讓「平等的競爭環境」這件事變得很難。比方說，如果微軟在手機領域也做了像是它在 PC 所做的一樣（即獨占而封閉的作業系統），那麼他們就很有可能讓使用者難以從各自的裝置上自由存取 Google 服務。

Activities

一旦認真起來時，黛安在寫程式這件事上無懈可擊。她在腦海中描繪出一個願景，然後坐下來將它實現出來。

—— 傑夫·漢彌爾頓

加入 Android 後，黛安開始研究現在被稱為框架的許多基本部分。其中一個部分就是 Activities，她接手了喬·奧拿拉多的一些初步工作。

Activities 是團隊早期在 PalmSource 時就考慮過的長期構想，這是一種 Android 專屬的應用程式管理方法。在更傳統的作業系統上，當一個應用程式啟動，會呼叫它的 main() 方法，然後開始循環執行一些操作（如繪圖、輪詢輸入、執行任何必要運算等）。在 Android 上，應用程式被分解為一個或多個「活動」部分，每個部分都有自己的視窗。Activities（和應用程式）沒有 main() 方法，而是由作業系統呼叫以對事件做出回應，例如活動建立／銷毀和使用者輸入。

Activities 的另一個重要元素是它們定義了可以從其他應用程式呼叫的特定入口點，例如系統 UI 中的通知或快捷方式，可以帶領使用者前往應用程式內部的某個位置。

黛安說：「Palm 對行動裝置非常了解。我們從中了解到的一件事是，行動應用程式與桌面應用程式存在本質上的不同：使用者一次只能在一個應用程式中，而且這些應用程式往往很小，並且專注於特定任務。因此，我們需要讓應用程式能夠輕鬆地協調工作。Palm OS 有一種稱為『sublaunching』的技術，允許一個應用程式實際去呼叫另一個應用程式，執行諸如顯示某個 UI，供使用者新增聯絡人之類的操作。我們認為這是行動應用程式的一個重要特徵，而我們需要為其規範形式，成為一個定義明確的概念，使它更加穩健，得以在複雜的多程序受保護記憶體（和應用程式沙盒機制）環境中發揮作用。因此，我們透過 Activities 定義了應用程式可以公開自己的一部分以供其他應用程式（和系統）根據需要為其啟動的方式。」

Activities 對於 Android 來說是一個很強大的概念。這也是在工程團隊中產生重大意見分歧的第一個產物。與某些人喜歡的更傳統的方法相比，Activities

所牽涉的相關複雜性肯定更高。特別是，Android 的應用程式生命週期（處理活動建立／銷毀等等）依舊難以理解，並且處理其複雜性對於許多 Android 開發人員來說往往是一件困難且容易出錯的苦差事。

正如傑夫・漢彌爾頓（我們很快就會認識的另一位框架工程師）所說：「在 Android 的早期，對於作業系統應該是什麼樣子有兩種不同願景，而這兩者彼此互不相讓。一種願景支持 Activities，另一種則是主張一定得有一個 main() 方法。黛安和喬當時敦促大家採用 Activities 以及更加模組化的應用程式設置概念。」

「在另一個陣營中還有很多其他人，比如麥克・費萊明[6]，他們更想推動一個簡單的模型。那段時間裡發生了很大的意見衝突。」

麥克・費萊明說：「我對應用程式的生命週期抱持懷疑態度。我擔心它太過複雜。」黃偉[7]對此表示同意：「在某些方面，我認為活動的生命週期過於複雜。它變得有點失控。」

但是團隊決定採用 Activities 方法。傑夫解釋了這項決策：「黛安在腦海中描繪出一個願景，然後坐下來將它實現。這就是事情的原本經過，因為她超有效率，把事情都做好做滿。」

這種決策模式也發生在其他地方，例如喬最開始實作出來的 View 系統。團隊沒有太多時間參加會議和委員會以及關於事情應該如何運作的辯論，所以，當有人迅速敲定一個解決方案後，事情就會從那裡繼續下去。正如黛安所說：「當時人力太不足了，如果你這麼做了，那你就得硬著頭皮做下去。無數討論發生在人群之間，但端看是誰真的做出行動。」羅曼・蓋伊（後來加入 UI toolkit 組的工程師）補充：「（在 Android 裡）最受敬重的人就是那些讓事情成真的人。」通常，這個人就是黛安。

6　麥克・費萊明負責電話和 Dalvik 執行環境。

7　黃偉負責 Android 瀏覽器，詳見第 17 章「Android 瀏覽器」。

資源

黛安還致力於資源系統[8]，這是另一個非常 Android 的概念。在 Android 上，應用程式開發人員能夠在所謂的「資源檔案」（resource file）中定義其應用程式的不同版本的文字、圖像、大小和其他元素。

舉例來說，你的應用程式中可能會有一個應該顯示為「Click」的按鈕，好讓使用者知道他們要點擊這個按鈕。但是 Click 這個詞只對英語使用者有意義。如果使用者說的是俄羅斯語或是法語，抑或是任何其他非英語的語言，那該怎麼辦？開發人員使用資源檔案來儲存字串的不同語言版本。當某個按鈕應該帶有特定字串時，資源系統就會選擇符合手機系統語言選擇的字串版本。

同理，開發人員可以為螢幕配置定義其 UI 應該長什麼樣子，並且根據不同的像素密度使用不同的圖像尺寸。而資源系統會在應用程式啟動時載入適當版本，具體取決於使用者的裝置規格。

資源，尤其是它們被用來解決可變密度問題的方式，是一個很棒的範例，說明了 Android 是被開發為一個軟體平台，而不僅僅是一個手機產品，即使在 1.0 版之前的早期也是如此。假如團隊只針對具有預定義螢幕尺寸的特定裝置規格而設計（正如當時大多數製造商所做的那樣），那麼這一切都不是必需的。在編寫應用程式時，則會受限於這些初始假設，當後來不同尺寸的螢幕紛紛出現時，這些應用程式就顯得不到位了。

黛安：「這些裝置與桌上型電腦非常不同，因為手機規格對應用程式的影響遠大於對桌機的影響。在桌上型電腦的情況，你可以擁有更大的螢幕，但這對於應用程式來說並不重要，你可能只是能夠調整視窗大小。但在這些行動裝置上，如果螢幕變得更大，那麼應用程式也需要相對地準確呈現於更大的螢幕上。」

8　菲登實現了原始的資源系統，那是一個可允許切換檔案的語言選擇的簡單系統。黛安說：「她接過這項任務，然後把它變得更複雜。」

另一個因素是像素密度（每英吋像素，PPI）[9]。「桌上型電腦的像素密度永遠不會改變，但我們知道行動裝置的密度會發生變化。我們在 Palm 就見過這種情況。我們需要設計一些能讓平台長期發展的東西，因為我們已經看到了 Palm OS 及其精簡主義方法的後果。支援不同的像素密度是一場災難（為了 Andorid 平台），我們一直將這件事看作是：『我們是為了行動裝置而構建，但我們希望這個東西具有擴展性，長遠來看還可以處理其他用例。』」

相較之下，iOS 和 iPhone 一開始並沒有將像素密度列入考量。「蘋果沒有考慮過這些東西。蘋果是為數不多能夠進行高品質軟體開發的硬體公司之一。大多數硬體公司都專注於研發硬體產品，而軟體只是硬體所需的一部分。蘋果能夠將軟體視為他們需要長期投資的東西，並將其與特定的硬體產品分開看待。但你仍然會看到很多硬體導向的東西，好比『我們想改變螢幕的大小……啊，我們沒有考慮過這件事。』」

視窗管理器

> 黛安說：「我要做一個視窗管理器」，對著鍵盤一陣敲敲打打，於是視窗管理器出現了。
>
> —— 麥克 · 克萊隆

早在 1.0 發布之前，黛安還編寫了 WindowManager，負責處理視窗的開啟、關閉、動畫輸入和動畫輸出。這之所以值得一提，是因為它必須解決的問題很複雜，黛安憑一己之力寫出這一切，而這只是她當時正在做的許多事情之一 [10]。

---

9 像素密度指每英吋像素。兩台手機螢幕大小可能相同，但其中一台手機的像素密度更高，則表示它擁有更精細、更豐富的像素。如果系統只能支援原始像素大小，則像素密度較高的螢幕上所顯示的相同圖像會顯得更小，而這通常不是開發人員或使用者所樂見的情形。

10 黛安一個人寫出了視窗管理器的程式碼並自己維護。現在，有一整個團隊專門負責維護這些程式碼。

虛擬鍵盤

在 1.0 發布之後，仍有很多工作要做。當時黛安的其中一項工作是與框架組的阿米思・亞麻沙尼（Amith Yamasani）一起支援「軟鍵盤」，也就是觸控式螢幕上的虛擬鍵盤。

最初的 G1 手機附有一個硬體鍵盤。想在應用程式中輸入文字，你需要翻開鍵盤才能打字。這種機制運作沒有問題（事實上，許多智慧型手機使用者仍舊偏愛硬體鍵盤，尤其是 BlackBerry 手機的粉絲），但對於大螢幕和輕巧裝置的市場需求，意味著對全觸控式裝置與虛擬鍵盤的支援變得至關重要。事實上，當時即將與 Cupcake 版本一同發布的手機，已經拿掉了硬體鍵盤的設計。

在典型的 Android 開發風格中，虛擬鍵盤不僅僅被「寫入」框架中。雖然 Android 一向以為了取得效能優勢或趕上發布日期必須做出取捨而聞名，但團隊始終優先考慮建立通用的平台功能，而不是只針對特定產品功能，不過他們的鍵盤解決方案就屬於這種情況。團隊建立了一個系統，為通用輸入提供可擴展的靈活支援。舉例來說，鍵盤支援不僅僅被稱為「鍵盤」，而是「輸入法編輯器」（Input Method Editor，IME）。只有提供對常規鍵盤的支援是不夠的，系統必須接受來自任何輸入機制類型的輸入，包括語音輸入。

同時，輸入支援不僅作為框架使用的內部機制，而且是一個可擴展的、開發人員可以加以運用的功能。Android 提供的輸入法框架（Input Method Framework，IMF）可以接受來自任何使用者提供的 IME 輸入，而不僅限於 Android 系統附帶的鍵盤。也就是說，Android 不只為使用者提供了虛擬鍵盤；還為開發人員提供了 API 來建立自己的鍵盤應用程式，讓使用者能夠自由選擇。對大多數的使用情況來說，一個足夠好的輸入系統就可以滿足短期需求。但團隊同時認識到，使用者可能還需要其他體驗或其他功能，而應用程式的開發者可以對此提供幫助，因此團隊透過構建系統來實現這件事。即使當時市場上只有幾款 Android 裝置，這個團隊也在玩一場漫長的遊戲，期待著一個龐大且具有多樣化裝置和使用者的潛在生態系統。

黛安說：「我不記得曾經考慮過將其寫死（hard-code）到平台中。從能夠滿足不同語言需求的實際層面來看，我們認為這應該是一個可讓使用者自由選擇的組件。」

IME 支援在早期吸引了許多開發人員（和使用者）使用 Android。像 G1 這樣的早期裝置並不是最漂亮、最吸引人的智慧型手機，但開放式生態系統的強大功能和靈活性，深深吸引著許多使用者和開發人員。iPhone 後來提供了除了 iOS 系統內建的鍵盤應用程式之外的功能，但這是很久以後的事了，比 Android 開發人員提供這些應用程式之後還要更久。

2009 年，翟樹民在 IBM 從事研究工作。他當時正在研究輸入機制的替代選項，使用由他開發的一款名為 ShapeWriter 的應用程式[11]，這個程式能夠讓使用者在鍵盤上滑動手指，在每個單字的字母之間滑動時同時描繪出一個形狀，而不是一個字一個字輸入每個字母。他的鍵盤會將這些形狀解釋為單字，使用機率和啟發式演算法來找出使用者正在描繪的單字。

翟樹民在 2004 年與 Per Ola Kristensson 一起構建了 ShapeWriter，最初發布於 Windows 平板電腦上。他們後來在 2008 年發布了適用於 iPhone 的 ShapeWriter，但它只能與他們提供的筆記應用程式一起使用，因為當時 iPhone 沒有與 Android 的 IMF 相當的功能，因此它無法取代系統鍵盤。當 Android 在 2009 年年中的 Cupcake 版本發布了對 IMF 的支援時，翟樹民隨即將 ShapeWriter 的重心轉向了 Android，並於當年晚些時候在 Android Market 上發布了該應用程式[12]。

他特別喜歡為 Android 系統進行開發[13]，因為這使他能夠進行實驗，將系統鍵盤換成自己的，這樣他就可以提供這種新功能。翟樹民是一名研究者，學術研究領域似乎不是一個巨大的目標市場。但大約在同一時間，一家公

---

11 *http://www.shuminzhai.com/shapewriter*

12 ShapeWriter 在 2009 年末的 Android Developer Challenge 大賽中榮獲佳績。第 39 章「SDK 發布」有更多關於這個大賽的介紹。

13 這是他本人告訴我的。我當時到 IBM Almaden Research Facility 進行演講，然後他把我叫到一旁，向我展示他的專案成果。我對鍵盤或是輸入法研究，甚至是當時的 Android 都一無所知；我只是一個在 Adobe 工作的圖形工程師。但我深深記得，這位研究者臉上的興奮之情，他真的對於 Android 平台讓人們自由試驗並超越產品核心功能的能力感到振奮。

司在 Android 上發布了一款名為 Swype 的流行應用程式，它具有類似的手勢輸入功能。

翟樹民後來加入了 Android 團隊，負責帶領符合 Android 的標準 IMF 的手勢輸入（Gesture Typing）團隊。現在，單字追蹤功能已經是 Android 鍵盤的預設功能之一。但 Android 仍然允許開發人員提供他們自己的鍵盤應用程式，實現開發人員各自想要打造的個人化和功能。

傑夫·漢彌爾頓把堆疊造出來

儘管黛安擁有傳奇般的生產力，但要使整個框架得以實現，還有很多事情要做，而她自己無法憑一人之力搞定。還有一些人同時也在編寫大量的框架程式。其中一位是傑夫·漢密爾頓（團隊叫他「jham」）。

傑夫與黛安在同一天開始在 Google 工作。他們曾在 Be 和 PalmSource 共同開發框架，並且即將在 Android 上重操舊業。

傑夫在大學期間在 Be 實習，開始了構建平台的工作。其實，當初他並沒有通過面試，因為他被問到中斷處理程序[14]如何在 BeOS 上運作的問題，而他的回答與他們在 Linux 上的工作方式不同。他回到家後研究了差異，並傳了一封電子郵件附上他的解釋以及正確答案，讓團隊回心轉意。他們在夏天僱用了傑夫，並讓他在大二那年繼續實習……後來，在他大學畢業後，傑夫獲得了一份全職工作。

在 Be，傑夫是核心組的一員，負責為觸控螢幕顯示器和 USB 等硬體開發驅動程式。關於如何在一家鬥志昂揚的矽谷公司開啟上工第一天，他上了一堂震撼教育：「我上班第一天，他們帶我去我的工作空間，裡面放了一塊主機板和一個鍵盤。他們說：『那裡有塊主機板，去找喬治要 CPU。』他們沒有多的 RAM，我得自己到 Fry's[15] 買齊。」

---

14 中斷處理程序（Interrupt Handlers）的作用是從系統的一個部分過渡到另一部分，它們是系統中傳遞控制權的信號。舉例來說，輸入一個鍵會導致硬體中斷，這個中斷會將控制權交給輸入軟體來處理這個鍵事件。

15 Fry's Eletronics 是矽谷的 3C 量販店，電腦宅會去購買電腦相關用品或是單純去逛逛有沒有新玩意上市。後來線上購物興起，只要在電腦前動動手指就能搞定購物需求。

大學畢業後，傑夫加入 Be，成為全職工程師，並在 2001 年被收購後加入了 PalmSource。但就和團隊的其他成員一樣，包括喬、黛安和馬賽亞斯，傑夫後來也對 PalmSource 感到厭倦。「到了 2005 年 8 月，很明顯他們找不到任何客戶。」於是他搬到了德州奧斯汀，想在當地尋找下一份工作，並在 Motorola 找到了一個看起來很完美的機會。「那是一份當地的工作。他們想構建一個新的、現代的智慧型手機作業系統，發布於所有手機，而不是一次性發布。我加入的組已經簽署了 PalmSource 的收購協議[16]；他們說我很適合這裡。一切聽起來都很好，所以我離開了 PalmSource，在 2005 年 8 月加入 Motorola。」

但在 Motorola 完成收購 PalmSource 交易之前，ACCESS 突然介入並提供了更多資金，於是 PalmSource 接受了更高的出價。隨著 Motorola 智慧型手機作業系統的開發計畫告吹，傑夫並不太想繼續待著。幸運的是，Be/PalmSource 的前同事正在面試，陸續加入 Google 的 Android 團隊。傑夫從他的朋友喬那裡聽說了這個機會。「我說我對搜尋或網路一無所知，我不想要一份遠距的新工作，不認識團隊中的任何人。喬回我說：『別擔心這些，而且你已經認識了一半以上的團隊。快來面試吧。』」喬回報了傑夫多年前的提攜之情，儘管傑夫不在灣區，但他還是被錄取了：「他說服安迪僱用我，並讓我在奧斯汀遠距工作。」

當傑夫加入團隊時，Android 與其說是一個「平台」，倒不如說是一個隨機無序的程式碼片段、各種原型和技術 Demo 的大集合。「喬展示了一個視窗管理器，它在螢幕上繪出一個最基本的正方形。有一個人[17] 負責電話工作。馬賽亞斯正在研究圖形。但沒有什麼能發揮功能。沒有一個真正的作業系統。」

布萊恩・史威特蘭交代傑夫的首要任務之一是，要他構建一個對執行於裝置上的 Android 應用程式進行偵錯的協定（protocol）[18]。傑夫沒有從頭開始

---

16 傑夫當時不知道這件事，他在加入 Motorola 後才知道。

17 這個人是麥克・費萊明。

18 協定（protocol）是「語言」的電腦宅宅說法。所謂的協議就是讓不同系統進行對話的一套標準方式，讓彼此能夠傳遞並理解訊息。在這裡，傑夫要建立的一套偵錯協議，讓使用桌上型電腦的使用者能夠對執行於 Android 裝置上的應用程式進行偵錯；這個協議建立了在系統之間交流資訊的標準溝通機制。

實作自己的系統，而是讓 gdb（一個標準偵錯工具）啟動並執行。這代表還要讓（gdb 需要的）許多其他東西也能如常執行，例如執行緒和對偵錯符號（debugging symbol）的支援 [19]。

搞定偵錯程式後，傑夫開始處理 Binder。

Binder

Binder 是來自 PalmSource 的工程師們透過其作業系統 [20] 開發經驗而熟知的概念。Binder 是一種 IPC 機制 [21]。每當作業系統上發生需要涉及多個程序的事情時，IPC 就是一個在這些不同程序之間傳送這些訊息的系統。例如，當使用者在 PC 上的鍵盤上打字時，系統程序將帶有該資訊的訊息傳送到前台應用程式程序，以便處理這個鍵入事件。IPC 系統（在 Android 的情況下就是 Binder）定義了這個通訊機制。

Android 裝置上有許多程序同時在執行，分頭處理系統的不同部分。有系統程序、處理程序管理、應用程式啟動、視窗管理和其他底層的作業系統功能。當然還有讓電話維持連線的通話程序，也有與使用者實際產生互動的前台應用程式。此外，還有系統 UI，負責處理導覽按鈕、狀態欄和通知。諸如此類的程序還有很多很多，它們都需要在某個時候與其他程序進行通訊。

19　偵錯符號（debugging symbols）是一組資訊的集合，描述了對應用程式進行偵錯時你需要知道的程式碼。這就像是二進制應用程式代碼的專用字典，可以將機器碼（0 和 1）翻譯成人類可讀的函式名稱。比方說，如果你的程式碼在執行某個特定函式時總是出錯，那麼知道這個函式的符號名稱會很有用——比如 myBuggyFunction()，而不是只知道系統上的函式位址（這可能是唯一存在的資訊）。符號並不是系統指定要求的資訊，但人類需要運用它來協助偵錯。

20　事實上，Binder 的最初概念可以被追溯到更早之前，回到 Be 時期。在 Be 帶領圖形與框架組的喬治‧霍夫曼（George Hoffman），需要一個讓 Be 當時的 Internet Appliance 的 JavaScript UI 層可以與底層系統服務進行對話的通訊機制。而這個機制就是 Binder。當許多 Be 工程師後來進入 PalmSource 開發 Palm OS 後，Binder 也隨之進化，後來當這些人又加入 Android 團隊後，Binder 依舊持續迭代。喬治並沒有加入 Android，但他與許多 Be ／ PalmSource 工程師（後來的 Android 工程師）共事過，和他們一起設計了許多概念，最後成型於 Android 中，例如 Activities 和 Intents。

21　IPC=Inter-Process Communication（行程間通訊），指的是任何作業系統讓不同程序互相傳送資料或訊號的標準元素（技術或方法）。

IPC 機制通常是簡單且底層的，而這是前 Danger 工程師所想要的。正如黃偉所說：「Danger 喜歡速戰速決。簡單、快速。但通常更要求簡單。」但是來自 Be 的團隊成員，包括傑夫、喬和黛安在內，更偏好他們之前在 PalmSource 實作過的 Binder 方法，這是一個功能更全面（也更複雜）的機制。由於 Binder 是開源的，因此它可以用於這個新平台。

這在團隊之間造成了分歧。麥克・費萊明站在 Danger 的一邊：「我是一個 Binder 的懷疑論者。我不認為這經過深思熟慮。確實，他們在 Palm 做到了。然而他們從未在產品中正式交付這個功能，這也是事實。」

「我對於 Binder 必須進行阻塞呼叫（blocking call）[22] 的事實感到特別不安。我覺得這導致了很多不必要的執行緒，並且對我的用例沒有任何價值。此外，最初的 Binder Linux 核心驅動程式說不上非常穩健。你需要做好大量工作才能讓它不受侵擾。[23]」

Binder 懷疑論者並沒有贏下這場戰鬥：傑夫和團隊奮力前行，把 Binder 實作出來，使它成為 Android 框架架構的基本組成部分。與此同時，負責電話部分的麥克略過了 Binder：「我在 Java 程序和原生介面層程序之間開啟了一個 Unix 網域插座（socket）[24]。」

資料庫

在傑夫讓最初的 Binder 模組成功運作後，將工作重心轉向了資料庫。應用程式通常需要儲存資訊。如果這些資料很重要，那麼就需要強大且功能齊全的資料庫。在 PalmSource 時，傑夫曾用過資料庫，但那家公司還想創造一些新東西。Android 並沒有試圖發明任何東西，他們只是需要一個解決方案。「我看過 SQLite[25]，然後想著，如果我們想打造並儘快推出自己的手

---

22 阻塞呼叫（blocking call）是指對一些函式進行呼叫後，這個呼叫必須被完成，呼叫者才能繼續下一個動作。阻塞呼叫意味著被呼叫的這個函式必須迅速且成功完成，才不會讓呼叫者乾等。Binder 最後（在 1.0 版本之前）也支援了非阻塞呼叫。

23 亞維・維葉勒瓦後來整個重寫了驅動程式，解決了穩健性問題。

24 插座（socket）是一個比 Binder 更加簡單的機制，它更像是在兩個程序之間流通資訊或信號的一條網路連線。

25 SQLite 是一個既有的、開源的資料庫引擎。

機，我們也許不該從零開始構建自己的資料庫系統。SQLite 就在那裡——而且它立即能用。」因此，傑夫將 SQLite 移植到 Android 系統中，並讓它成功執行，為應用程式開發人員建立 API，以方便他們存取，然後把工作重心又轉移到下一個專案。

Contacts 與其他 App

由於傑夫當時已經在處理應用程式資料，所以他被拉進一個專案，研議如何定義應用程式共享資料的方式。某個用戶的聯絡人資料，需要能夠提供手機上其他應用程式使用（例如，能夠向一位朋友打電話或傳簡訊）。這催生了 ContentProvider API，傑夫在開始處理 Contacts（聯絡人）應用程式時使用了這些 API。「很顯然，我們應該有一個電話簿和一個通話紀錄，所以我開始構建 Contacts ContentProvider 來提供一個電話簿，這樣你就可以撥打電話了。」當這項工作成功後，他繼續向著軟體堆疊上方邁進，處理 Contacts 應用程式本身的 UI。

在 Contacts 之後，傑夫又轉向平台的其他各個部分和核心應用程式。他曾協助開發 SMS（簡訊）應用程式，這個應用程式主要由黃偉開發。他還協助開發了麥克・費萊明正在編寫的通話軟體，然後協助開發了 Dialer（電話）應用程式。

當時，Dialer 和 Contacts 都是同一個應用程式的其中一部分。傑夫想在 Dialer 中簡化一些操作，因此他新增了一個很有爭議性的 UI 功能，他將其命名為「Strequent」（Star+frequent 的合字）。「在 Dialer 中，有一個分頁是撥號介面，有一個分頁通話紀錄，還有一個分頁是聯絡人。我建立了另一個叫做 Strequent 的分頁。這是你自行加上星星標註的聯絡人，其次是你經常撥打電話的對象。每個人都認為這真的很奇怪。我記得史蒂夫・霍羅偉茲[26] 根本不喜歡它，但里奇・麥拿覺得很棒。」里奇後來說服史蒂夫接受它。

傑夫後來從事了大部分核心應用程式的工作，最後管理了整個應用程式組。他記得 Calendar（日曆）應用程式的一個特殊使用者問題：「謝爾蓋（Google 的共同創始人）來了。Calendar 當機了。他老婆正透過 Outlook 向

---

26 在 1.0 發布之前，史蒂夫擔任工程部總監。

他分享她的日曆。結果是，來自 Outlook 的資料是重複的事件，但有我們以前從未見過的例外情況。於是我們的事件解析器當機了。」

傑夫去找謝爾蓋並解釋了這個問題。「我們找出問題所在：你的日曆中有一些我們以前從未見過、也沒有預料到的資料，才導致我們的應用程式當機。」他說：「我的資料不會導致你的應用程式當機！是你的應用程式讓我的資料當機！」時隔多年，傑夫依舊清楚地記得當時情景。畢竟你和 Google 創始人和高層爭論的機會既難得又難忘。

傑夫一路以來的工作經歷，是從系統的最底層開始，實現原生偵錯程式，然後處理核心框架內部和 API，再來是資料功能和 API，最後運用一些他所打造的較底層的東西[27]來編寫應用程式，這些經歷是一個很好的例子，完美展示了 Android 團隊成員如何靠一己之力打造工作成果。在傑夫到來之前，基本上沒有任何東西存在，所以他協助建立了一個個東西，隨著更多功能正式上線，每個東西都構建在以前的東西之上。就像這樣，團隊中的每個人都在從最基礎的基礎上構建東西，並儘可能地提升到更高層級的功能，最後編寫出各個應用程式，定義了 Android 的使用者體驗。

傑森‧帕克斯破壞它

傑森‧帕克斯是另一位加入黛安的框架團隊的 Be/PalmSource 前同事，他於 2006 年春天加入了 Google 的 Android 團隊。

傑森‧帕克斯（他被團隊稱為「jparks」）有一句從小講到大的口頭禪：「我沒有破壞它，但我知道如何修好！」這句口頭禪和概念一直跟著他，到後來當作業系統中出現錯誤代碼時，甚至有一個寫著 JPARKS_BROKE_IT 的標籤。

傑森很早就接觸程式設計，六年級時學習了 BASIC。他在童年和大學時期持續寫程式，但沒有拿到畢業證書。「我對文字真的不太擅長；我從未好好上

---

27 隨著時間往後推進，傑夫也持續向系統上層移動。他處理「近距離無線通訊」（Near Field Communication，NFC。這大概最貼近讓手機為你支付咖啡錢的網路技術，我聽說你還能用它來支付其他商品。）也負責過遊戲領域，後來他開展並帶領了後來成為 Google Play 服務的部門。

完英語課。我還有 22 個學分得修，但我偶然申請到了一份工作。」傑森一直獨自玩著 BeOS，所以當他看到 Be 的徵才消息時，他就申請了。

「但我申請了錯誤的職缺；我申請成一個經理／架構師的職位。在他們的招募系統中，你一次只能申請一個職位。我想：這也沒辦法，直到他們主動重置，不然現在沒有什麼我能做的。後來，我竟然收到了一封電子郵件，要求我為一份我絕對資歷不符的工作進行電話面試。」傑森後來獲得了面試和工作機會，但那是不同的職位。他問為什麼在他明顯申錯工作時他們還願意聯絡他；他收到的回覆是，就是因為他如此不符合那個職缺的經歷要求，才引起了他們的注意 [28]。

傑森與 Be 的其他未來 Android 人員一起共事，就如黛安、傑夫和喬，和他們一起加入 Palm，後來也跟著離開 PalmSource，最終加入 Android 團隊。

與傑夫和喬一樣，傑森也在平台的許多不同領域上出過力。上工第一週，他致力於處理時區的軟體。然後他在第二週就開始讓電話數據發揮作用。接著，隨著時間流逝，他將工作焦點轉向了框架和應用程式的各個部分。

傑森在整個組織中扮演了一個非常重要的角色——讓人們得以工作。一種方式是充當不同群體之間的協調者。當人們產生分歧時（例如各種 Danger 與 PalmSource 之間的衝突），傑森會嘗試調解這些紛爭。「當電話組的人對 API 感到不滿時，他會來找我，讓我去和他們（框架組）談談。史威特蘭也是。霍羅偉茲會派我去和史威特蘭聊一聊，讓他冷靜下來。麥克・克萊隆和我以及黛安很合得來，我們的工作關係很融洽。我會向其他人解釋事情應該做如何被完成。」

「有很多急躁的人，有很多衝突。你不僅有 PalmSource/Danger 的對立，還有 Google 員工會插嘴說上一句：『你得照這個方式去做才行。』但我認為這些衝突反而幫助了我們。」

---

28 想進一家公司之前，第一步是讓你自己被看到。任何一家科技公司每天收到的履歷多如雪片，最重要的是取得人們的注意力。我通常不會建議應徵錯的職位來達成這個目的，但對當時的傑森來說，這個作法奏效了。

史蒂夫・霍羅偉茲還會指派傑森去確保某些事情成真。「團隊中有些人稱我為鬥牛犬，因為我是史蒂夫的攻擊犬。當他需要搞定某件事情時，他就會派出我。」

框架構成

寫在框架組工作清單上的專案多到不勝枚舉，因為它確實是 Android 平台的核心和靈魂。系統的其餘大部分都依賴於黛安、傑夫、傑森和其他人在這個團隊中所打下的基礎。在這些人從 2005 年底陸續加入團隊後，這一切都是從零開始構建的。與此同時，平台的其他部分和應用程式也在框架之上構建，這就好比在機位客滿的情況下建造飛機，所有人都希望它在觸地之前盡快抵達目的地。

14

UI toolkit

U I toolkit 為螢幕畫面提供了絕大部分視覺元素。按鈕、文字、動畫和圖像，這些東西全都屬於 Android 的 UI toolkit 的範疇。

2005 年底，UI toolkit 尚未出現（也沒有其他任何東西）。當時已實現了底層圖形功能，可以使用 Skia 庫在螢幕上繪製一些東西。而關於如何在這個圖形引擎之上構建 UI toolkit，這時出現了兩個構想方法，彼此互相衝突。

一方面，麥克・瑞德的 Skia 團隊已經有一個可運作的系統，它使用 XML 來描述 UI 和 JavaScript 程式碼，藉此提供程式設計邏輯。

另一方面，框架團隊更喜歡以程式碼為中心的方法。

這個決定，就像 Android 中的許多決定一樣，是憑藉純粹的努力而發生的。安迪・魯賓剛剛下了決定，Android 將會使用 Java 作為主要的程式設計語言。喬・奧拿拉多認為是時候深入研究並使用 Java 來實現 UI 層。「這基本上是一個『讓我們把事情搞定』的瘋狂時期。我們花了整整一天，一場 24 小時的馬拉松 [1]。最後我搞定了 Views （UI 元素），讓它出現在螢幕上。」

1　喬：「我在寫程式時無限播放 The Postal Service 的專輯《Give Up》。後來我不經意聽到那張專輯時，腦中還會回想起那段詭異又離奇的時刻。」

馬賽亞斯・阿格皮恩談到喬時說：「他沒有告訴任何人。有一天早上他出現，然後說：『問題搞定了，它是用 Java 寫的。現在我們不必再爭論了，因為它已經出現了。」

麥克・瑞德對喬的實作成果從善如流：「喬提出了非常明確的想法。尤其，我們是遠距工作（Skia 團隊在北卡羅萊納州），所以我們決定退後一步，讓它自己搞定。」

喬將他的成果展示給安迪・魯賓看，但事情並沒有如預期般順利。「我第一次向魯賓展示它時，他並沒有對此感到驚艷。我做的第一件事是在螢幕上畫一個紅色的 X。這是當 Danger 出現核心錯誤（kernel panic）[2]時，Danger 手機會出現的東西。我認為我展示了一項重大成果：『看，我搞定了一個 View 階層架構！』。但在他眼中，這畫面就像是手機突然當機。他就像：『噢，你讓核心錯誤了。』」但是喬的工作成果意義重大。它允許團隊中的開發人員開始編寫需要 UI 功能的系統的其他部分。

當然，系統的許多部分在早期開發過程中都在不斷變化，UI toolkit 就是其中之一。喬構建的系統是多執行緒系統[3]。這種方法在 UI toolkit 中並不常見，因為它需要非常仔細的程式設計，才能正確處理任意傳入的請求，而不需考慮執行緒問題。

2006 年 3 月，在喬編寫初始的 View 系統三個月後，麥克・克萊隆加入了 Android。他看見了一個持續增長的函式庫，它依賴於喬的多執行緒 UI toolkit，其複雜性不斷累積。

麥克・克萊隆與 UI toolkit 的重寫

麥克・克萊隆在上大學之前，從未想過自己會進入資工領域。「在我選修經濟學概論之前，我以為自己會是一名經濟系的學生。」他在資工課的表現更

2　核心錯誤（kernel panic）是指作業系統完全當機。Linux 核心錯誤就等於 Windows 出現藍白當機畫面（the blue screen of death）。

3　多執行緒程式設計……超越本書討論範圍。簡單來說，一個多執行緒架構，比起單執行緒架構要複雜得多，因為 UI 碼無法控制應用程式的各個部分會在何時呼叫它（可能在不同的執行緒上平行呼叫）。

好：「我真的很享受大一課程，我們學習的不是程式設計，而是資料結構和演算法。我認為二元樹遍歷（binary tree traversal）是有史以來最酷的事情。我真是個徹頭徹尾的怪咖。」

「這是唯一可能讓我獲得學位的事情，因為當我大腦的其餘部分因疲憊而關機時，這是我唯一能做好的事情。我修了一堆政治學課程，幾乎都要變成主修了，但到了凌晨一點，距離完成 500 頁的閱讀作業還有 250 頁時，我睡著了。然而，當我持續寫了 16 小時的程式設計作業，我具有夜行性動物習性的大腦仍然讓我在 VT100[4] 上使用 Emacs 寫程式，所以我想：『我最好改成主修這個專業，我才能順利畢業。』」

他繼續攻讀資訊工程，後來獲得了碩士學位，並留在史丹佛大學擔任講師，為大學生設計了一些課程，幫助他們在資工領域的入門之路比他以前更輕鬆（當初麥克在學時是史丹佛大學提供資訊工程學位的第一年）。「我的任務是讓和我選擇同一條路的人們走得更輕鬆。他們（史丹佛大學）基本上是把所有相當於研究所程度的課程，減去一百，然後說『現在我們準備好大學生程度的課程了。』他們預設你已經接受過資工教育，現在你只需要知道一點更多關於編譯器或自動機的知識。」

麥克離開學術界後到了蘋果工作，然後在 1996 年轉職到 WebTV，與許多未來的 Android 工程師一起工作。WebTV 於 1997 年被微軟收購，麥克繼續在那裡工作了好幾年。

2006 年初，麥克在微軟的經理史蒂夫・霍羅偉茲離開，加入 Google 的 Android 團隊。「史蒂夫的離開，真的讓我覺得是時候走人了。我在微軟沒有那麼開心了，史蒂夫的離開也不會讓事情變得更好。」

史蒂夫說：「我記得在我真的去 Google 之前和麥克・克萊隆聊過一次。我說：『麥克，我必須讓你知道，我剛剛接受了一份工作邀約，我要去 Google 帶 Android 的工程團隊。』我的話還沒說完，他立刻回：『這是我的履歷！』麥克是我招募的第一個員工，並且在我之後不久就加入了。」

---

4 VT100 是一個與某個密室的大型電腦連線的影片終端機，可以顯示文字字元。這些終端機在人手一台 PC 或筆記型電腦之前很常見，而且更早於 macOS 和 Windows 普及後變得常見的那些電腦圖形介面。

麥克透過開發 UI toolkit 以及許多其他東西（包括啟動器[5]和系統 UI），展開了在 Android 的生活。他後來成為了被稱為「框架團隊」的經理，這個團隊由 UI toolkit、框架團隊[6]以及系統 UI 的各個部分（如鎖定螢幕、啟動器和通知系統）組成[7]。

麥克在 2006 年 3 月加入 Android 後的第一個專案是重寫喬・奧拿拉多編寫的 UI toolkit 程式碼。關於這個 UI toolkit 的架構，出現了越來越大的意見分歧。團隊中的一些人認為系統的多執行緒性質，導致了過度複雜的程式碼以及應用程式。

麥克認為 UI toolkit 有三種可能方法。「最好的結果是執行緒安全、易於使用的多執行緒模式。第二個是單執行緒的，至少問題發生時容易調查。最糟糕的是充滿 bug 的多執行緒，因為你無從解釋問題何在。我們正朝向最後一種方法而去。」

在談到為多執行緒系統編寫程式碼時，馬賽亞斯說：「當你編寫一個 View 時，你不能用傳統使用成員變數（member variables）[8]的方式編寫。這會導致很多的多執行緒 bug，因為應用程式開發人員不習慣這種方式。克里斯・迪薩佛（Chris DeSalvo）[9]尤其是這種多執行緒方式的激烈反對者。喬和克里斯一直爭論不休，克里斯說這方法沒用，根本是垃圾。邁克試圖居中權衡，看看能做些什麼。」

---

5 啟動器（Launcher）是團隊對「主應用」的稱呼，它包含了主畫面以及 all apps 畫面。當使用者點擊應用程式的圖示時，啟動器負責開始（啟動）應用程式。

6 是的，框架團隊中還有一個「框架團隊」。遞迴（recursion）這個概念在軟體界實在太重要了，連組織架構中也可見一斑。一切是從一個叫做框架團隊的小組織開始的，他們負責處理一切框架事宜。後來團隊規模越來越大，人們開始關注框架中的不同面向（例如系統 UI 和 UI toolkit），於是由好幾個小組構成了大的框架團隊，包括真正的「框架團隊」，他們負責處理 API 和 OS 中與 UI 無關的部分。

7 直到 2018 年為止，麥克一直負責管理整個框架團隊。當我在 UI toolkit 組工作時，好幾年來他一直是我的主管。

8 多執行緒程式設計的複雜性在於，任何執行緒都可以在任意時刻變更諸如成員變數等的值。如果某一個執行緒假定了某個特定值，而另一個執行緒卻變更了這個值，那麼可能會導致不一致且無法預期的後果。

9 克里斯是框架團隊的一名工程師。

史蒂夫‧霍羅偉茲也參與其中，身為工程團隊主管的他說：「最後變成由我決定我們要選擇哪一個，因為他們無法說服彼此。老實說，我認為哪一個方式都行得通，但我得做出一個決定。」

馬賽亞斯繼續說：「喬真的撒手不管了，他說：『隨便你們，它不再是我的東西了。』」

然後麥克將 UI toolkit 重寫為目前的單執行緒形式。「這是我用過最糟糕的 CL[10]，試圖讓這所有的東西以不同的方式工作。從那一刻起，麥克寫的程式構成了 Android 系統 UI toolkit 的基礎[11]。」

在這個過程中，麥克編寫或至少繼承且強化了 Android 的 UI toolkit 的其他基本部分，例如 View（每個 UI 類別的基本構建區塊）、ViewGroup（View 的父類別和容器）、ListView（一個可以被使用者滾動檢視的資料清單），以及各種 Layout 類別（定義其子類別的大小和定位方式的 ViewGroup）。

🔼 2007 年 8 月，麥克‧克萊隆分享 Android at Google 的第一個內部技術簡報。（照片由布萊恩‧史威特蘭提供）

---

10 CL=Changelist，請見附錄 A「技術行話」。

11 直到今日，麥克寫的程式仍是 UI toolkit 的構成基礎。當然，UI toolkit 的規模要大得多，因為在過去的許多年裡不斷壯大的開發團隊新增了無數功能和修復，但整體來說它仍然是喬在一夜之間編寫的基本 View 系統，再由麥克重寫為單執行緒的那個系統。

但 Android 的 UI toolkit 不僅僅是 View 和 Layout 類別。例如，UI toolkit 還負責處理文字。

艾瑞克・費斯切爾與 TextView

麥克・克萊隆說，當他來到 Android 時，「據我所知，艾瑞克・費斯切爾剛剛在某處石洞中發現了 TextView。那是一個完全體的 TextView。我從未見過任何人建立 TextView。它就這麼出現了。」

幾年前，艾瑞克曾在 Eazel 與麥克・費萊明共事，這是一家由早期 Macintosh（麥金塔電腦）團隊的一些成員創立的新創公司。2001 年當 Eazel 分崩離析時，艾瑞克和麥克紛紛前往 Danger 就職。

與僅支援較大產品的一部分的團隊所提供的機會相比，像 Danger 這樣的小公司的吸引力之一是，工程師能夠從事許多不同的專案。在 Danger 期間，艾瑞克的任務涵蓋了從文字和國際化（internationalization），到構建系統再到效能最佳化的所有工作。多年後，在 Danger 的工作經驗也讓 Eric 對 Android 更敏捷迅速的開發過程表示讚賞。「Android 透過讓 Google（而不是電信業者）對軟體中的內容負最終責任，創造了更快速、更靈活的開發流程。」

艾瑞克於 2005 年 11 月加入 Google 的 Android 團隊。「我的第一段 Android 程式碼是 C++ 文字儲存類別。在我上工的最初幾週，我們認為我們會將使用者介面元素編寫為帶有 JavaScript 綁定的 C++ 類別。」幾週後，安迪決定讓 Android 使用 Java 語言。

「一旦我們決定改用 Java，獲得一個可用的系統的第一步就是編寫出 Java 標準庫核心類別的新實作，我做了其中一些。我相信，除了時區處理之外的所有程式，都被第一次公開發布之前的 Apache Commons 實作取代了。」

「我接觸了軟體的其他一些部分，但我的大部分工作主要關於文字顯示和編輯系統。最早的開發硬體是只有一個 12 鍵的傳統手機鍵盤的 candybar [12] 手

---

12 candybar 手機造型是由一個上方的螢幕和下方鍵盤組成，這個長方形很像是一個片狀巧克力（也許啦！如果你在超級想吃甜點的時候認真盯著它看）。

機，這就是為什麼會有一個 `MultiTapKeyListener` 類別來處理那種極其緩慢的文字輸入方式。幸運的是，我們很快就轉向了使用小型 QWERTY 鍵盤的 Sooner 開發硬體。」

⌃ 左邊是早期的 candybar 手機，暱稱是 Tornado，團隊一直使用它，直到後來 Sooner 手機出現。右邊的是 HTC Excalibur，這是 Sooner 手機的原型，歷經幾次設計修改（並用 Android 取代 Windows Mobile OS）。（照片由艾瑞克・費斯切爾提供）

「我確保從一開始就處理雙向文字配置，這對於希伯來語來說已經足夠了，但對於阿拉伯語來說就不夠了[13]。」

軟體工程師很容易對他們所寫的程式產生情感上的依戀，埃里克也不例外，他將這份情意表現在車牌上。「我有一個寫著 EBCDIC 的加州自選車牌，EBCDIC 是 IBM 為了與 ASCII 競爭，於 1960 年代推出的字元編碼。44 號大樓裡有人的車牌號碼是 UNICODE[14]。」

---

13 阿拉伯語要求雙向文字支援，這項功能在許多年後終於實現了，發布於 2011 年 Ice Cream Sandwich 版本（Android 4.0），這是法布里斯・迪梅利奧（Fabrice Dimeglio）和 Google 的國際化組共同努力的成果。

14 ASCII 和 EBCDIC 是電腦字元編碼方式的兩種標準。EBCDIC 提供更多的字元組（256 vs. 128），但對於工程師來說這種字元編碼方式更複雜且不直覺。UNICODE 是字元編碼的國際標準，它納入了 ASCII（以及更多）。

⌃ UNICODE 和 EBIDIC 在 Google 停車場就編碼標準一事互相較勁（艾瑞克·費斯切爾的車是 EBIDIC 那台）。（照片由艾瑞克·費斯切爾提供）

文字渲染（為螢幕上顯示的文字繪製實際像素）由 Skia 層處理，我們在第 11 章「圖形」討論過。Skia 使用名為 FreeType[15] 的開源庫將字體字元渲染為點陣圖（bitmap）。

效能是 Android 早期普遍存在的問題之一。當時硬體能力的受限，促成了許多關於軟體設計和實施的決策。這些決策滲透到人們的工作中，例如平台和應用程式應該採用何種程式碼編寫方式。正如艾瑞克所說：「我所有的通用性嘗試之所以遭到破壞，都是因為緊迫的效能問題，當時我們要求程式執行速度必須足夠快，才能運作在非常緩慢的早期硬體上。在配置和繪製沒有樣式標記且沒有像省略號或密碼隱藏等字元轉換的純 ASCII 字串時，我必須絞盡腦汁，放入各種特殊的快速路徑，極力避免記憶體分配和浮點數計算。」

艾瑞克觀察到團隊中存在一種越演越烈的緊張局勢，關於他們該如何構建東西的這件事上存在著意見分歧。「有時它讓人感覺不應該成功。這是經典的『第二系統效應』，我們當中的很多人以前做過類似的事情，並認為我們可以再做一次，而這一次絕不會犯下同樣的錯誤。我們這些來自 Danger 的

---

15 很巧的是，FreeType 是由大衛·唐納（David Turner）建立的，他在 2006 年末加入 Android，負責與其完全無關的另一項技術：Androud 仿真器。

人想要製作另一個基於 Java 類別繼承的 UI toolkit，這一次，我們在底層有一個真正的作業系統，因為在網路的另一端有一個穩健的服務架構。來自 PalmSource 的人們想要再次建立他們的活動生命週期模型和程序間通訊模型，相信這一次會做得更好。而來自 Skia 的人們想再做一次 QuickDrawGX，這次一定無懈可擊。但到頭來，我們都錯了，而且錯在彼此嚴重衝突的想法上。最後，我們花了好幾年來理清我們所有早期錯誤決策的後果以及它們之間千絲萬縷的相互作用。」

羅曼·蓋伊與 UI toolkit 效能

後來，在 2007 年，來自法國的實習生羅曼·蓋伊為新萌芽的 UI toolkit 提供了更多幫助。

羅曼在高中時成為一名科技記者，撰寫有關各種程式設計語言、作業系統和程式碼編寫技術的文章。這份兼職工作讓他對於當時許多流行平台和語言方面累積了豐富的知識經驗。他認識了 Linux、Amiga OS 和 BeOS 等作業系統，並成為 Java 專家。

羅曼去了法國的一所大學，主修資訊工程。但那所學校更傾向於領導力和專案管理技能，而不是純粹的程式設計，而羅曼更喜歡軟體開發的程式設計部分。於是他來到了矽谷[16]。

羅曼獲得了昇陽電腦[17]的實習機會，在那裡他花了一年時間研究 Swing，這是 Java 平台的 UI toolkit。

---

16 程式設計能力與管理能力之間的角力在今日依舊延續著。我和朋友與許多開發者聊過天，發現在很多國家裡，比起成為管理工程師的經理或主管，單單成為一位軟體工程師並不會受到足夠的尊重，薪酬部分也不夠令人滿意。然而，一個好的工程師，並不見得就能成為一位好主管（或對此感到興趣）。因此，儘管這些工程師對於程式設計更有熱情，也更想繼續幹這份工作，為了賺取更多薪水和獲得社會尊重，後來不是選擇自行創立顧問公司（向企業收取比他們支付給全職工程師還多的顧問費用），就是選擇移居其他地方（例如矽谷），前往工程師薪水更多、更受人敬重的地方。

17 昇陽電腦是我第一次見到羅曼的地方，我們在 2005 年認識。我和他在同一組，負責處理圖像。我們開始共同創作一本關於 Java UI 技術的書，在他回到法國完成學業時完成了寫作。這本書的書名是《Filthy Rich Clients…》，那又是另一個故事了。

次年，2007 年 4 月，羅曼回到美國 Google 實習。他加入了 Google Books 組，被指派開發與 Gmail 相關的桌面應用程式。但這個任務讓他興致缺缺，在這個專案上他僅僅撐了一週。他認識了 Google 的一些人，比如鮑伯・李（大約在同一時間轉到 Android 的核心庫組）、狄克・沃爾（Dick Wal，負責 Android 開發人員關係）和賽德瑞克・貝伍斯特（負責編寫 Android Gmail 應用程式）。他們說服羅曼加入 Android 團隊，並說服管理階層相信 Android 團隊需要他。賽德瑞克讓史蒂夫・霍羅偉茲居中牽線，將羅曼推薦給安迪，後來他們成功了 [18]。羅曼轉到 UI toolkit 組，成為麥克・克萊隆的助力。

夏末，羅曼飛回法國繼續他的學業，然後又回到 Google[19] 開始了一份全職工作。他收到了昇陽電腦和 Google 的工作邀約，最後決定加入 Google。「昇陽電腦給我的報酬比 Google 的要好得多。我加入 Android 團隊是因為我喜歡它的願景，讓我們為之努力付出。加入 Google 的誘因有很多，但最主要的是這個念頭：一個優秀的開源作業系統。那時，尚未出現像是這樣可以大規模為消費者所用的東西。」

「Linux 已經有了一些雛形。但對我來說，Android 是一個更好的機會，因為它專注於特定產品。這不止是一個技術規範，也不止是一個作業系統的構想，它同時也在構建產品。這顯然是一個挑戰，而且很可能不會成功，但我們可以努力嘗試。而實現這一切的最佳方式就是去出一份力。」

「這實際上是讓這項工作在早期如此有趣的部分原因。直到 Gingerbread[20] 或甚至是 ICS[21] 之前，我們都還不清楚它是否足夠成功、是否能夠生存。每個版本與其說是『要嘛做，要嘛死』，倒不如說是『要嘛做，要嘛小心那些可能發生的事情。』」

---

18 狄克・沃爾和史蒂夫討論過同一件事。也許羅曼並不是因為他們的瘋狂推薦才成功轉組，也有可能是因為史蒂夫不想再聽到同一件事。

19 與此同時，我還在昇陽電腦工作，告訴羅曼他應該再次加入這裡的 Java client 組。但他還是決定去 Google 的 Android 組。從後見之明來看，他做了相當正確的職涯選擇（我在幾個月後也做了一樣的決定，在 2008 年離開昇陽電腦，後來在 2010 年加入 Android）。

20 Android 2.3，於 2010 年末發布。

21 ICS=Ice Cream Sandwich，Android 4.0，於 2011 年末發布。

2007 年 10 月，當羅曼成為全職工程師時，最初的 SDK 即將發布。為了邁向 1.0 版本，平台上還有很多工作要做。他所做的第一件事就是搞定觸控輸入（touch input），這已成為第一個版本必須滿足的基本條件。

他還花了大量時間和精力讓 toolkit 的程式碼跑得更快。「麥克要求我提升無效化（invalidating）[22] 和重新配置（re-layout）[23] 的效能。在那之前，invalidate()[24] 真的很笨，它只會跑到上一層，然後將所有內容標記為無效。如果你再試一次，它只會重複這個動作。真的有夠慢。所以我花了很多時間新增這所有的旗標（flag）[25]。這帶來了巨大的變化。」

但要完成這項工作，他需要一個不存在的工具。

Android 團隊有一個偉大的傳統，即擁有許多小型、單一用途的開發人員工具，每個工具的工作方式都與其他工具略有不同，而且沒有一個可以協同工作。隨著時間推移，這種情況發生了變化，大多數應用程式現在都被整合到了 Android Studio IDE 中，好讓開發人員擁有一致的工具。但在早期，這些工具是由需要它們的開發人員一個一個單獨編寫。

為了視圖無效化的效能提升工作，羅曼需要一個新工具。「我寫了一個 hierarchyviewer，因為真的很難知道哪些東西是無效的。所以我寫了這個檢視器，它會向我顯示視圖樹，並在它們被標記為無效、何時繪製以及有 requestLayout()[26] 時閃爍不同顏色。當我進行最佳化處理時，我可以看到發生了什麼。它會少眨一次眼睛！」

ListView 是羅曼負責的另一個 UI 效能專案。

---

22 「無效化」發生在當 UI 物件發生改變（例如按鈕上的文字變了），需要被重新繪製的時候。

23 「重新配置」發生在當 UI 元素被新增、移除、調整大小或位置時，造成其他容器和元素也跟著需要重新調整大小和位置。

24 invalidate() 是觸發無效化的呼叫方法。

25 UI 繪製程式通常很脆弱，因為程式中存在許多旗標（flags），這些旗標儲存了許多關於每個 UI 元素繪製狀態的資訊。這種複雜的邏輯讓 Android 的處理速度足夠快，得以顯示於早期裝置中。但是這造成了脆弱而難以維護的程式碼。很多時候，當某個人修復一個 bug 或實作出新功能時，經常被這些旗標牽制，無意中破壞了一些無效化邏輯。

26 requestLayout 是觸發重新配置動作的呼叫方法。

ListView 是包含一串項目清單的一個容器。這個元素的蹊蹺之處在於，它在本質上對效能非常敏感。它的唯一目的就是包含大量資料（圖像和文字）並能夠快速滾動瀏覽這些項目。關鍵在於「快速」。當項目出現在螢幕上時，UI toolkit 必須建立、調整大小和放置這所有的新項目，然後一旦（使用者滾動瀏覽畫面）它們離開螢幕的另一邊緣，這些項目就會消失。想要辦到這一點，需要付出很多努力，而 UI toolkit 無法在早期的硬體上做到這件事，所以使用者體驗……非常不盡理想。

當羅曼從麥克·克萊隆手上接過這個小工具程式時，它能夠包含、渲染和滾動項目。但它的效能非常差強人意，因此羅曼投入了大量精力對其進行最佳化。出於效能考量，當時 Android 開發的通則就是避免建立物件和 UI 元素，而 ListView 是一個很容易瞭解為什麼會出現這種模式的地方。

啟動器與應用程式

和團隊中的其他人一樣，羅曼在早期（及以後）加入了許多其他 Android 專案。除了他的核心 UI toolkit 工作外，他還從麥克（他開始領導框架團隊並承擔開發之外的其他職責）手中接過了啟動器應用程式，並在負責開發 Email[27] 應用程式的外包員工離職後也接手了該應用程式。幸好，羅曼在擔任科技記者時就有過相關經驗。「我寫過關於如何實現 IMAP 協定的文章，所以並沒有完全一頭霧水。但這凌駕於我們所做的一切之上……負擔確實有點大。」

他還協助開發了其他應用程式。由於這是一個全新的平台，因此團隊開發了許多功能來回應應用程式的需求。應用程式需要平台的新功能，因此他們與平台團隊合作實作這些功能。

當時應用程式團隊正在進行的一項工作是效能提升。「滿足他們的需求很重要，同時也讓他們瞭解事物的成本。這就是 hierarchyviewer 出現的原因，因為應用程式建立了太多的視圖。視圖層次結構對我們的裝置來說太昂貴

---

27 Email 在當時（以及後來的許多年）和 Gmail 是分開的。Gmail 是透過 Gmail 帳戶存取信件的應用程式……嗯，它的功能就是這樣。Email 則是用來在後端連結其他電子郵件服務，例如 Microsoft Exchange。

了。這是向他們證明的一種方式：「你可以看到你建立的這棵怪物樹，這對我們來說非常昂貴。」儘管我們盡了所有最佳化，但還是非常昂貴。所以這是一種幫助他們弄清楚如何將程式最佳化的方法。這也是我想出 merge 標籤、include 標籤和 viewstub[28] 的原因，幫助應用程式團隊實現所需的功能，同時也提升了部分效能。」

顯示密度

在 1.0 版本發布後，要使平台達成團隊最初設想的狀態，還有很多工作等著人們去做。在早期就啟動但在 1.0 版本中尚未完全實現的專案之一是支援不同的像素密度，這在第 13 章「框架」的資源一節中有所描述。在 1.0 之後，羅曼接手了黛安早先開始的工作，並及時完成了 Éclair[29] 版本，於 2009 年秋天發布。

像素密度直接影響螢幕上所呈現的圖像品質；更高密度的螢幕可以在同一空間內呈現更多內容，產生更清晰、更優質的圖像。在過去幾年中，高密度的螢幕帶來了高品質的手機和筆記型電腦螢幕。高像素密度的相機感測器也帶來了更高畫質的照片，因為這些感測器產生了以百萬畫素計的超高解析度圖像[30]。

最初的 G1 手機以及直到 Droid 之前的所有其他 Android 裝置的密度為每英吋 160 像素（PPI），這意味著在每英吋螢幕空間中都有 160 個不同的顏色值（垂直與水平方向）。Droid 手機的每英吋像素為 265 PPI。這種更高的密度代表可以顯示更多的內容，進而產生更平滑的曲線和文字，或者是擁有更多細節的圖像。但是開發人員需要一種方法來定義他們的 UI，才能善用更高的像素密度。

---

28 merge、include 和 viewstub 都是 UI 元素，在階層結構的作用如同一個佔位符（placeholder），幫助減少視圖的數量，進而減輕整個 UI toolkit 的開銷。

29 Éclair 是 Droid 手機推出時的版本。Droid 手機比起前幾代裝置擁有更高的像素密度，因此像素密度相關工作能夠在這次發布之前完成是很有意義的一道里程碑。

30 羅曼是處理像素密度的不二人選；他的興趣是風景攝影（你可以在 *http://www.flickr.com/romainguy* 或是在 Chrome 螢幕保護程式中欣賞他的作品）。他在使 Android 能夠利用這些改進的同時，他本人也受益於硬體像素密度的進步。

黛安和羅曼所實現的系統，允許開發人員使用虛擬的單位 dp（density-independent pixel）來定義他們的 UI，而無須考慮裝置上像素的實際大小。然後，系統會根據執行應用程式的裝置的實際密度適當縮放這些 UI。

這種像素密度的處理機制，以及相關功能（用於根據密度提供不同資源系統中的內容）與整個 UI 配置系統（處理獨立於螢幕尺寸的 UI 配置），對於日益成熟的 Android 至關重要。隨著手機廠商開始引入截然不同的裝置規格尺寸，Android 從僅在一種裝置（相同尺寸和密度的 G1 及之後的手機）上運行的平台，轉變為充滿各種螢幕尺寸和密度的世界。

toolkit 效能

許多部分組成了團隊口中的「UI toolkit」，它基本上構成了整個框架的視覺部分。當時團隊（喬、麥克、艾瑞克、羅曼和其他人）的貢獻是，完成了 toolkit API 和核心功能，然後致力於效能、效能和效能[31]。Android 的 UI 基本上就是使用者所看到的一切，所以這個平台前線的效能至關重要，因為一旦出現問題，看起來只會非常明顯。所以團隊一直致力於最佳化⋯⋯在某種程度上，至今依舊如此。

---

31 效能提升是所有人的職責，不過在 2006 年末，傑森・帕克斯建立了 Turtle Team，這個團隊負責持續檢視和處理應用程式效能。

15
系統 UI 與啟動器

Android 的系統 UI，是使用者在應用程式之外的螢幕上與之互動的所有視覺元素的集合，包括導覽列、通知面板、狀態列、鎖定螢幕和啟動器等等。

在早期，這些都是框架團隊的工作成果，而這個團隊只有少數幾個人。狀態列、鎖定螢幕和啟動器等功能是由同時編寫核心框架和 UI toolkit 程式的人編寫的[1]。這是一種很有效率的工作方式，同時處理不同部分，因為編寫這些系統 UI 部分的人也在編寫所需的平台功能，因此他們可以從同一問題的兩個方向實現他們需要的一切。另一方面，這表示他們全都忙得不可開交。

啟動器

在 2008 年的 1.0 版本中，啟動器（負責查看和啟動應用程式的主螢幕應用程式）還只是 UI toolkit 的另一個實作細節。UI toolkit 組的原始開發人員麥克·克萊隆曾經負責開發啟動器，後來他將手上工作交棒給羅曼·蓋伊。羅曼除了 UI toolkit 的其餘工作之外，他還繼續負責並改進啟動器，迭代了幾個版本[2]。

羅曼為啟動器（以及系統的其餘部分）進行的專案之一是效能改進。羅曼記得史蒂夫·霍羅偉茲交代他的限制條件是：「啟動器需要在半秒內冷啟動

---

1   事實上，當時對於這一集合還沒有正式的名稱。丹·桑德爾說當他在 2009 年中加入團隊時，這些都只是各自獨立的東西。後來他和喬·奧拿拉多將這一集合取名為 System UI。

2   最後，在 2010 年中，啟動器有了一個專門的團隊維護，就在 Google 收購了 BumpTop 公司，並分派大部分工程師來負責啟動器之後。

（cold-start）³。啟動器必須查看每個 apk⁴ 並載入圖示和字串，因此在 UI 執行緒上有很多多執行緒程式碼以及批次處理和延遲更新。」

羅曼還不斷為啟動器新增功能，例如用來組織應用程式圖示的文件夾、應用程式小工具和快捷方式（主螢幕上的圖示），以及桌布背景和主螢幕頁面之間的視差效果（parallax effect）。

後來，為了推出 Nexus One，安迪‧魯賓想要一些能在視覺上吸引人的東西。喬‧奧拿拉多解釋：「對於 Eclair，魯賓想要一些華麗的東西。」安迪對技術細節很放水。喬記得他說：「給我一些酷炫的東西就行。」在有限的兩個月內，他們使用新裝置的 3D 功能編寫了一個新的啟動器。「GL 剛剛開始上軌道，所以我們做了那個 3D 啟動器。」

3D 啟動器是所有應用程式螢幕中的特殊效果，延續了多個版本。使用者看到的是一個普通的 2D 應用程式網格，但是當他們上下滾動清單時，頂部和底部邊緣就像《星際大戰》開場的文字效果一樣消失。它的存在雖然隱約卻很強大，暗示了系統背後的 3D 功能（以及系統上潛在的大量應用程式），但不會過於花俏或難以導覽。

3　「冷啟動」（cold-start）指在重新啟動後，應用程式被首次開啟。這對於應用程式來說是最糟的狀況，因為它必須重新載入一切才能啟動。另一方面，在「熱啟動」（warm start）時，應用程式仍在後台執行，大部分應用程式仍在記憶體中，因此啟動速度會快得多。

4　Apk=Android Package，這是 Android 應用程式的一種檔案格式。Apk 包含應用程式開啟和執行所需要的一切，包括程式碼、圖像、文字和任何東西。開發人員將原始碼建構在一個 apk 檔案中，然後將其上傳至 Play Store，再讓使用者下載到各自的裝置中。

◀ Nexus One 的應用程式畫面（all apps screen）擁有一個顯示從應用程式清單頂部滾動至底部的 3D 視覺效果。

通知

幾年前，在智慧型手機時代來臨之前，我經常錯過各種會議或遲到。我在我的電腦上安裝了一個日曆應用程式，但它與其能通知我準時參加，反而更能告訴我什麼時候錯過了各種行程。我記得我曾許願，希望有一種方法可以即時通知這些事件或行程，這樣我就不會錯過它們了[5]。

充斥我們生活的數位資料以及這些資料的及時更新，這兩者之間的連結終究是透過智慧型手機上的通知來實現的。當然，這些更新不僅僅是日曆事件，還包括電子郵件、簡訊以及來自我們手機上各種應用程式和服務的各種大量更新。

打從一開始，Android 獨特而強大的功能之一就是它的通知系統，提醒使用者注意來自他們所安裝的應用程式的通知訊息，即便他們在當下沒有使用這些應用程式。

5　或者至少我可以主動選擇要錯過哪些行程。

在智慧型手機出現之前，通知更簡單（但不太實用）。早期的個人資料裝置，例如 Palm Pilot PDA，在日曆和鬧鈴應用程式中具有提醒功能。使用者可以對這些應用程式進行配置，播放聲音、顯示對話或點亮 LED。這一類提醒通知僅限於使用者輸入的內容。裝置上的所有資料都是由使用者自行建立和同步的；沒有任何資訊是從網路傳送到裝置上的。

但是一旦裝置連上到網路，包括電子郵件、簡訊甚至新日曆事件在內的新資訊可能會異步登陸裝置，而使用者必須知道這些新訊息。因此，對通知的需求和解決方案隨之誕生。2009 年加入 Android 並領導系統 UI 團隊的丹·桑德爾說：「在使用者提醒方面的最新技術水準上，Danger Hiptop/Sidekick 裝置投出了試探性的一球，其滾輪下方的彩虹通知燈可以用在簡訊和新電子郵件上。Android 接住了這顆球，然後跑得非常非常遠。」

應用程式和作業系統之間一直存在緊張關係。每個應用程式都假設它是使用者生活中最重要的事情，因此，使用者顯然希望隨時瞭解這個應用程式中可能發生的一切。與此同時，使用者可能會因為才剛下載安裝的遊戲傳來新關卡開啟的通知而感到驚訝和惱火。多年來，系統 UI 團隊的部分工作是為應用程式提供要遵守的限制，以及為使用者提供能夠使過於健談的應用程式靜音的工具。事實上，正如丹解釋的那樣，作業系統本身的部分工作是「為應用程式提供限制。通常這是關於裝置上的共享資源，比如文件、CPU 時間和網路。Android 透過通知功能，將使用者的注意力納入作業系統調節的一系列事情上。」

黛安·海克柏恩實作了第一個通知系統；圖示會出現在螢幕頂部的狀態列中，提醒使用者這些其他應用程式中有可用的內容。然後黛安和喬·奧拿拉多開發了通知導覽匣（Notification Panel），使用者可以從螢幕頂部向下滑動來開啟，顯示通知的更多內容。使用者可以點擊通知導覽匣中的某個項目，啟動相應的應用程式，於是使用者可以查看新電子郵件、讀取新的簡訊等等。

喬解釋：「（黛安）做了第一個下拉式選單。但我花了很多時間讓它真的發揮功用。⁶」

艾德・海爾說：「我記得喬在那個週末一直工作、一直工作、一直工作，最後終於搞定通知導覽匣了。他在辦公室裡走來走去展示給每個人看：『看！從這邊拉下來，你就能看到新通知，然後它就會自動消失。』」

◀ 這是 Android 早期版本中的通知功能。從螢幕頂部向下滑動「通知」字樣，就能向使用者顯示目前來自所有應用程式的提醒通知。

從第一天開始，訊息通知就被公認是使 Android 不同於其他智慧型手機的功能。在「Android: A 10-Year Visual History」⁷中，《The Verge》科技雜誌如此評論：「Android 打從一開始就完美搞定通知系統，這件事毋庸置疑。iOS 還得再花三年時間才正式推出一款通知分類設計，對來自眾多應用程式的訊息和提醒進行有效的分類。Andorid 通知系統的祕密在於 G1 裝置獨一無二的狀態列，可以向下滑動，在同一個清單中顯示每個通知：簡訊、語音留言、

6　喬必須自己推敲出的一件事，是如何讓通知導覽匣順暢滑進滑出，這在當時受限的硬體上是一件很困難的事。訣竅是在系統中為不同項目預先分派好三個視窗：背景、項目和狀態欄。即使通知導覽匣沒有顯示在眼前，它依然會在必要的時候取用這些資源，畢竟使用者不會對它的出現感到失望。

7　*https://www.theverge.com/2011/12/7/2585779/android-10th-anniversary-google-history-pie-oreo-nougat-cupcake*

鬧鈴提醒等等。目前最新版本的 Android 版本（以更精緻的形式）傳承了最初的設計概念。」

動態桌布

Android 1.0 版本隨附了一項名為「桌布」（Wallpapers）的功能，允許使用者在啟動器中選擇一張圖片作為主螢幕的背景。桌布是在智慧型手機的大螢幕中展現個人風格品味的好方法。

但安迪希望 Nexus One 手機再來點新花樣，這款手機在 2010 年 1 月和 Eclair 2.1 版本一同發布。他要求團隊開發「動態桌布」（Live Wallpapers）的功能。智慧型手機不僅提供了大螢幕，在這個螢幕背後還有著功能強大的運算系統，為使用者打造一個移動式、充滿娛樂性的豐富圖形體驗，這豈不是個很棒的點子？

所以安迪要求框架團隊實現這個構想。黛安・海克柏恩和喬・奧拿拉多負責底層系統，羅曼和其他人負責實際的桌布，為 Andorid 的第一組桌布提供設計、整體外觀和實際功能。

他們有五個星期的時間來實現這個功能。

安迪最初要求在 Processing 這個圖形渲染系統中實作桌布。以功能層面來說，這是一個很棒的想法，但當羅曼將它用在 Android 系統時，他發現這對於手機來說處理速度還不夠快。由於動畫速率僅為每秒一幀，動態桌布與其說是「動了起來」，倒不如說是「死得徹底」。因此，羅曼找到了另一種方法讓它們重新動起來。

傑森・山姆斯（團隊中的一名圖形工程師，曾在 Be 和 PalmSource 與馬賽亞斯、黛安、喬等人一起工作）當時一直在開發一個名為 RenderScript 的底層圖形系統，它允許應用程式利用 CPU 和 GPU 加速圖形處理的速度。羅曼使用 RenderScript 為桌布實現流暢的動畫效果，為那一次版本發布編寫了以下四張桌布：

- Grass（草葉），這張桌布顯示了在天空背景下草葉輕輕搖曳，而天空顏色根據手機所在的時間而變化。

- Leaves（落葉），葉子落到水面上泛起漣漪。這張桌布是團隊的共同創作，麥克・克萊隆將（最初由馬賽亞斯・阿格皮恩……或者是傑森・山姆斯編寫的）漣漪效果加入桌布中，並加入了他從自家院子裡拍攝[8]的日本楓葉。

- Galaxy（銀河），這張桌布呈現了以 3D[9] 效果呈現宇宙的模樣，巨大的星系圍繞中心旋轉。

- Polar Clock（極地時鐘），以更生動的視覺效果顯示時間。

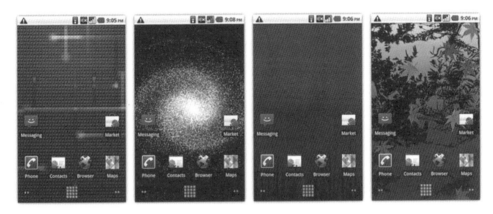

● 隨著 Nexus One 手機一起發布的四款動態桌布：Particles、Galaxy、Grass 和 Leaves（照片來自 Android Developers Blog，2010 年 2 月 5 日）

除了這些桌布之外，麥克・克萊隆還寫了一張名為 Particles（粒子）的桌布，馬可・尼利森（負責 Android 平台的音訊）寫了三張桌布，其中兩張桌布能使聲音視覺化。

---

8 傑出的攝影師麥克說：「我需要一些馬上可用的照片，沒時間等待繁複的圖片授權流程。」我相信很多人拾起攝影的愛好（或者說被推了一把），都是因為他們需要為應用程式或簡報加入簡單的圖像，而取得授權的過程與開銷，對於這種偶爾的圖片需求來說，太不符合成本效益了。

9 我把「3D 效果」加上引號，是因為這個銀河看起來是 3D 立體圖像，但實際上它只是一個 2D 平面圖片。正如羅曼所說：「怎麼選一張你心儀的圖片：如果它看起來很棒，那它就是很棒。」

在這五週時間結束時，團隊擁有了一個功能齊全的動態桌布系統，包括一個 API，提供外部開發人員可以用來編寫自己的桌布。比較可惜的是，羅曼在這五週內只能發明、設計、製作原型，最終實現了四張桌布，還不到安迪要求的十張桌布。

Android 的「面孔」

Android 的系統 UI 提供了圖形功能，允許使用者控制與設定各自裝置。從登錄到即時通知，到在 UI 中導覽，再到啟動應用程式，系統 UI 是使用者在其裝置上與之互動的第一個類似應用程式的東西。它允許使用者獲得他們需要的功能和資訊，這就是他們手中智慧型手機的存在意義。

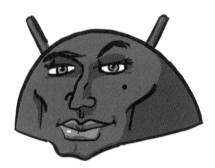

◆ 丹‧桑德爾傳了這張塗鴉給我，說：「在我把系統 UI 多次形容成『Android 的面孔』之後，我設計了這張非官方認證的 logo……嚇到了團隊裡的許多人。」

16
設計

設計就是一切。設計關乎人們如何看待一項產品，在使用時帶給他們何種感受。設計的好壞，攸關產品的成敗。

—— 伊琳娜‧布洛克

伊琳娜‧布洛克與 Android 公仔

Android 最廣為人知的是一個綠色吉祥物，由伊琳娜‧布洛克設計的 Android 機器人：

目前這個 Logo 在全球範圍內代表了 Android，但在最一開始，它只是為開發人員提供的東西。伊琳娜說：「當初的目標是在開發者社群中引起人們的興趣，創造一個非常像 Linux 企鵝的東西。」

這個設計專案並沒有受到太多限制。Android 團隊來到伊琳娜的品牌設計（internal branding）組，提出了一個設計請求。他們說產品名稱是 Android，他們想要一個引人入勝的發布故事。他們建議讓這個設計看起來像人，並想要一些能夠吸引開發人員的東西。

在送出最終設計之前，伊琳娜花了大約一週的時間構思各種設計。

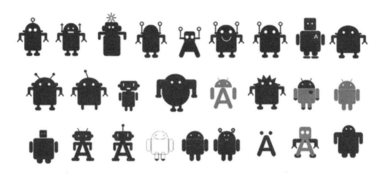

● 伊琳娜在確定最終設計圖樣前製作的各種草稿。（最終版本是第二排最右邊的綠色機器人，照片由伊琳娜・布洛克提供）

請注意，在草圖中看到的黑色圖樣其實不是「黑色」的，它們尚未指定任何顏色；黑色只是她在迭代早期繪製形狀和描繪想法時使用的中性色。你可以看到 Android 的首字母 A 被融入了許多圖樣構想中（儘管不包括最後一個圖樣）。你還可以看到最終 Logo 的黑色版本，它位於第三排正中央，這個版本很接近最終設計（最終版多加了兩條天線），但伊琳娜記得這一版是她最初的設計構想之一。

最終設計中的重要元素之一是 Logo 本身的形狀。「這個 Logo 的靈感來自於一個國際通用符號，它是一個非常簡單的人類符號。我試圖為 Android 設計出一個相同的符號。」伊琳娜曾在其他品牌設計專案中使用過象形圖，這類像形圖的設計語言很強大，正是源於「象形圖和標誌讓人們不使用語言就能溝通交流。它們非常簡單，可以跨越所有文化。」

伊琳娜也力求簡潔：「既然 Logo 的本意是一種藍圖，那它的自身形狀就不能太複雜。」

藍圖（blueprint）指的是最終設計的另一個面向：它會被上傳到開源庫，鼓勵開發人員根據主題建立各種不同的變化版本：「它可以被裝飾成不同的模樣。這正是這個 Logo 系統的初衷與意義。」

關於這個吉祥物的發布方式，有幾個關鍵元素使伊琳娜的藍圖系統發揮作用。其中之一是在創用 CC 授權條款的規範下，這個綠色機器人（bugdroid）[1]可以被重複使用。Android 品牌指南網站上寫道：「只要加上符合創用 CC 授權條款的姓名標示，使用者就可以複製和／或修改 Android 綠色機器人……。」

這個授權條款賦予任何人使用和修改機器人的權利。但如果它僅止於一個小小的 JPEG 圖片，那麼也不會衍生出後來那麼多樣有趣的變化。這是吉祥物策略的第二階段：這個 Logo 標誌以多種檔案格式發布，方便使用者對其重新設計。首先，有一個具有高解析度、透明背景的 PNG 版本。但是，如果你真的對這個圖像進行修改，你需要使用 EPS、SVG 和 AI 等其他向量圖（vector）格式，讓人直接處理或調整機器人的幾何圖形。

讓這個機器人可以被任何人自由取用，這是一件具有革命意味的事情。伊琳娜提到了更傳統的品牌推廣方法：「身分定位源自一套品牌規範，這好比一本寫滿各種限制的厚書：『在 Logo 周圍保留明確的空間。只能使用這些色彩……等等』產品 Logo 是非常神聖、不容侵犯的。而這（Android 機器人）完全顛覆了傳統觀念。」讓 Andorid 機器人標誌供所有人自由使用，這個想法並非來自 Android 團隊本身，而是伊琳娜的品牌團隊對於 Android 開源精神的回應：「這是我們解決問題的創意方式。身為一名設計師，你的任務就是傳達產品的涵義。這在當時是一個革命性的創意。這不是一種約束或限制，這是我們的解決方案，我認為這是這個 Logo 最棒的地方。」

當這個機器人被釋放到外界，它的發展逐漸脫離 Google 和 Android。「這個 Logo 是以系統的形式發布，並開始擁有自己的生命。它開始變得立體。你可以看到這個機器人的雕塑。這幾乎就像生了一個孩子，然後看著孩子長大。它成功邁出第一步，然後開始說話。一旦它繼續前進，我就從遠處看著它成長。」

當外部社群認識、掌握了這個機器人後，它就在最初的目標受眾（開發人員）之外獲得了另一種生命：「起初，這只是一個面向開發者的版本。它

1　Android 機器人擁有許多稱呼。比方說，當初那個創作檔案被叫做機器人（robot）。Bugdroid是 Android 團隊用來稱呼這個吉祥物的唯一名稱，這是菲登想出來的名字。

從來都不是一個以消費者為客群的 Logo。這是一個以開發人員為焦點的專案。但它變得很受歡迎，以至於它的影響越來越大，最後進入消費大眾的眼簾。」

任何產品的品牌推廣成效其實很難衡量。「有時你無法真正衡量品牌的影響力。品牌賦予產品個性，而個性會使人產生興趣。因為我們都是人類，而它承載著情感，它有助於講述故事，並與品牌精神聯繫起來。這也促使了開發人員開發更多的東西，進而激起消費者的興趣與好奇。」

「設計就是一切。設計關乎人們如何看待一項產品，在使用時帶給他們何種感受。設計的好壞，攸關產品的成敗。」

「當時，你根本不會考慮那些事情——你只是想把事情做好。所以這非常直覺。你不用為 Logo 進行使用者研究，你要做的就是把它搞定。」

給了綠燈

那麼機器人的標誌性綠色又是怎麼決定的呢？後來機器人擁有五顏六色的各種變化版本，但綠色是最初的色彩及主體色。伊琳娜說：「綠色是程式碼的顏色。」

就像是 VT100 這種黑色終端機螢幕上的綠色文字，綠色讓人回想起以前寫程式的日子（以及電影《駭客帝國》中的場景，它們都是對同一類終端機代碼的視覺緬懷）。這個 Logo 始終與軟體息息相關。

除了最終設計，伊琳娜還附上了一些變化版本，激發人們更多創作靈感。

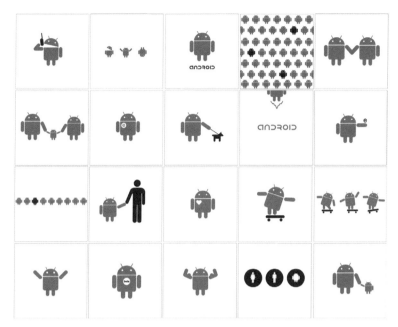

⬆ 伊琳娜一起上傳的變化版本，許多圖樣後來被印刷在 T 恤上，於 Google 周邊商店販售。（照片由伊琳娜・布洛克提供）

「我的工作是啟發人們的創意，並試著提出這個 Logo 的使用規範。但我不想高談或重申這個 Logo 之於我個人的意義。因為這與我個人的想法無關，而是關乎所有人。」

傑夫・雅克席克與 UI 設計

多年來，Android 使用者介面設計在經歷了數次推翻重來和版本迭代之後，逐漸變得更加精緻、風格也變得更加協調一致。但在最一開始，Android 連一個設計師都沒有，更遑論設計團隊或設計理念。

傑夫・雅克席克是最初的 Android 設計團隊。直到 2005 年 12 月，他才正式加入 Android，也就是 Android 團隊到了 Google 六個月後，徵才招募開始步上軌道的時候。

傑夫在 NeXT Inc. 展開他的職涯，後來轉職到了 WebTV（後來被微軟收購），在那裡他認識了包括克里斯・懷特、安迪・魯賓和史蒂夫・霍羅偉茲在內

的未來的 Android 人員。在共同創立 Android 之後，克里斯聯絡了傑夫，想知道他是否有興趣加入他們的新創公司（當時公司策略專注於相機作業系統）。但克里斯無法保證 Android 的未來能夠像傑夫在微軟的工作一樣安全穩定），於是傑夫選擇先留在原公司。後來，Google 在 2005 年 7 月收購了 Android，傑夫在同年 12 月加入了 Android 團隊。

傑夫剛入職的時候，基本上沒有什麼東西要設計。在此時，Android 系統不過是初見雛形。所以他設計了一些基本的視覺效果，比如按鈕的外觀，還有核取方塊。他還設計了調色盤、漸層效果和字體。

「要考慮的第一件事是：我們要用哪一套字體？我當時查了所有的開源字體。我發現的那套字體不夠廣泛，無法滿足 Google 期望的全球性目標[2]。所以我與 Ascender 字體工作室合作。我為系統初始字體 Droid 提供了美術指導。」

🔼 Droid 字體的設計草稿與最終版本（照片由 Steve Matteson 提供）

傑曼・包爾（German Bauer）在 2006 年 9 月加入後，傑夫終於迎來得力夥伴。傑夫和傑曼從事了從 UI 控制器的外觀到啟動器，再到郵件和瀏覽器應用程式的設計等等各式各樣的設計工作。

2　這是 Android 從開發初期就設下遠大目標的另一道證明，不僅僅是為美國市場開發單一項產品，而是為一個巨大（且國際化的）生態系統提供全面性平台。

最終，由於第一個版本需要大量設計工作，安迪與瑞典的 UX 設計公司 The Astonishing Tribe（TAT）簽訂合作契約。TAT 設計系統的整體外觀和 G1 裝置隨附的核心體驗[3]。傑夫和傑曼則繼續在各種應用程式（如『設定』）上提供幫助，並完善了系統的小工具組（按鈕、核取方塊和其他 UI 元素）。在合約結束後，他們繼承並接手了 TAT 的所有工作。

在 1.0 版本的準備階段，人們急於重新實作手機 UI。在外觀和功能上存在法律限制，需要大量的重新設計工作，而日程安排上時間並不算充裕。「我們拼死拼活地重新設計手機體驗，好讓我們真正推出這款手機。我設計了這種帶有漸層效果的深色主題 UI：綠色表示連線，紅色表示掛斷。最後，在我們正式推出之前，安迪・魯賓、謝爾蓋・布林和我，我們三個人對它進行檢查。謝爾蓋對於速度的苛求人人皆知，他說：『漸層效果有必要嗎？它們會用掉更多的處理能力。』我認為他更喜歡螢幕上有個無聊的大按鈕。當時我是從微軟進入 Google 的，我還是個新人。我真的不知道謝爾蓋・布林和賴利・佩吉在主導這個專案。所以當時我對謝爾蓋有點刻薄。」

鮑伯・李也提到了創辦人與設計組之間的暗潮洶湧：「當我們剛開始時，賴利和謝爾蓋，可能是謝爾蓋，堅持不使用動畫[4]，因為它們是在浪費時間。看看現在的手機……這大概是為什麼 Android 更加陽春的原因。」

隨著系統不斷發展，1.0 版本之後還有很多工作要做。傑夫致力於早期的虛擬鍵盤體驗，這是 1.0 之後的新功能，因為 G1 手機在 1.0 版本中只使用了硬體鍵盤。設計團隊也在 1.0 發布之後開始壯大，迎來了更多的設計師和人員。

公仔

Android 公仔是傑夫發揮設計才能的另一個地方。

3　TAT 放了一顆不顯眼的彩蛋：G1 手機的類比時鐘顯示了 Malmo 一詞，這是 TAT 公司的所在地。

4　黛安記得：「我們有過一些爭論。我在視窗管理器上實作了一些動畫，但我們被強制要求把動畫拿掉。如果我們一輩子都不能用動畫，那我會很不開心，但是為了讓 1.0 版本如期發布，那至少為當時的我們減輕了一些負擔。」

傑夫在 1.0 的早期就對公仔（urban vinyl toys[5]）充滿興趣。他的腦中存在一個為 Android 製作專屬公仔的想法。Android 工程師戴夫‧博特（Dave Bort）是安德魯‧貝爾（Andrew Bell）[6] 的朋友，他開了一家 Dead Zebra 藝術工作室。傑夫向安德魯分享了一些他的想法，於是他們與戴夫和丹‧莫里爾（Dan Morrill，在 Android 的開發者關係團隊工作）攜手合作，讓 Android 公仔問世。

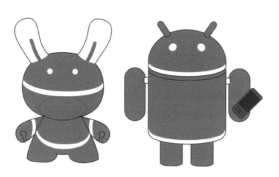

◀ 傑夫傳給安迪的原始設計圖稿，想要打造一系列 Android 公仔。（照片由傑夫‧雅克席克提供）

從最初的那一隻公仔開始，衍生出一系列可供玩家收藏的 Android 公仔系列。幾乎每年都推出一套全新設計，然後迅速銷售一空。傑夫貢獻了其中三款設計：Noogler、Racer 和 Mecha。

⊙ 傑夫的 Racer 公仔（右）與經典的 Bugdroid。（照片由安德魯‧貝爾提供）

5　我當時並不知道 urban vinyl toys 究竟是何方神聖，直到傑夫提到了這個詞。我覺得這只是用一種更複雜的詞彙來形容「公仔」，讓大人聽起來更舒服。這就好像用「圖文創作」來借代「漫畫」，讓人覺得這東西更加高深且具有知性。

6　他們在好幾年前的聖地牙哥國際漫畫展結識彼此。

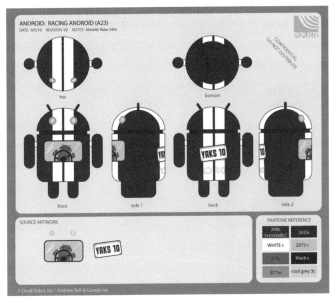

ANDROID: RACING ANDROID (A23)
DATE: 9/5/10   REVISION: V2   NOTES: Metallic flake 349c

CONFIDENTIAL
DO NOT DISTRIBUTE

top

bottom

front

side 1

back

side 2

SOURCE ARTWORK

YAKS 10

PANTONE REFERENCE

349c (+metallic)	3435c
WHITE c	2975 c
376c	black c
877m	cool grey 3c

© Dead Zebra, Inc / Andrew Bell & Google Inc

Racer 公仔的設計圖稿。（照片由安德魯・貝爾提供）

Noogler

傑夫設計的另一個 Noogler 公仔。Noogler 是 Google 裡用來形容新加入員工的詞語（意即 new Googler）。這隻公仔頭上的帽子就是所有 Noogler 第一天上工時會拿到的周邊商品。（照片由安德魯・貝爾提供）

傑夫參與了另一項設計，這次規模可不一樣：第一個室外雕塑。隨著 1.0 版本臨近發布，安迪決定在 Google 園區的 Android 大樓放上一座雕塑。安迪認識一位泡沫雕塑專家：喬瓦尼・卡拉布雷斯，他是佈景設計公司 Themendous 的負責人。安迪將喬瓦尼介紹給傑夫認識，傑夫提供了一些設

計圖稿，後來他們一起創作出這個雕塑。安迪最初要求的雕塑其實更大，但基於運送考量，他們縮小了雕塑的尺寸，好讓這件事成真[7]。

 Android 雕塑（暱稱為 bigdroid），以安迪・麥克菲登為比例尺，照片攝於 2008 年 10 月。這個雕塑在 44 號大樓前矗立多年，這裡是早期團隊大多數人工作的地方。（照片由羅曼・蓋伊提供）

回想 Android 和 Google 的設計變革，傑夫說：「在我加入 Google 時，它可能類似於早期的微軟，當時他們開始做 Windows 95，後來是 Vista。在當時，設計開始變得重要。NeXT、微軟、Google——它們都是以軟體工程為基礎的公司。讓工程師相信這些東西很重要，這一直是個不小的挑戰。我認為蘋果確實推動了變革：設計真的很重要。」

7　早期 Android 工作經常意味著要在尺寸限制下發揮作用。

17

Android 瀏覽器

在認識 Android 瀏覽器（Android Browser）應用程式之前，首先我們要了解一下在 Android 出現之前，人們如何瀏覽網頁。

Google 非常看重網路科技。打從一開始，為搜尋提供查詢結果就是 Google 的企業使命。因此，大力並廣泛地投入網路科技方面，諸如瀏覽器開發等領域，是具有意義且合理的策略發展；提供關鍵字查詢的技術越先進，Google 就能為使用者提供更好的搜尋體驗。早在 2000 年代初期，這對 Google 來說尤為重要，當時各家瀏覽器公司紛紛推出了自己的網頁瀏覽器，互相爭奪網路市場與使用者。

瀏覽器之爭

在網際網路發展早期，Netscape 瀏覽器是無庸置疑的王者。桌機使用者會下載並使用 Netscape，因為這就是你上網的唯一方式。然而，微軟推出了自家的瀏覽器 Internet Explorer（IE），與 Windows 作業系統綁定在一起。這幾乎保證了微軟的 IE 瀏覽器成了大多數使用者的預設瀏覽器，因為是作為作業系統的一部分內建的，而且（在當時）已經夠好用了。Internet Explorer 甚至一度成為 macOS 上的預設瀏覽器，直到蘋果在 2003 年推出自己的 Safari 瀏覽器。

Netscape 和 IE 之間的緊張關係被 Wikipedia 戲稱為「第一次瀏覽器大戰」的核心焦點（的確沒說錯），這次戰爭帶來了一連串法律訴訟，後來導致 Netscape 在 Internet Explorer[1] 接管整個地球時滅亡。

在這個時期，微軟基本上是處於一種絕對的支配地位，有權決定人們如何造訪網路，因為 IE 瀏覽器逐漸成為人們進入網際網路的第一道門。

為了確保所有使用者都能獲得出色的網路體驗，包括正在引入的新興網路技術，Google 開始資助網路瀏覽器的開發。起初，Google 與 Mozilla 基金會合作，協助開發 Firefox 瀏覽器。特別是，Google 貢獻了一些工程資源，實現或協助 Firefox 瀏覽器的一些改進，包括效能提升、行內拼寫檢查、軟體更新系統和瀏覽器擴充程式等等。Google 並沒有一個像微軟或蘋果那樣綁定了瀏覽器的作業系統，但它可以提供更好的瀏覽器替代品並鼓勵人們轉而使用。

Google 在 2006 年建立 Chrome 瀏覽器時決定進一步推動這種策略。它從零開始（使用開源 WebKit 函式庫）打造了一個全新的瀏覽器，旨在實現 Google 希望為使用者創造的那種網路體驗。Google 專注於增加現代網路功能，並加快瀏覽速度[2]。Chrome 中預設了 Google 搜尋引擎的存取設定；在瀏覽器的網址欄位中輸入關鍵字後，會在 google.com 上顯示搜尋結果，就好像使用者已造訪 Google 主頁並在搜尋列中輸入內容一樣。

Chrome 於 2008 年 9 月推出，最終獲得相當良好的關注。使用者回到了下載瀏覽器應用程式的世界，而不僅是直接使用與桌機系統綁定的應用程式。

Android 需要一個瀏覽器

Android 對行動瀏覽器的需求不同於 Google 對桌面瀏覽器的需求。

---

1 1997 年，我和一位微軟的「天使投資人」聊到了可以跨平台執行的網頁應用程式可能帶來的隱憂。站在開發人員的立場上，當時為 IE 瀏覽器編寫的網頁應用程式只能在 Windows 系統上執行，因為 IE 和 Netscape 瀏覽器的功能在本質上有所不同。他的回應帶了點玩笑意味（在某種程度又蠻認真的），他說：跨平台不會是個問題，畢竟所有人都使用 Windows 系統和 IE 瀏覽器。

2 YouTube 上有一則 Chrome 組在 2010 年上傳的影片：Chrome Speed Tests（*https://youtu.be/nCgQDjiotG0*），這則影片將網頁載入速度與玩具槍、聲波和光速進行比較。儘管這些比對物與網頁和瀏覽器之間毫無關聯，但影片內容非常有趣，而且確實傳達了速度測試的主旨。

不同於桌面瀏覽器的，Android 平台是從零開始構建的。他們不需要更好的瀏覽器，正確來說，他們需要任何瀏覽器。具體而言，他們需要一個應用程式，使用者可以透過這個應用程式在手機上瀏覽網站，就像在桌機電腦一樣。他們還需要一種將 Web 內容直接整合到其他應用程式中的方法，因為他們察覺到行動應用程式和 Web 內容之間的界限逐漸消彌。

例如，行動應用程式希望向使用者顯示來自網站的內容。有時，最好的方式是直接在應用程式中顯示這些內容，而不是將使用者重新導向到瀏覽器應用程式。這種方式不僅可以實現更無縫的流暢體驗，還可以確保使用者不會永久離開應用程式。此外，許多開發人員更熟悉 HTML 和 JavaScript，這是網頁的設計語言，因此讓他們更容易在行動應用程式中建立 Web 內容，並使人們能夠更快地建立基本的 Android 應用程式。

Android 團隊建立了 WebView 來滿足這一需求。WebView 是一個網頁檢視器，可以嵌入到更大的 Android 應用程式中。它與 Android 瀏覽器同時被開發出來，因為 Android 瀏覽器本質上就是一個加上額外控件和 UI 的 WebView。

但是在最一開始，這些東西都不存在，而 Android 平台迫切需要它們。所以團隊需要一位開發人員來實現這一切。幸運的是，他們當中的許多人都曾在 Danger 與這位工程師有過交集，這個人就是黃偉。

黃偉與 Android 瀏覽器

黃偉擁有多年開發 Web 瀏覽器和開發軟體的經驗。但這些經驗並不是從童年開始的。

黃偉十二歲時上了程式設計課，然而二進制數學使他挫折不已，他一度放棄了。當他的母親給他看一篇寫著「電腦即未來」的文章時，小時候的黃偉確信他剛剛親手毀了他的人生。

後來過了許多年後，他在高中時再次挑戰程式設計，這次收穫了更多勝利成果。他最終取得了電機工程學位，然後在研究所時愛上了電腦圖形設計。

碩士畢業後，黃偉在微軟找到了一份工作，與其他未來的 Android 人一起工作，包括史蒂夫・霍羅偉茲。黃偉的工作經驗包括 WebTV 和 IPTV 產品的網路瀏覽器開發，學習如何在非桌機螢幕上呈現 Web 內容。但最終，他想做點別的事情。「讓人們看更多電視節目似乎不是一件高尚的事。」

史蒂夫讓黃偉聯絡 Danger 的安迪・魯賓。Danger 當時還沒有轉向手機業務。他們還在研究「Nutter Butter」這個資料交換裝置，而黃偉對此不感興趣。「我不確定這有沒有商機。商業模式感覺不夠踏實。所以我決定去 AvantGo。我覺得那裡有著更能成功的依據。」

「那不是一個非常明智的決定。」

2000 年 9 月，在黃偉入職後不久，AvantGo 進行了首次公開募股，就在網際網路泡沫開始破裂的時候。AvantGo 與許多其他新創公司一起迎來巨大逆風，陷入了低潮。「我的時機太糟糕了。我抓住了繁榮的尾巴，結果一切都崩潰了。」而且，在 AvantGo 的工作內容和組織文化也不符合黃偉所想，所以他把目光投向了別處。「我聯絡上安迪。在獲得了創投機構的資助後，他們決定做手機。這聽起來更令人興奮，所以我在 2001 年 1 月加入了 Danger。」

在 Danger，黃偉再次致力於網路瀏覽器的開發。Danger 的手機非常受限，因此其網路瀏覽模式不同於在桌機電腦（或後來的 Android 手機）上執行的方式。Danger 在伺服器上執行了一個 headless[3] 瀏覽器。當使用者在其 Danger 手機的瀏覽器應用程式中導覽到網頁時，網頁將會以渲染呈現在伺服器上。然後伺服器將重新格式化頁面，並將簡化版本傳送到手機上。這種方法並沒有在手機上為使用者提供完整的 Web 功能，因為它缺乏網頁的動態功能。但他們的網頁瀏覽體驗已經相當接近於過去在桌上型電腦的體驗，而且比他們在其他手機上習慣的瀏覽體驗更加豐富。

黃偉在 Danger 工作了四年，在 Danger 的幾款 Hiptop 裝置上發布了瀏覽器。後來，他準備迎接新的挑戰，想到其他新創公司闖一闖。他在 Danger 的朋友克里斯・迪薩佛建議他與安迪・魯賓聊一聊，後者已經離開 Danger，正

3　headless 是指沒有顯示器的電腦。在這裡的情況是，伺服器建立的內容被顯示在他處。

以隱身模式（stealth mode）經營一家名為 Android 的新創公司。那天晚上，黃偉傳訊息給安迪。安迪問他是否想加入團隊。

「他說，『哦，順便說一句，我們被 Google 收購了。』」

「我心頭一顫，因為我當時想去的是新創公司。這不是一家新創公司。我不得不考慮一下。當時我對 Google 不太了解。我以為它只是一家做網路搜尋的公司。我並不真正了解 Google 的所有壯志願景。但安迪語氣中傳達出的興奮之情成功說服了我。」

黃偉於 2005 年 9 月開始在 Google 的 Android 團隊工作。他是收購後的第二位員工，僅次於他的朋友克里斯。

黃偉的第一個專案是……打造另一個瀏覽器。但是在正式編寫瀏覽器應用程式之前，他還有很多工作要做，因為 Android 還不是一個真正的平台。「我下載了函式庫之後感到非常訝異。當初 Android 這家新創公司是怎麼只用一些 JavaScript 就讓 Google 買單？」

第一個任務是為瀏覽器選擇一個起點。在 Android 專案啟動時，網路上已經存在許多個可用的開源瀏覽器引擎，因此黃偉不必從頭開始編寫整個應用程式。WebKit 是基於另一個開源瀏覽器專案 KHTML 的瀏覽器引擎，它由蘋果開發，是蘋果 Safari 瀏覽器的基礎。「我真的很喜歡它的函式庫，所以 Webkit 對我來說是很正常的選擇。」

於是黃偉開始著手構建基於 WebKit 引擎的瀏覽器。與此同時，瀏覽器團隊也在不斷擴張，首先迎來了管理階層，這個人是里奇・麥拿。

里奇・麥拿打造瀏覽器團隊

里奇・麥拿持續協助 Android 建立了許多早期的企業合作夥伴，他懂商業運作，也了解技術。他在小學時接觸程式設計，當時全班同學透過打孔卡學習 Fortran 語言。「直到今天，這所有一切都讓我對於我們在應用程式中消耗的記憶體用量感到驚訝，令我想起了我當時做了些什麼來壓縮修改後的代碼。」

里奇在大學一年級時首次展示了他的橫跨商業與工程領域的傑出技能。他為他的 Commodore 64 電腦編寫了一個遊戲，並在一些朋友的幫助下開始販售遊戲。「我和室友在宿舍裡有一個卡帶（cassette）[4] 燒錄系統，並自己製作外包裝。我會到各處推銷這款遊戲，把它賣給當地的 Commodore 經銷商。我在 Commodore 雜誌上刊登了一則廣告，並且處理客服郵件。」

里奇曾在麻塞諸塞大學羅威爾分校學習物理，但很快就換了主修科目。「我堅持了半個學期，赫然意識到自己應該攻讀資訊工程。我的成績也開始反映這個事實。」

在大學期間，里奇成為學校生產力提升中心（Center for Productivity Enhancement）的負責人，向 Digital、IBM 和 Apollo 等公司募得了數百萬美元的捐款。他在讀碩士的期間繼續在實驗室工作，並在攻讀博士學位期間成為聯合主任。在 1990 年 12 月，一個孵化於實驗室的專案，讓里奇創辦了一家名為 Wildfire Communications 的公司。Wildfire 提供了一種自動化語音助手，可以轉發來電與接收訊息。Wildfire 公司營運了近十年，後來被法國電信公司 Orange 收購。之後，里奇在波士頓劍橋創辦了 Orange Labs，擔任研究部門主管，以及新風投基金的主管。

在 Orange 的期間，里奇協助微軟在 Orange 的電信網路上推出了第一款 Windows Mobile 手機。由於微軟希望擁有裝置的最終控制權，這並不是一次愉快的工作體驗。里奇離開該專案時，希望為行動生態系統提供一個開放平台，而不是讓使用者受限於平台供應商的所給出的有限選項。

里奇・麥拿是 Android 的聯合創辦人，也是協助 Android 收購事宜的業務團隊一員。到了 Google 工作後，他一直在尋找能夠幫助不斷擴張的工程團隊的方法。於是他接手管理初見雛形的瀏覽器工作。

4　卡帶（cassette tapes）是用於早期個人電腦的長期儲存裝置。這是在磁碟片成為常態之前，更是遠遠早於硬碟價格變得實惠，人人都可以輕鬆入手之前的資料儲存方式。使用者可以透過與電腦連線的播放器中「播放」卡帶來載入軟體程式，這實際上是將被儲存的位元組傳輸到電腦的記憶體中。用於 C64 的早期卡帶裝置在磁帶的每一面可以儲存大約 100KB 的資料，且可能需要長達 30 分鐘才能完成資料讀取。比較一下卡帶與 2008 年初代 G1 手機的 256MB 記憶體空間（多了 2500 倍），以及目前數以千兆的網路串流速度（快了 2500 萬倍）。卡帶的儲存空間不大，傳輸速度也不快。

在 Android 被收購後，里奇留在了波士頓地區，與山景城的其他團隊成員分隔兩地。當時 Google 在波士頓市中心只設立了一個小型業務辦公室，因此里奇說服 Google 高層艾瑞克·史密特（Eric Schmidt，時任首席執行長）和艾倫·尤斯塔斯（Alan Eustace，時任工程副總裁）在此為工程師團隊設立辦公室。這是一個很艱難的遊說過程。「艾瑞克在東岸的體驗很糟。在他的帶領之下，昇陽電腦曾經在這裡開設了一個工程辦公室。但他們把地點選在了波士頓的郊區，遠離市中心。我努力說服他，靠近大學的地點可以吸引到最優秀的人才。我們可以打造一個很棒的辦公室。」

在里奇成功說服管理階層後，Google 在劍橋市中心的麻省理工學院[5]對街開設了辦公室。里奇在那裡招募了第一批工程師，其中包括一些 Android 工程師。

里奇從 Orange Labs 聘請了他的前員工艾倫·布朗特（Alan Blount）加入瀏覽器團隊。與此同時，在加州山景城，黃偉為團隊找到了另一位工程師：葛蕾絲·克羅巴（Grace Kloba）。幾年前，當他還在 Adobe 工作時，黃偉曾說服葛蕾絲退出她的博士課程並加入他的行列。這一次，他成功說服她離開 Adobe。

葛瑞絲·克洛芭、WebView 和 Android 瀏覽器

在 1970 年代後期，葛蕾絲與程式設計的第一次接觸來自於她的母親（她的母親是中國第一代接受電腦教育的人）。在她參加了為期三個月的密集程式設計課程後，她回到大學主持一個電腦實驗室並教授程式設計語言課程。在這個階段，葛蕾絲學習了 BASIC 和 Fortran 語言的程式設計元素。

出於對圖像處理研究室的先進設備與優異設施的良好印象，葛蕾絲依此選擇了大學的主修科目。這個選擇帶來很好的成效，為她帶來了資訊工程和電機工程的基礎知識。在大學畢業後，她來到美國，在史丹佛大學攻讀電腦圖形學碩士。她在史丹佛大學的一位同學是黃偉，十年前他們曾在中國一起求學。

5　到了現在，這個地點已經有多棟 Google 大樓，數百位工程師，以及遠遠超越 Google 行動領域的無數工作專案。

葛蕾絲通過了博士資格考試後，正當她在尋找論文題目時，黃偉向她提議了 Adobe 的工作機會。於是葛蕾絲離開研究所，加入 Adobe 工作了許多年。然後，在 2006 年，黃偉（現在到了 Google 工作）再次伸出橄欖枝，這次葛蕾絲接受了 Google 的面試，並得到了 Google 的 offer。

黃偉希望葛蕾絲在瀏覽器團隊中與他一起工作，但他必須先說服史蒂夫。Android 招募了從事嵌入式系統、行動裝置和作業系統平台等方面的領域專家，而葛蕾絲沒有這種經驗。但黃偉向史蒂夫信誓旦旦地擔保，於是葛蕾絲於 2006 年 3 月加入了 Android 瀏覽器團隊[6]。

葛蕾絲必須解決的問題之一是讓 Web 內容更容易在當時手機的小螢幕上瀏覽。她有過配置文字內容的經驗[7]，當她試著讓瀏覽器在小螢幕上以合理的方式呈現文字，而不是網頁作者在編寫原始 HTML 內容時所設想的更大的內容區域時，這個經驗為她帶來了極大的幫助。

在團隊工作期間，她處理了許多瀏覽器和 WebView 組件的其他問題。畢竟，在 Android 出現的最初幾年裡，能夠為如此龐大的功能提供開發與支援的人只佔很小一部分，每個人都得使出渾身解數。她實現的一些成果包括多執行緒支援、網路功能改進和常見的瀏覽器 UI 元素（如分頁標籤）。

她還接手了一個迫在眉睫的專案，那就是讓預計 2010 年 1 月初發布的 Nexus One 手機搭載「pinch-to-zoom」功能[8]。葛蕾絲休完假回來，發現安迪・魯賓詢問實現這個功能需要多久。他真的很想讓這個畫面縮放功能出現在即將到來（也就是這個月）的發布活動中。三週後，葛蕾絲交付了這個功能，讓手機成功搭載了新功能。

6　葛蕾絲在 Android 瀏覽器團隊後，學會了她所需要知道的一切，後來她很快成為團隊主管，並持續帶領團隊多年，讓團隊成長到更大的規模。

7　鑑於字體的複雜性、字型大小以及不同語言支援，文字配置是一個比想像中更複雜的問題。字體技術是電腦科技領域中相當艱深的一塊。許多我認識的工程師是文字處理專家，將畢生職涯投注在這一塊領域中，就是因為文字處理是如此複雜（而且其他人都避之唯恐不及，深知這是一條沒有回頭路的選擇）。

8　「pinch-to-zoom」功能是透過手指對畫面進行縮放的手勢功能。

凱瑞‧克拉克與瀏覽器圖像

Android 團隊大部分成員都位於加州山景城辦公室。但瀏覽器團隊是一個明顯的例外：葛蕾絲在山景城，黃偉在西雅圖，里奇和艾倫在波士頓。然後是，位於北卡羅萊納州的 Skia 團隊，在完成圖形引擎工作後也加入了瀏覽器開發工作。

瀏覽器的繪圖要求與 Android 系統的其他部分不同。Skia 團隊在渲染圖形方面做得相當出色，因此他們接手了渲染瀏覽器內容的工作。例如：凱瑞‧克拉克投入大量時間，成功讓原本只供桌上型電腦使用的網頁呈現在這種新的、非常受限的行動裝置上，讓網頁供使用者查看並與之互動。

在加入 Android 團隊之前，凱瑞在 2D 圖形和瀏覽器方面累積了豐富的工作經驗。但他與程式設計的淵源可以追溯到更早之前。1968 年，11 歲的他得到了一台 Digi-Comp I 作為聖誕節禮物。這台裝置不是我們今天所熟知的電腦，而是一台使用塑膠和金屬零件組成的玩具，可以執行簡單的布林和數學運算，比如從零數到七[9]。凱瑞對這個禮物愛不釋手，很快就把它玩壞了，在下一次聖誕節時也要求了同樣的禮物。

1970 年代後期，在上大學時，他的玩具升級成一台二手的 Apple II，凱瑞花了很多時間在宿舍裡學習程式設計，拆解了史蒂夫‧沃茲尼亞克在 Apple II 上的 BASIC 實作，結果被大學當了無數學分。他最終成功復學並取得大學學位，但與此同時，他開始在一家電腦商店從事銷售工作。當客戶對他們的蘋果電腦有疑問時，凱瑞會打電話給當地的蘋果技術支援辦公室尋求答案，但他發現，那裡的工作人員對於蘋果電腦的實際運作機制一知半解。於是他自告奮勇應徵並成功獲得了這份工作。在地區辦公室為客戶提供技術支援時，他偶爾會打電話到庫比提諾總部，但他發現那裡的客服人員也不夠了解，所以他抱怨連連，後來他搬到庫比蒂諾並加入蘋果技術支援總部工作。

9　在計數系統中，停頓到數字七聽起來不太自然。這個玩具的侷限之一是它是三位二進制讀數，可以表示從 0（將三位都設定為 0）到 7（將三位都設定為 1）。

在 Lisa[10] 和 Mac 的開發過程中，凱瑞進入了管理階層，同時也兼顧程式設計工作。最終，他選擇了當全職的軟體工程師：「我是一個糟糕的主管。」他在蘋果工作到 1994 年，接觸過各式工作範疇，包括主導 QuickDrawGX[11] 的開發工作，這是一個新的 2D 圖形庫，能夠比 Mac 的原始 QuickDraw 庫繪製得更快。這個專案的代號是 Skia，凱瑞是從一個希臘詞中選擇的，這個詞指的是在牆上畫一個影子。QuickDrawGX 的主要功能是繪製輪廓並填充它們，因此這個代號十分貼切。

後來凱瑞離開蘋果，前往 WebTV（後被微軟收購）等其他科技公司，在那裡他認識了許多未來的 Android 工程師。凱瑞致力於開發 WebTV 瀏覽器，試圖使用完全不同的輸入機制，在電視上合理呈現原先為桌機電腦設計的內容。他後來從矽谷搬到北卡羅萊納州的教堂山，從那裡為微軟遠端工作。在那裡，他重新碰上以前的蘋果同事麥克·瑞德。麥克將凱瑞拉進了 Openwave，凱瑞又在那裡從事瀏覽器的開發工作。然後，當時已經離開 Openwave 的麥克再度致電凱瑞，將他帶入了圖形處理的新創公司 Skia，這間新公司的名字致敬了凱瑞的 QuickDraw GX 代號。

當凱瑞開始開發 Android 瀏覽器，首先必須解決一些問題。例如，輸入機制很複雜，要先弄清楚如何將鍵盤、方向鍵、軌跡球以及最終的觸控事件轉化為網頁上的互動。麥克說：「第一台有觸控螢幕的裝置仍然有軌跡球和箭頭鍵。所以我們不得不活在兩個世界中。瀏覽器有一點困難，因為有兩種焦點定位的方式。你可以用手指拖曳滾動，或者是對向下箭頭多按幾次。這導致了一些複雜情況。」

如何瀏覽網頁中的連結是其中一道難題。如果使用者使用方向鍵導覽，則需要有一種方法可以轉到「下一個」連結。因此，如果他們點擊方向鍵上的

---

10 Lisa 在某種程度上可以看作是 Macintosh 的前身，它在 1983 年 11 月 Mac 電腦問世的前一年推出。有許多因素導致了它不受市場青睞，包括價格過高、效能不佳，以及與 Macintosh 電腦的競爭（公司內部與外界市場皆然）。但 Lisa 電腦的圖形化使用者介面可以說是一個前哨信號，引領了後來的 Mac 和 Windows 系統。

11 我記得曾經聽過凱瑞·克拉克在 1990 年代早期的蘋果年度開發者大會 WWDC 上分享過一個關於 Mac 圖形處理的技術簡報。直到我後來到了 Google 在 Skia 團隊遇見他，才想起來有這麼一回事。技術圈是個超級小的圈子。這個小圈子裡有來自世界各地數百萬位技術居民，儘管是這麼小的地方，你還是可能與以前見過的人再次相遇。

右側按鈕，則需要將焦點轉移到右側的下一個連結。但是網頁不存在連結相對於彼此定位的概念，因此根據使用者輸入要連到哪個連結這件事並不直覺。此外，凱瑞必須設計一個系統來直觀地指示特定連結具有焦點，以便使用者在按下選擇按鈕時知道會點擊哪一個連結。

流暢滾動則是另一道障礙。邁克說：「蘋果產品讓每個人都抱持了流暢滾動網頁的期望。我們沒有使用軌跡球和箭頭讓第一個版本流暢滾動。當我們滾動 20 個像素時，我們就被彈出來了，就像地球上的每台桌上型電腦一樣。現在，流暢滾動所有內容（無論是否透過手指操作）突然變成標準條件了。那時我們真正認真起來。凱瑞發明[12]了 Picture[13]物件，在此之前，Skia 還沒有這個像是顯示清單的東西。瀏覽器變得可以瀏覽所有慢速 Java 單執行緒的顯示清單，將其交給不同的執行緒，然後我們可以扔進圖片，盡最快速度繪製出來，而不必與瀏覽器對話。」

另一項任務是讓真實世界的網頁合理顯示於記憶體有限的小型裝置上。凱瑞早在幾年前就解決了 WebTV 產品的相關問題，讓提供給桌上型電腦顯示的網頁能夠合理地呈現在電視螢幕上。但他在 Android 瀏覽器上面臨了一道新的問題：網頁上的內容太多了，包括「長得離譜的網頁」——尤其是當這些網頁的寬度被調整到適合手機螢幕時。

那時候，凱瑞最喜歡的例子是關於起司[14]的維基百科網頁，這是一個非常、非常、非常長的條目。「它有幾十萬像素長。你無法在我們的數學系統中表示那麼多像素，所以我們必須想辦法解決這個問題。」

---

12 凱瑞表示他為 Skia「實作」了 Picture 物件，而不是發明這個概念。他把這份功勞歸給了比爾・艾金森（Bill Atkinson），他是蘋果公司初始 Macintosh 團隊的工程師，協助開發了 Mac 電腦的 QuickDraw 2D 圖形處理引擎。「比爾・艾金森發明了 Pictures，而且這個概念大概是從其他人那兒偷來的。我只不過是站在巨人的肩膀上。」許多軟體的出現，要嘛是既有概念的重新實作，要嘛是以全新的方式打造和拓展這些概念。

13 Skia 的 Picture 物件基本上是一個預先處理過的清單，內容是系統用來繪製特定場景的底層資訊。不同於透過滾動頁面，對網頁內容進行剖析來繪製的方式，Skia 將整個網頁翻譯成一個 Picture 物件，以更高效的方式進行繪製。

14 關於「起司」的維基百科網頁（*http://en.wikipedia.org/wiki/Cheese*）多達數千字，幾乎是「地球」頁面的三分之一或「宇宙」頁面的二分之一。沒有人知道為什麼關於起司的描述篇幅如此長。誰知道起司也這麼不簡單呢？

解決了這個問題後，又出現了另一個問題。即使使用者最終可以在一個很長的頁面中看到所有內容，滾動瀏覽全部內容也需要很長時間。因此，凱瑞在瀏覽器中實現了一個系統，這個系統可以檢測使用者何時嘗試重複滾動，並在頁面上彈出一個放大鏡物件，可顯示整個頁面的縮小視圖，允許使用者快轉到頁面上的特定位置。

18

倫敦的呼喚

推動瀏覽器團隊成長的另一道助力，來自大洋彼岸。

Google 的倫敦工程辦公室最開始是為了從事行動專案……而不是 Android。倫敦的工程師讓 Google 應用程式和服務運行於當時市面上大量的行動平台和裝置上。在 iPhone 和 Android 之前（以及它們推出後的最初幾年），世界上有許多手機平台，Google 希望在這些平台上提供自家的應用程式。

行動相關工作最初發跡於山景城，吸引了像賽德瑞克・貝伍斯特[1]這樣的工程師，他帶領手下團隊讓 Gmail 可以在行動裝置被瀏覽。但最終，Google 在倫敦開設了一個辦公室新址，負責為當時最流行的兩種行動作業系統 Symbian 和 Windows Mobile 開發軟體。

1　賽德瑞克後來到了 Android 團隊從事 Gmail 相關工作，詳見後文。

在早期團隊中工作的安德烈‧包裴斯庫[2]談到了為什麼這項工作選址在倫敦:「2007年,歐洲坐擁關於行動裝置的核心專業知識,而不是美國。歐洲比美國更早發展3G網路。如果你看看當時開發的行動作業系統,這個產業的發展重心就在歐洲。Symbian[3]是在倫敦開發的,Series 60和UIQ[4]是諾基亞和愛立信在Symbian系統之上開發的產物。有鑑於此,Google決定要在倫敦建立一個行動卓越中心。」

「我們在招募人才方面也做得很好——倫敦是個吸引人才的好地方。我們可以延攬來自世界各地的人才,歐洲各地都有優秀的資工名校。再者,出於地緣位置考量,倫敦是一個合情合理的選擇,」因為倫敦是距離美國加州(Google總部所在地)最近的歐洲主要城市之一,並且兩者之間有直飛航班。

但是倫敦辦公室還需要一個人來帶領行動專案,因此,在2007年初Google聘用了戴夫‧布爾克。

戴夫‧布爾克與倫敦行動裝置組

戴夫‧布爾克從小就著迷於電腦的一切。他將搖桿、光電電池、家用投影機的放大鏡、錄音機、語音合成器和他編寫的一些程式結合起來,創造了一種可以向任何進入他房間的人發射橡皮筋的裝置。「我超級上癮。而受害者是我可憐的妹妹。」

他在大學和博士期間主修電機工程,之後在一家新創公司管理工程團隊。到了2007年,他想要獲得比那家小公司更多的實務工作經驗,因此他在Google找到了一份工作,領導新的行動裝置團隊。他當時想搬到矽谷,但機會卻落腳在倫敦[5]。

---

2 安德烈後來成為了倫敦Android團隊的工程總監。

3 諾基亞公司非常看重Symbian系統,在總部芬蘭及整個歐洲皆設有工程據點。

4 UIQ是一個為諾基亞公司所用,基於Symbian系統的使用者介面軟體平台。

5 後來在2010年,他搬到了山景城,帶領Android圖形處理與媒體組,最終領導了整個Android工程團隊。

2007 年，倫敦辦公室有兩個截然不同的行動開發工作：一個是行動搜尋，另一個是與瀏覽器相關的工作。這個團隊讓 Google 在這些領域的軟體可以在各種非 Android 裝置上執行。另一方面，戴夫開始使用 Android，學習 API 以及如何編寫 Android 應用程式。

在戴夫加入 9 個月後，Android SDK 上線了。倫敦準備舉辦一場大型活動，里奇·麥拿邀請戴夫做一次關於 Android 的演講，向觀眾介紹 SDK。因此，戴夫在觀眾面前當場進行了一些程式設計[6]，在 8 分鐘內建立了一個簡單的 Web 瀏覽器應用程式。

這個技術分享會進行得很順利，戴夫心情不錯，直到第二天。「我收到了安迪·魯賓的電子郵件，上面寫著：『這傢伙他媽的到底是誰，他憑什麼公開談論我的專案？』」顯然地，里奇沒有告訴安迪是他讓戴夫上台分享。

戴夫說：「我和安迪的關係從冰點開始。我認為一切只會變得更好，不可能再更差了。」

隨著時間推移，倫敦團隊開始為 Android 做更多的專案。與此同時，戴夫團隊正在開發的應用程式最終直接被納入產品團隊（如 YouTube）。於是行動團隊解散，戴夫所在的組織轉移到 Android 上。

安德烈·包裝斯庫與倫敦瀏覽器組

安德烈·包裝斯庫的團隊負責倫敦的行動瀏覽器工作。他是這個專案的不二人選，因為這就是安德烈在諾基亞的工作。

在羅馬尼亞布加勒斯特獲得資訊工程的大學學位後，安德烈離開家鄉，前往芬蘭赫爾辛基攻讀碩士學位。他原以為在獲得碩士學位後就會回到羅馬尼亞，而那是二十多年前的事了，他說：「我現在仍在返家的路上。」

---

6 現場即時的程式設計，並不是普通人寫程式的方式。把程式碼貼到投影片上逐一解釋比這簡單多了，當場寫程式的結果可能會讓觀眾感到無聊（假如有很多程式要寫），或是編譯失敗（比如忘記簡單的程式設計原則，在一群百無聊賴的觀眾面前花費許多時間找出問題所在）。但這是一種展示事情能夠多麼輕鬆的絕佳方式，也是戴夫分享這場簡報的目的。

2002 年，安德烈讀完研究所後，在赫爾辛基的諾基亞找到了一份工作。他當時的工作內容是開發一個 MMS 編輯器[7]。「我非常沮喪，我在兩個國家求學，獲得了碩士學位，而現在我在這裡編寫這個無聊的小東西，無法發揮所學，把自己困在一個非常奇怪的 C++ 變體的作業系統上，在那個時代來看這個系統相當詭譎而離奇。當時，我沒有足夠的先見之明察覺到我正在研究一項即將改變世界，並形塑我未來幾十年職業生涯的（行動）科技。」

幸運的是，他在諾基亞遇到了安提・克伊維斯多（Antti Koivisto），後者正在研究一個更有趣的事情。「他正在為諾基亞手機和 Symbian 開發一個基於 WebKit 庫的完整網路瀏覽器。」他們共同完成了這項工作，並將完整的瀏覽器應用程式交付給諾基亞的廣大使用者。

在那個專案之後，安德烈想搬到倫敦。他不在乎下一份工作是什麼，他就是想換個地方。「對我來說，Google 是夢寐以求的公司，但當時我的主要動機是搬到倫敦。我遞出了數百份求職申請，最後只得到了一個回覆：Google。」

安德烈於 2007 年 1 月開始在 Google 的行動團隊工作。最初，他從事的專案是讓 Google 地圖能夠在諾基亞手機上執行。但很快他投入於一個名為 Lithium 的專案，目標是成為 Windows Mobile 的完整網路瀏覽器。

在安德烈的團隊中，有本・莫德克（Ben Murdoch，當時是實習生[8]）、史蒂夫・布拉克（Steve Block）和尼可拉斯・羅亞德。

尼可拉斯・羅亞德與 Google Gears

在上完大學，並在法國的一家新創公司工作後，尼可拉斯到了英國的威爾士攻讀博士學位。後來，研究經費的錢用完了。「我仍然需要養活自己。」因此，尼可拉斯在拿到博士學位後，於 2007 年 4 月在倫敦申請了 Google 的工作，並開始從事安德烈的 Lithium 專案。

7　MMS=Multimedia Messaging Service（多媒體簡訊），這是一個針對在文字訊息中傳送圖片的通訊協定。

8　本後來被聘為全職工程師，在倫敦辦公室一直從事 Android 相關專案。

Lithium 是建立在 WebKit 瀏覽器引擎之上的應用程式。想像一下，你在手機上使用的瀏覽器不是手機系統內建的，而是必須作為單獨的應用程式下載的瀏覽器。這個原型讓人充滿希望，但同時⋯⋯也很巨大。Lithium 要求使用者為他們的手機下載一個（對當時而言）非常巨大的二進制檔案。後來這個專案宣告終止，安德烈的團隊開始著手研究 Google Gears。

Google Gears 是 Google 為當時的瀏覽器提供更豐富功能所做的努力，例如本機儲存和地理定位[9]功能。當這些功能成為 HTML5 瀏覽器的標準時，Gears 最終停止了開發。Gears 於 2007 年推出桌面版，安德烈的團隊則讓它在行動瀏覽器上執行。

起初，團隊將 Gears 移植到 Windows Mobile 上。當 Android SDK 推出後，很明顯 Android 平台和產品至少會在某種程度上繼續存在。因此，這個團隊也致力於將 Gears 移植到 Android 瀏覽器。Gears 繼續作為瀏覽器的一部分發布，直到 2009 年底，最終在 Donut 版本中被棄用；將這些功能直接整合到瀏覽器中更加合理。

在 Android 的早期，Android 團隊之外的 Google 工程師並不能隨便為 Android 貢獻程式碼。事實上，他們不能這麼做；Android 團隊之外的任何人都沒有這樣做的權利或許可[10]。但安德烈團隊的工作對 Android 平台來說非常重要，重要到足以讓他們成為例外。安迪提供安德烈團隊完整的 Android 原始碼存取權限，使他們成為當時除 Android 團隊之外唯一擁有存取權限的團隊。

這個團隊與 Android 瀏覽器合作日益密切，他們越來越被看作是整個瀏覽器團隊的一部分。安德烈的團隊主要專注於具有前瞻性的瀏覽器功能。

9　地理定位功能可以讓瀏覽器（在使用者的許可下）知道使用者的所在位置。這個功能對地圖應用程式來說很實用（如果你想知道如何前往某個地方，那麼先知道起點是個好開頭。）

10　特別一提，Android 程式碼的這種「封閉」情況和 Google 其他程式碼的開放狀態截然不同。在大多數情況下，Google 的軟體都位於同一個的共享函式庫中，工程師們可以輕鬆查看其他專案中的程式碼，甚至可以為這些程式碼做出貢獻。但是 Android 程式碼被存放於另一個地方，甚至無法被非團隊成員查看，更不用說更改了。

例如，他們致力於建立和實施地理定位的網路標準。他們還使影音元素 [11]（HTML5 中的另一個功能）得以在瀏覽器中運作。

2008 年，在 Android 1.0 的準備階段，行動裝置團隊的副總裁維克・岡多特拉（Vic Gundotra）解散了行動團隊，其中包括戴夫・布爾克的倫敦團隊。行動裝置專案被納入到各個產品團隊中。與行動相關工作剛剛展開時相比，行動運算和裝置的市場格局與趨勢走向已經發生了根本性的變化。2007 年中，iPhone 問世（並且大受歡迎），而 Android 也相繼推出。智慧型手機正在迎來一個全新的格局，行動應用程式對公司來說將變得越來越重要，而且 Google 正致力於將行動功能更直接地整合到自家產品當中。

戴夫的團隊的成功有目共睹，其工作成果對於 Android 很有助益，因此在弘・洛克海姆的幫助下，他們說服了安迪將他們全部帶入 Android。他們放棄了為其他平台所做的工作，轉而完全專注於 Android 的開發工作。

Android 和 Web 應用程式

Android 的瀏覽器和 Web 技術日復一日改進，團隊繼續為這個專案投入更多的資金和人力。2013 年，當時 Google 認為讓多個團隊和專案專注於類似的技術目標並不合理，於是 Android 瀏覽器（和 WebView）被 Android 上的 Chrome 取代。WebView 和瀏覽器仍然是行動技術堆疊的重要組成部分，允許使用者瀏覽內容豐富的網站，並允許開發人員使用 Web 技術編寫應用程式。

---

11 影音元素讓影音內容（例如 YouTube 上的影片）能夠在瀏覽器上播放。這個功能對於網頁瀏覽器來說是一項重大的改變，因為在此之前，在瀏覽器中播放影片的唯一方式是透過 Adobe Flash 插件。讓影音功能直接內建於瀏覽器中，這意味著使用者無須再安裝插件就能觀賞影片。這對於行動裝置來說尤為重要，因為 Flash 這類插件基本上無法顯示於這類裝置上。

19
應用程式

行動應用程式生態系統

為 Android 使用者提供的數百萬個應用程式，對於維繫 Android 平台在市場上的地位至關重要。畢竟，應用程式是使用者在智慧型手機上消磨大部分時間的地方。

如果有人現在推出了一個全新行動裝置或平台，卻沒有配套的任何應用程式商店（更不用說商家與使用者雲集的商店），那麼絕對行不通。當 RIM 推出他們的最後一代智慧型手機作業系統 BlackBerry 10 時 [1]，他們新增了一種相容模式，允許使用者安裝和執行 Android 應用程式。這樣做是因為他們意識到 BlackBerry 應用程式生態系統（儘管公司及其手機已經存在市場多年）無法提供如 Android 和 iOS 應用程式商店中廣泛而多樣的應用程式。

但是，即使商店中擁有大量而多元的應用程式，仍然需要一些平台隨附的核心應用程式集，尤其是來自 Google 和蘋果等公司的應用程式，為使用者提供他們預期從這些公司獲得的服務和功能。

Android 剛出現時，那時的生態系統尚未引入其他應用程式。因此，Android 團隊打造了一組核心應用程式，與 Android 裝置一起提供，為使用者提供有趣而吸引人的功能。

如今，這些 Google 應用程式（Gmail、Maps、Search、YouTube 等）由專門的產品團隊進行開發與維護。因此，YouTube 應用程式並不是 Android 團隊的某個小組來負責，而是由 YouTube 部門編寫 YouTube 核心服務和基礎設施、

1　RIM 不再開發 BlackBerry 10 作業系統，也不再推出基於此系統的裝置。目前他們基於 Android 系統來開發手機。

web 版應用程式、Android 版應用程式以及與 YouTube 這個產品相關的任何其他用戶端應用程式。

但在早期，其他產品團隊都無法接手這項工作，他們手頭上還有許多其他工作，無暇為這個未經市場驗證的新平台開發應用程式。此外，直到 1.0 發布，Android 的平台和 API 一直不斷變動。一個擁有成熟產品的團隊只需要對其產品的程式碼稍作調整（畢竟 API 基於這些程式碼），何必來承擔編寫新 app[2] 這麼令人頭疼的工作呢？

於是，編寫這些核心應用程式初始版本的任務落到了 Android 團隊的工程師身上。這些都是個人任務，而不是團體任務，因為很少有一或兩個以上的人同時處理這些初始應用程式（如今個別應用程式都由規模更大的團隊維護與開發）。例如，最初的 Android 版 Gmail 用戶端主要由賽德瑞克・貝伍斯特編寫，麥克・克萊隆對此貢獻了一些效能上的改進。

賽德瑞克・貝伍斯特與 Gmail

> 當我們第一次收到推送通知時，我才體會到了步上正軌的感覺。
>
> —— 賽德瑞克・貝伍斯特

Android 版 Gmail 與其他平台的版本有所淵源，這與它的作者賽德瑞克・貝伍斯特有關。

2004 年，賽德瑞克加入了 Google，在廣告組工作（就像許多具有伺服器經驗的新工程師一樣）。一年後，他在公司內部尋找新的工作，並找到了一個專注於行動技術的小團隊。這個小組致力於使 Google 應用程式和服務能夠執行於那個時代裡的各種行動裝置。賽德瑞克加入這個團隊，開始了 Gmail 的開發工作。他後來領導了一個大約 20 人的團隊，這個團隊開發了 J2ME Gmail 應用程式。

2　菲登說：「他們也對修復只影響到 Android app（如日曆）的 service bug 興致缺缺。他們連調查錯誤原因也不願意。我這番話可能帶了點怒氣。」

那時候還不存在一個主流行動平台（類似今天的 iOS 和 Android），相反地，市場上出現了許多供應商的特定平台，例如微軟的 Windows CE 和 RIM 的 BlackBerry 作業系統。那時還有 J2ME，它聲稱可以執行於各種裝置上，採用相同的語言（Java）和一些 J2ME 庫的變體。因此，一家試圖針對整個生態系統中的各種裝置的公司發現 J2ME 的概念非常誘人。但現實是……J2ME 非常困難。

賽德瑞克說：「我們開始研究如何在 J2ME 上開發 Gmail。我們很快就發現這是一個糟糕的想法。雖然 J2ME 無處不在……但每一個供應商，甚至同一台裝置型號，卻有不同版本的 J2ME。不同版本存在著不同的限制。他們並非實作了相同的配置檔。有些版本有藍牙，有些卻沒有。約束、規範或類似的東西並不存在。任何手機都可以聲稱它們符合 J2ME，卻不支援我們所需的半數功能。所以我們做得很辛苦。」

但賽德瑞克的團隊最終發布了一個 Gmail 版本，這個版本將網頁版 Gmail 的核心體驗重現在這些更小、更受限的裝置上。「我們在大約 300 種不同的裝置上交付了 J2ME 版 Gmail，而且提供了一個相當不錯的使用者介面。有些裝置帶來了不少麻煩，但整體來說我們是成功的[3]。」

在 Android 被 Google 收購後的一段時間，安迪·魯賓聯絡了塞德里克。作為 Gmail 行動版小組的負責人，賽德瑞克是為新生的 Android 平台編寫 Gmail 的潛在人選。他一開始就對此蠻有興趣，在安迪介紹了這個專案的現況與動態後，他立刻就答應了。安迪的團隊是集結了一群底層核心專家，當中許多人都有交付受限行動裝置的經驗[4]。他們正在打造一個基於 Java 程式設計語言的平台（賽德瑞克是 Java 粉絲和專家），他們需要懂得編寫應用程式的專業人士。「我聽說這群人想法很酷，需要他們要用 Java 寫程式這件事讓我更有興趣，這非常吸引人。」

3　2006 年 11 月 2 日，賽德瑞克發了一篇部落格文章分享 J2ME 版 Gmail（*https://googleblog. blogspot.com/2006/11/gmail-mobile-client-is-live.html*）。那時，他才剛加入 Android 團隊兩個月。

4　特別是那些曾在 Danger 工作過的人們。

賽德瑞克和許多早期的 Android 工程師一樣，擁有相關工作經驗和個人意見，並且強烈希望為 Android 做正確的事。「我知道走錯路有多痛苦，而且確切知道我不想再重蹈哪些覆轍。對 J2ME 偵錯，意味著你無法連上一個偵錯程式，你必須在狀態欄上 println()[5] 才能找出你在程式碼中的位置。這絕對是一場惡夢。所以我深刻且清楚地知道我想要改善什麼。」

在他加入時，有兩個正在開發 Android 版本的應用程式：Gmail 和日曆。

如今，讓產品團隊來開發各版本應用程式更加合理。但當時，由 Android 團隊的工程師著手開發，這個作法對於應用程式和 Android 平台本身更有效益。一方面，平台和所有 API 都持續更改，應用程式必須對這些變化做出反應。此外，在許多情況下，應用程式開發人員需要平台做出改動為他們提供支援。像賽德瑞克這樣的應用程式開發人員主要負責應用程式，但必要時他們也會在核心平台和 Android API 上提供幫助，尤其是那些由應用程式驅動的平台改動上。

「我與麥克・克萊隆一起研究版面配置系統、View 系統，如何為佈局和演算法開發出所有原始 API，以及連通區域快速標記的 two-pass 演算法。我與黛安・海克柏恩以及所有其他人一起處理 Intents[6]。我記得在房間裡花了無數小時試圖為我們現在稱之為 Intents 的東西找出最佳名稱。我們花了幾個小時 bike-shedding[7]，試圖找出最好的字眼。最終我們將它命名為 Intent。」[8]

5　println() 是 Java 中將文字輸出到控制台視窗的機制。對 J2ME 進行偵錯基本上意味著將文字直接印出到視窗中。偵錯工具早在軟體領域早期就出現了，但是 println() 方法忽視了所有先進功能，讓一切回到最初令人頭疼的原點。

6　Intents 是 Android 系統根據某個應用程式請求動作來開啟其他應用程式的方式，例如「拍照」會啟動相機應用程式，「傳訊息」則開啟簡訊應用程式。

7　bike-shedding 一詞在軟體工程中用來形容在瑣碎細節上浪費時間的行為。維基百科上將這個詞語等同於「帕金森瑣碎定理」，這個定理顯示，群體將給予更多的時間和注意力來處理瑣碎的問題，而不是用來處理嚴肅而實質性的問題。常見的虛構例子是委員會批准核電站的計畫，他們大部分時間都在討論自行車棚的結構，而不是電廠本身等更為重要的設計。當時確實是這樣的情況，因為在花費大量時間討論它的名稱後，最後眾人決定採用最初提議的 Intents 一詞，這個名稱的靈感源自 PalmSource 就出現過的點子。

8　在外人看來，在命名 API 名稱這件事上所花費的時間精力有些荒謬，但對於 API 開發人員來說一切合理不過了。一個好名稱應該詳實且簡潔描述 API 內容。而且，千萬別忘了，這一個名字將會成為平台與應用程式開發人員之間的公開合約，這是只要平台持續存在，所有人都必須與之共存的名字，因此當然得好好考慮這些 API 的名字了。

「我們都對其背後的大概念感到興奮不已：我們如何讓一個應用程式能夠在不知道另一個應用程式是否已安裝的情況下呼叫另一個應用程式呢？我們會（對應用程式）說：「有人可以處理這個嗎？」如果它們處理了，那表示它們有能力處理。這讓我們非常興奮。」

所有工作都與平台發展和團隊成長同時並進。「我還參與了人員擴張。我們需要 Java 人才。我們立刻需要一百個懂 Java 的人。所以當時我們瘋狂地擴張、招募和面試，還寫了很多程式碼。並且捨棄了很多很多程式碼，因為我正在編寫的很多程式碼都呼叫了 API，而這些 API 在一週後不是被更改、刪除就是修改。」

在平行開發的平台上編寫程式碼時，應用程式開發人員都得拿出十八般武藝。這個平台的許多功能和 API 都在不斷變化，而應用程式所需的多數功能根本還不存在[9]。必須有人實現這些功能才能使應用程式得以執行它們需要執行的操作。在 Android 上，這是透過讓小團隊承擔整個平台各部分和應用程式中的龐大工作才得以實現。羅曼・蓋伊說：「當時團隊很小。做出這些改變非常迅速；我們都有存取整個原始碼樹的權限。我記得在 1.0 之前，我對 View 系統進行了大量更改來清理 API。你提交了一個涉及 800 個檔案的 CL，可以接觸所有應用程式並隨時修復它們。所以這不一定是應用程式必須這樣做，儘管實際情況是這樣。每個人都在全力以赴。」

效能是 Gmail 必須處理的硬性限制之一。最初，Gmail 應用程式的編寫方式是，每一則訊息都有它自己的 WebView[10]。本質上，每一則訊息都是一個獨立的網頁，它造成許多開銷，這些開銷對於使用者在螢幕上看到的文字來說並無額外幫助。羅曼說：「但這在那個裝置上太難了。所以麥克重寫了這一切。」

當時的 Android 工程團隊主管史蒂夫・霍羅偉茲談到了 Gmail 的效能問題。「賽德瑞克採用的架構方法，其效能只能好到某個程度。老實說，其中一部

9　黛安提到了這種狀態：「當你發現你試著在平台上打造應用程式和其他東西時，你不再需要暫停並在平台上實作某些東西才能獲得所需功能時，到了這種時候，你就知道平台開發的下坡期到了。」在開發 Gmail 時，Android 平台距離下坡期還有很長很長一段路要走。

10　WebView 是可能顯示網頁內容（HTML）的 UI 元素。請見第 17 章「Android 瀏覽器」了解更多關於 WebView 的介紹。

分可能只是受當時 View 系統的功能所限。你能堆疊多少個 View 來打造這些執行緒？」

「所以麥克不得不解開一堆東西並重做它，這樣整個執行緒不再是一個獨立的 View，而是你渲染到的一個視圖。我們對 Gmail 進行徹頭徹尾的重新架構，一切努力都是為了讓它發揮作用。」

同時，WebView 的使用需求對團隊提出了額外的要求。採用 WebView 合乎邏輯，因為電子郵件需要 Web 功能。雖然許多電子郵件以純文本模式顯示，但在文本模式中可以包含多樣的內容及格式，因此顯示郵件內容的 HTML（Web）版本是必要的。

所以團隊依賴瀏覽器團隊正在開發的 WebView 組件。但 Gmail 郵件中嵌入的 HTML 並不是純 HTML。它是內容類型的一個子集，以及對如何顯示該內容的預期。在讓它成功顯示於 Android 版的 Gmail 應用之前，首先需要瞭解 Gmail 在後端做了什麼，並讓瀏覽器（和 WebView）團隊能夠顯示這種奇怪的 HTML 變體。

處理 Gmail 也有一些好處。當時開發 Android 應用程式的動力之一是，這個平台擁有其他任何地方都不存在的功能。工程師能夠打造比以前更強大的應用程式體驗。

「當我們第一次收到推送通知時，我才體會到了步上正軌的感覺。我們不太確定我們是否可以保持連線，讓伺服器通知我們『你有一封新郵件。』在 J2ME 版上，我們沒有這個功能。你需要不斷刷新。但在突然某個時候，我能夠傳送一封電子郵件，然後看到我的手機做出了反應。我的第一反應就是跑到史蒂夫・霍羅偉茲的辦公室，把手機畫面秀給他看。他驚訝到連下巴都掉了下來。他知道我們正在努力，但不確定我們能否辦到。」

羅曼・蓋伊說：「我喜歡第一款 1.0 Android 手機的地方在於，我們為電子郵件和訊息提供了推送通知，這在當時造成空前轟動，因為 iPhone 沒有這些功能。我記得我的手機收到電子郵件的速度比我的桌機還要快。我的手機會發出嗶嗶聲，然後幾秒或幾分鐘後，我的桌上型電腦才會顯示有新電子郵件。」

儘管賽德瑞克負責 Android 版的 Gmail，而這整個應用程式有很大一部分仰賴於與 Gmail 後端的通訊機制。這項工作則發生在 Android 服務團隊。

20

Android 服務

一鍵擺脫行動產業前所未見[1]的災難。

—— Android 服務團隊口號

在大多數情況下，Android 團隊的日常運作獨立於 Google 的其他部門。Google 資助了這個專案，定期和 Android 的管理團隊開會了解進展，除此之外，他們都放手不管。Android 團隊埋頭苦幹，編寫作業系統、工具、應用程式以及他們需要的所有其他東西，而沒有與 Google 中更大的工程組織進行互動。

除了服務團隊。

如果你正在編寫一個單機遊戲，只需要處理本機裝置和儲存問題，那麼你可以獨立於任何後端基礎設施或機制來完成。但是對於大多數其他應用程式，處理這個應用程式以外的資訊，或是想要儲存在裝置外的資料，你需要與後端系統進行互動。執行於裝置本身的應用程式實際上只是一個窗口，透過這個窗口，可以接觸到外部伺服器上管理的資料和服務。Maps、Search、Gmail、Calendar、Contacts、Talk、YouTube 等等，這所有的應用程式都依賴於儲存在 Google 伺服器上的資料和功能。

Google 希望透過 Android 作業系統向行動使用者提供旗下應用程式和服務。因此，弄清楚如何將 Android 裝置連結到在後端執行的 Google 服務，這件事的關鍵性不言而喻。

1　丹・伊格諾爾表示在 Danger（被微軟收購多年後）最後由於伺服器故障而丟失大量使用者資料後，這句話後來改成了「一鍵擺脫前所未見（x）的災難」。哎呀。

為了確保這項工作順利進行，Android 成立了服務團隊，最初由佛瑞德·金塔納（Fred Quintana）、馬爾康·韓德利（Malcolm Handley）和迪巴吉特·格許這三個人組成。

迪巴吉特·格許與日曆

迪巴吉特自小就認為在他上大學後，會把主要心力放在科學研究上，一邊透過程式設計來輔助他主要的學術興趣。但上了高中時，他發現自己可以把程式設計作為「主要」的學術興趣。於是他改變了方向，進入大學主修資訊工程，並於 1998 年獲得了碩士學位。

迪巴吉特用了好幾年時間研究語音識別，這個領域日益受到關注，因為它擁有讓使用者透過搭載語音識別功能的行動裝置即時獲取資訊的潛能。2005 年，一位同事去 Google 組建了語音識別小組。他聯絡了迪巴吉特，想知道他是否有意願到 Google 從事行動技術方面的工作。

起初，迪巴吉特對此不感興趣，心想：「Google ？我不想在 Google 工作——這家公司規模太大了。」但是當他思考行動產業的潛在可能性時，他動搖了：「我不確定去 Google 好不好，但如果我能更懂行動科技，這一定很有趣。」

迪巴吉特於 2005 年初加入 Google 的小型行動組（不是 Android 團隊）。這個行動組的使命是讓公司的服務可以運行在現有的行動裝置上，並請迪巴吉特領導伺服器端團隊。「我從事的第一個專案是將傳統網頁的內容進行轉碼，讓它可以在當時手機上非常簡陋的瀏覽器上查看。」手機上的瀏覽器應用程式會發出查看網站的請求。來自該網站的內容被傳送到 Google 伺服器後，會被翻譯成極少數手機裝置才能處理的內容，然後再將這個簡單版的內容傳送到手機上。這類似於 Danger 幾年前用於其 Hiptop 手機瀏覽器的方法，以及更早之前 WebTV 用於其電視瀏覽器的方法，透過伺服器將網頁實際內容轉換成實際裝置上能夠顯示的內容。

2005 年春天，迪巴吉特度假歸來，在他的辦公桌上發現一疊簡歷，並被要求與 Google 有意收購的一家叫 Android 的新創公司的成員談一談。「我當時

大腦還處於度假模式，努力想弄清楚這個叫做 Android 的東西，這究竟是什麼？」

他與該團隊的工程師進行面談，其中包括布萊恩・史威特蘭和費克斯・克爾克派翠克。「費克斯時不時提到布萊恩。所以我很早就認識了一些人。」

迪巴吉特繼續在行動組工作，偶爾會與安迪・魯賓和他的團隊聯絡。然後，在 2006 年底，他聯繫了行動組的前同事賽德瑞克・貝伍斯特。他還與 Android 工程總監史蒂夫・霍羅偉茲聊了聊，瞭解了他們的更多需求。團隊開始將 Google 服務納入考慮，例如，Android 需要弄清楚 Calendar 應用程式，以及如何與 Google 的日曆服務同步。

與此同時，迪巴吉特一直在從事一個業餘專案，那就是將日曆資訊同步到 J2ME 裝置。他仍然對如何讓人們即時獲取資訊很有興趣，而日曆資料是其中一項關鍵。在與 Android 團隊交談時，迪巴吉特發現，如果加入他們，他可以讓自己的業餘專案成為他的全職工作。因此，他轉組到了 Android 團隊，成為負責 Google 服務的第三人。

這個小組內的每位工程師都致力於為特定應用程式提供服務。佛瑞德・金塔納與傑夫・漢彌爾頓合作，後者正在為 Android 編寫 Contacts 應用程式。馬爾康・韓德利與賽德瑞克合作開發 Gmail。迪巴吉特與傑克・明斯塔拉（Jack Veenstra）合作處理 Calendar[2]。這所有的應用程式都同樣需要向／從 Google 伺服器發送資料，因此團隊也合作開發了中心化同步機制。

在服務工程團隊步上軌道後不久，安迪・魯賓請來了他在 Danger 結識的麥可・莫里賽來領導這個專案。

麥可・莫里賽與服務團隊

麥可・莫里賽在大學和研究所主修數學，但他發現自己對程式設計更有興趣[3]。他開始玩 BeBox，後來得到 Be 的工作機會。

2　Calendar 應用程式最一開始是由喬・奧拿拉多著手開發的。

3　Skia 組的麥克・瑞德也有類似從數學轉到軟體工程的背景經歷。我也是。也許學數學的人都是天生的軟體工程師，只是他們還不自知。

列印是麥可認為最有趣的事情之一——他喜歡作業系統、驅動程式和圖形程式之間的互動。這是一件好事，因為當時 BeOS 上的列印功能糟糕透頂。麥可回想：「Be 的創辦人兼執行長讓－路易斯・加西（Jean-Louis Gassee）有一天因為沒辦法成功列印而暴跳如雷。他總是得切換到 Mac 才能印出一些東西。他真的、真的很生氣。」

麥可鼓勵外部開發人員為 Be 編寫印表機的驅動程式。這就是他與馬賽亞斯・阿格皮恩（後來他成立了 Android 的圖形團隊）結識的緣起。「他編寫了這些令人驚嘆的 Epson 驅動程式。他真的很懂印表機顏色輸出。他持續送來這些驅動程式。」馬賽亞斯將這項工作視為一種業餘愛好，不過他後來也加入了 Be。

後來，當產業趨勢注定要轉向網際網路應用裝置，再加上 Be 令人失望的 IPO 後，麥可選擇離開，尋找下一個去處。在弘・洛克海姆的建議下，他於 2000 年 3 月加入了 Danger。起初，Danger 在開發一種小型可以儲存聯絡資訊和電子郵件的隨身裝置，可透過與其他裝置連線進行同步。但麥可加入不久後就爆發了網際網路泡沫，公司迫於產業情勢，開始尋找其他產品方向，後來才出現了 Danger 的 Hiptop 手機。

在 Danger 工作期間，麥可從事後端服務，將手機上的應用程式連線到 Danger 伺服器上的資料以及網際網路。「我喜歡伺服器端，所以我開始構建後端，以及裝置和伺服器之間的通訊協定。」例如，Danger 手機的使用者需要連結許多不同類型的電子郵件服務。Danger 伺服器不會在裝置本身處理這所有的服務，而是連結到這些不同的電子郵件服務，並將結果轉換為 Danger 裝置可以理解的單一協定。同樣，瀏覽器的工作原理是讓伺服器將完整的網頁翻譯成簡易版本，然後傳送到手機上。

Danger 的一項創新是裝置和伺服器之間的持久連線。透過這種連線，裝置會立即收到新的電子郵件或訊息。這在 2002 年是一項空前的創新功能。即使你當時擁有少數具有電子郵件功能的手機，這些裝置通常也需要你手動將它們與你的電腦同步。因此，你會在會議結束一小時後才收到你需要參加的會議的提醒。但是 Danger 手機能讓你知道自己正在錯過這場會議。

2005 年，麥可從 Danger 轉職到微軟，受邀加入一個建立微軟手機的新興專案。當時，微軟將他們的作業系統授權給 HTC 等製造商。但微軟設想未來也生產自家手機。這基本上是蘋果所追求的模式，微軟在此之上又加入了一個可授權的作業系統（就像 Android 一樣，不過 Android 是免費開源的）。

但該專案很難在公司獲得關注，因為它與微軟的傳統軟體業務背道而馳。在一次令人受挫的會議上，麥可回想起，某位高層不願將他們的手機認可為一種 Windows 裝置，因為它無法執行 PowerPoint，即使這個用例完全不是手機的關注重點，而且這個功能非常受限的裝置根本無力承受額外的負擔。諸如此類的會議和其他各種障礙，使得專案難以取得實質進展。

與此同時，安迪・魯賓每一季都會與麥可聯絡，看看他是否願意在 Android 方面提供幫助。最終，麥可對微軟的專案失去耐心，於 2007 年春季加入 Android，領導服務團隊。他了解團隊的現狀後，告訴安迪和史蒂夫他們需要做些什麼。「他們的回應就像：『太棒了！開始吧，衝！我們就這麼辦！』」

麥可協助組織了團隊，以使所有正確的事情發生。「我曾有幸在 Danger 做過這些東西，所以我知道適合這些東西的模式。我看到了更大的全貌，也就是我們必須如何構建服務：如何打造持久連線、傳輸層應該是什麼樣子，以及你必須注意的所有地雷。」

麥可還致力於發展團隊。他需要懂得處理 Google 基礎架構的人。「我很早就意識到一件事，除非我們有來自 Google 內部的人，否則我們將一事無成，因為 Google 的做事方式非常奇怪。如果我們引進具有行動產業領域知識但沒有 Google 知識的人，那麼這不太妙，因為他們要花很長時間才能了解 Google 的做事方式。我認為吸引 Google 內部員工到 Android 團隊中，並在此過程中向他們介紹行動領域的知識，這麼做會更快。」

早期要解決的問題之一是推送功能：當伺服器端發生變化時（例如，一封電子郵件抵達使用者的收件匣，或者某個日曆事件正在更新），伺服器需要更新裝置，好讓這些資料在電話和伺服器之間保持一致。迪巴吉特創造了「tickle」（意指搔癢、逗弄）這個詞。「我們想『逗弄』這個裝置。我們提出

了 Light Tickle 這類術語，讓裝置知道有東西發生了變化，所以要同步資料。Heavy Tickle 則包括實際負載（payload）。我們傾向於使用 Light Tickle 方法，但這取決於每一個用例。」

團隊想出了一種方法，讓手機與後端的 Google 伺服器建立單一的專用連線。這種被稱為「行動連線伺服器」（MCS）的連線是一種持久的連線，可以持續傳送或接收訊息，只要伺服器上出現新的資訊，則手機就會收到通知。每個應用程式對資料都有自己的特定要求，但它們都共享這個單一的連線，伺服器會透過這個連線提醒裝置發生了一些變化。這個連線還用於最初的 Google Talk 功能，用來傳送和接收訊息。

建立與 Google 伺服器的持久連線不僅僅是一個技術問題。它本身也是一種有限的資源。

⌃ 麥可・莫里賽，2008 年 10 月 21 日——G1 發布倒數最後一天（照片由布萊恩・史威特蘭提供）

網路營運團隊控制著 Android 所需的持久連線機制。當時，Google 預設了所有需要網路連線的東西都是基於網路的。資料傳輸請求使用標準的 HTTP 網路請求機制。但 Android 需要使用完全不同的通訊協定，因此他們需要一個

被稱為虛擬 IP（VIP）的專用網路資源。問題是，網路團隊不想給他們這個東西。「出於一大堆我不願深談的無聊原因，給虛擬 IP 這件事是極其罕見的，這很不 Google。實際上只有大約 200 個（虛擬 IP）。一堆都被使用了，網路組根本不想再給。」

迪巴吉特和麥可經常去找網路組，說服他們為 Android 提供 VIP。這類討論對麥可來說並不新鮮：「我的很多工作都在試圖說服 Gmail、Calendar、Contacts 以及所有其他團隊的人，告訴他們這對 Google 來說有多麼重要，他們應該提供我們工程和 SRE[4] 支援。」

最後，網路營運組終於鬆口，（以臨時借用的模式）給了他們需要的 VIP，以及一個友善的賭注。他們表示，如果 Android 在前六個月沒有達到 100 萬使用者，他們將收回 VIP，而麥可和德巴吉特欠他們一箱威士忌。迪巴吉特還記得：「威士忌絕對是這次討論的重點。那可是交易貨幣。」

他們後來在連接埠號碼 5228[5] 上建立持久連線，啟動並成功執行 MCS。

Android 贏得了賭注，儘管麥可說這取決於你何時定義時間框架。網路營運組說，從他們給出 VIP 的那一刻起，而麥可則說從 1.0 發布的那一刻起才算數。無論如何，顯然 Android 已經足夠成功，毋須擔心失去與這所有的 Android 裝置的連線。

發布消防演習

Android 對持久連線的獨特要求意味著 Android 需要在特定資料中心使用專用伺服器。任何接觸過資料處理的人都知道，你永遠需要備份，以防止主系統出現問題。這就是為什麼我們有冗餘磁盤陣列和備份儲存，這就是為什麼許多家庭有兩位家長，這樣孩子們可以在第一次沒有得到他們想要的答案時去問另外一位。

4　Site Reliability Engineer（網站可靠性工程師）：SRE 致力讓伺服器和網路正常運作。

5　尾號 28 取自德巴吉特的曲棍球衣背號。

但 Android 不僅僅是為單個使用者或少數使用者提供服務。他們需要一個可以擴展到更多使用者的系統。一個備份站點是不夠的。第一個系統出現故障是完全有可能的。儘管不太可能，第二個系統也有可能出現問題。因此，他們啟用了第三個資料中心以防萬一；三個肯定足以涵蓋這所有的情況。

發布日：2008 年 10 月 22 日。本週早些時候，Android 的一台伺服器已經停機，但幸運的是，在發布之前又能及時恢復工作。在發布當天，第二台伺服器由於「計畫外維護」而停機。Google 想要研究它，所以他們只是把它從系統中取出。因此，在發布當天，Android 減少到兩台伺服器。幸運的是，對於一個強大的故障安全系統來說，兩台伺服器綽綽有餘。

然後其中一台伺服器著火了。

那天資料中心出現過熱問題，因此他們不得不關閉系統才能繼續工作。麥可說：「我們真的嚇得要死——我們只剩下一個資料中心了！我們剛剛失去了兩個；如果第三個也壞了，任何同步的東西都不會正常工作——聊天訊息什麼的都沒了。我們真的很恐慌。」

最後一台伺服器保持執行，因此沒有出現事故。但是團隊與失敗的距離比他們想像的還要接近。

丹・伊格諾爾與 OTA

> 如果你不夠小心，你的 OTA 下載很有可能讓整個世界變成磚塊[6]。
>
> —— 麥可・莫里賽（丹・伊格諾爾記得他這麼說過）

從一開始，Android 作業系統令人印象深刻的特色之一就是其無線更新系統（Over-the-Air，OTA）。偶爾（或過於頻繁，如果你正在運行內部的預先發布版），你會在手機上收到系統想要自我更新的通知。最終你厭倦了它不停

6　Brick（動詞）：將一個可用的運算裝置變成一個如同磚塊一樣的東西（除了不像磚塊一樣重之外）。Bricking 在行動領域中是個很常見的術語，表示軟體更新造成的問題很可能導致一台手機變成如磚塊般無用的存在（除非你剛好需要一塊昂貴的磚塊）。

地嘮叨，於是你同意它自動更新，然後它下載更新、重啟、自動配置並顯示登入畫面；更新完成，一切就緒。

從使用者的角度來看，這項事實可能並不顯而易見，但你剛剛讓你的手機在執行狀態下完全替換了自身的基本部分，並且一切正常。這就像你在咖啡店排隊時換掉了你的大腦，然後繼續點咖啡，彷彿什麼都沒發生一樣。

這一切都剛剛好奏效。每次都成功。嗯，好吧，有一次……我們等等再談。

早期，該團隊認識到能夠遠端更新手機的重要性。也許是需要更新平台的下一個版本（比如從 Android 8.1 Oreo 升級到 Android 9 Pie）或更小的東西，比如每月的安全／錯誤修復。或者，如果發布版本出現嚴重錯誤，甚至可能需要緊急補丁修復。在任何情況下，裝置都需要一種機制來獲取這些更新，而毋須透過合作夥伴、電信業者以及任何其他可能阻礙 Android 更新向使用者發布的方式。

2007 年 8 月，麥可‧莫里賽招攬了丹‧伊格諾爾來開發更新系統。

丹從小就在接觸程式設計，在他母親教書的大學的電腦實驗室裡度過日常。後來，學校不再允許教職員工的小孩進入實驗室，於是他的母親買了一台 Atari 400 給他。「我一直在玩這台裝置。所有大人都對我在這個可笑的薄膜鍵盤上打字的速度印象深刻。」

大學畢業後，他進入了微軟，再來是一家新創公司，後來到華爾街做 quant[7]。2002 年，Google 舉辦了一場程式設計比賽，丹抱著志在參與的心情參加，結果取得勝利。「他們提供了一個文件語料庫，並說要用它做一些有趣的事情。我做了一個小的地理搜尋應用程式。他們讓我飛到山景城，讓我和一群人交談，問我是否想要一份工作。」

丹拒絕了他們。當時 Google 沒有在紐約設辦公室，而他想留在紐約。他的拒絕讓 Google 團隊感到很困惑，因為比賽本來是一種徵才策略。一年後，

---

7 quant，指量化分析師，運用數學、電腦與金融知識能力為金融產品定價，並決定交易價格與策略。

Google 在紐約設立辦公室，於是丹簽下合約，成為第二號員工。他從事與搜尋和地圖相關的專案，最終搬到了山景城。

與此同時，丹和 Google 的其他人紛紛聽見了謠言，關於安迪・魯賓的保密專案。「這一切都非常隱秘。『他們是在開發相機嗎？』安迪・魯賓——他以前是 Danger 的人，對吧？」

丹一直是行動裝置的愛好者。「打從 Hiptop 手機問世，我一直是忠實粉絲，始終隨身攜帶 Danger Hiptop。我是行動運算的粉絲。我就是那個擁有奇怪的迷你電腦和無線電系統的人，我可以從任何地方上網，這在當時看來非常瘋狂。我是早期 Wi-Fi 和相關技術的狂熱愛好者，那時它還很新穎，有一些使用者討論群組，你甚至會與其他 Wi-Fi 愛好者討論這將如何改變一切。」所以 Android 小組中發生的事情對他而言充滿了吸引力。

與此同時，麥可・莫里賽正在為服務團隊尋找像丹這樣的人。他需要熟悉 Google 後端的工程師，因為 Android 裝置需要與這些伺服器通訊，因此他們需要專家來打造必要軟體來完成這項工作。而時機恰到好處，丹於 2007 年 8 月加入團隊，比 Android SDK 發布早了三個月，比 1.0 發布早了一年。

丹加入了當時由經理麥可・莫里賽以及工程師迪巴吉特・格許、馬爾康・韓德利和佛瑞德・金塔納組成的小型服務團隊。這三位工程師專注於資料同步以及他們正在開發的應用程式（分別為 Calendar、Gmail 和 Contacts）的具體細節。丹從旁協助了其中一些工作，以及整體服務的核心基礎設施，但他主要負責所謂的「裝置管理」（Device Management）。這項工作包括無線更新以及檢查服務（check-in service）。當時已經有一個基本的更新機制，但丹將它改寫到 Android 啟動時使用的系統中。

丹從他的經理那裡得到了無數幫助和建議。「麥可・莫里賽是一位白髮蒼蒼的老手，我的意思是——他年紀並不比我大，話語中卻充滿智慧。他在 Danger 也處理過類似的事情，他看到很多失敗案例，深刻知道現在應該注意什麼、聚焦在哪些事情上、哪些架構可以用、哪些東西會是痛點。他記得很多次，僅僅推送出一個 OTA 來解決某些問題，就將 Danger 公司解救於水深火熱之中。因此，這一點非常重要：如果你的某些東西表現不佳，你可以快速發布修復程式。或者，如果存在一些安全問題，重要的是你要透過

OTA 非常迅速地推出臨時解決辦法。如果我們可以自行避免問題蔓延，我們不想拖延任何一刻，拖到讓電信業者處理。」

同時，OTA 系統本身必須經過精心設計，以預測所有可能出錯的事情，從裝置空間不足到在更新過程中重新啟動，再到安全漏洞等等。團隊對這所有的問題進行了認真思考，並提出了一個迄今為止行之有效的架構。

首先，團隊將裝置上的資料位元分為「系統」和「資料」。系統分區包含 Android 平台本身以及預先裝好的應用程式，這些應用程式是唯讀的（OTA 更新除外）。裝置上的其餘內容，包括已下載的應用程式、應用程式數據、使用者偏好和帳戶資訊，都儲存在資料分區中。這種分區意味著，萬一出現災難性問題，裝置可以回復到原廠設定，清除整個資料分區，手機至少可以正常工作。使用者必須重新設置他們的帳戶並重新安裝應用程式。而且他們有可能遺失了一些特定於應用程式的資料[8]。但無論如何，大部分資料都是安全的，因為它們要嘛儲存在外部 SD 卡上，要嘛被儲存在雲端裡。

在更新期間，唯讀系統分區會受到影響，因為來自更新檔案的新資料位元必須去的地方。問題是：更新系統如何保證有足夠的可用空間，修改正確的位元，並且即使在更新期間手機重啟或電池耗盡的極端情況下也能夠繼續更新？

解決方案是進行一系列增量式更新。因此，更新不是將整個 Android 系統視為一個無定形的整體，而是將系統分成單獨的部分，由它們自己處理。舉例來說，更新可能包含框架、媒體堆疊和 SMS 驅動程式的新位元。那麼，這些位元可以駐留在不同模組中，進而被分開處理。更新系統為這些模組中的每一個打包更新，在開始更新過程之前下載這所有的模組。當手機重啟並開啟到更新應用程式時，這個應用程式會一個一個地遍歷這些模組，安裝每一個模組，驗證結果是否符合預期，將新的位元替換到舊模組之上，然後到下一個模組進行同樣動作。如果手機在更新過程中當機或重新啟動，它可以從中斷的地方繼續，而不會使系統處於某種未完成、不確定的狀態。「我們的目標是，即使螢幕上寫著『不要關機』，但萬一在更新過程

8　不！我得從零開始玩 Candy Crush 了！

中出現了任何次數的電源循環、電池電量耗盡,它最終仍會達到一個已完成、更新的狀態。」

空間不足是可能發生的問題之一。如果裝置上沒有足夠的記憶體來下載更新會發生什麼事?或者,如果更新檔案對於可用記憶體來說太大,並且在更新過程中空間不足又怎麼辦?這在早期的 Android 裝置上尤其令人擔憂,因為記憶體空間非常寶貴,使用者完全有可能用盡大部分可用的儲存空間。

幸運的是,團隊預料到了這個問題。團隊的主要策略是運用快取(cache),確保足夠的更新空間。「我們有一個專門用於更新的快取分區。它是共享的。應用程式可以將允許刪除的臨時數據放在那裡。但主要是為了讓 OTA 系統可以下載到這個地方。」雖然快取在表面上可供應用程式存放臨時檔案,但其真正目的是使更新系統能夠正常執行,以便手機始終有足夠的空間讓更新下載和安裝。

當然,理論上總是存在系統耗盡所有儲存空間的可能性。畢竟,Android 是為了提供手機製造商用於各種不可預測的配置而建立的。在這種情況下,也許 OTA 是不可能的;但它仍然不會讓手機處於無法使用的狀態。「有一些奇怪的事情是裝置已滿,快取已滿,沒有人刪除這些數據,於是 OTA 下載可能會失敗。所以你可能得不到你的 OTA,如果它很重要,那就有點不妙了。但這並不像手機更新,結果變成一塊磚頭那麼糟糕。」

最後被加入更新檔案的東西是安全性。更新檔被允許寫入其他唯讀分區,以便更新裝置上的核心作業系統。那麼,如何阻止一些惡意軟體冒充更新檔並擅自更改系統軟體?

在 Android 安全團隊的幫助下,丹和團隊採用的方針是只允許受信任的檔案替換系統上的檔案。每個更新模組都將使用可由系統驗證為受 Android 信任的密鑰進行簽名。安全團隊增加了另一層保護,以便每個完整的更新檔除了每個單獨模組使用的密鑰加密之外,又多了額外一層密鑰加密。有了這所有的保護層,系統就被視為安全的,並被允許交付(和更新)。

在發布後,丹上網搜尋評論分享,查看是否有人在關注更新檔的安全方面,以確保沒有問題。他在一個駭客論壇上找到了關於它的討論。「人們對駭入這款手機很感興趣。一位在論壇上頗有聲望的用戶說:『放棄吧。它

們的程式很可靠。我可以看出它如何運作。你是不可能駭過去的。遊戲結束——去找別的樂子吧。』」

丹在那年的年度績效評估中引用了這一討論,在提及他在 OTA 系統的貢獻時,他總結道:「網路鄉民已經審查過我的程式了。」

Android 的 OTA 最令人印象深刻的事情之一是,它們從一開始就非常可靠。團隊中的工程師已經進行了數百次更新,無論是內部預先發布版本,或是官方正式版本,都沒有問題。

但是有一次……

最初,更新機制為整個系統提供了一個單一而巨大的二進制檔案。因此,即使只有一個用於平台某特定區域的小更新,更新機制仍然需要下載和安裝整個系統。這麼大的更新所需的檔案大小、頻寬和時間,(對於使用者或營運商來說)這不是一個很好的體驗。

在 1.0 之後不久,OTA 團隊(現在包括道格・鐘格和丹・伊格諾爾)實施了增量更新。系統會找出舊系統和新系統之間發生了什麼變化,並且只會下載並安裝發生變化的部分。該系統工作正常,團隊準備正式發布。

當時,麥可正從西雅圖搬到山景城。他想:「一切看起來不錯,我要休息一週,搬好家。幾天後,在星期二晚上十點,我的電話響了。是丹・伊格諾爾的來電。我接了電話,說:『丹,怎麼了?』他說:『首先,我想讓你知道,一切都很好。』這番話立即告訴我——大事不妙了。『但……我們把一堆手機變磚塊了。』」

問題在於,用於為該更新檔建立增量的圖像與 HTC(G1 的製造商)放在手機上的圖像略有不同。只有在系統完全匹配時,使用增量的更新機制才能有效工作。因此,當這些手機上套用更新時,系統損壞,手機變成磚塊。

好消息是只有 129 台手機受到波及。對於那些使用者來說,這當然是無妄之災,並且必須進行大量的客戶服務工作才能更換這些手機。但是在所有 G1 手機中,僅有 129 台手機受到這種災難性故障的影響,已經是不幸中的大幸了。問題如此可控的原因是,團隊所採取的階段式發布和檢查服務機制按

預期工作；丹和道格在更新推出時一直在監控它們。他們立即發現了問題並停止了更新，直到他們診斷並解決了問題。

這次失敗還催生了新的政策和流程，確保不會再次發生意外。截至目前為止，意外尚未發生。

當團隊開發 OTA 系統時，無線更新對於行動裝置來說並不常見（當然 Danger 除外）。iPhone 剛推出時並沒有這樣的更新。如果要更新 iPhone，你需要將手機與 Mac 連線，就像在 iPod 上同步音樂一樣。如今，無線更新變成一個基本條件。你的手機會以無線方式下載並重新配置其整個作業系統，然後重新啟動進入新作業系統，一切如此順暢直覺。哪來出錯的可能？

使 OTA 更新可靠工作的另一個必要部分是檢查服務，它為 Android 伺服器提供了在現場監控裝置的能力。

陳釗琪與 Check-in 服務

陳釗琪從 8 歲起開始接觸軟體開發，當時她的母親讓她參加了暑期的程式設計課。他們以為這堂課只是教人如何使用電腦，但內容還包括了 BASIC 程式語言，而陳釗琪樂在其中，她在學習中獲得的成就感令她非常快樂。「身為一個 8 歲的孩子，我真的很喜歡向電腦發號施令。畢竟在現實生活中，是人們對我發號施令。但作為一個孩子，你實際上可以告訴電腦，讓它幫你完成某件事。」

多年後，在獲得資訊工程碩士學位後，她於 2003 年加入 Google，從事搜尋品質方面的工作。這個專案很適合她，因為她在研究所時專門研究文字處理。在搜尋組工作了幾年之後，她開始想嘗試一些新的東西。她認識 Android 團隊中的幾位朋友，包括她在搜尋團隊中認識的丹·伊格諾爾，因此她於 2008 年 2 月加入了服務團隊。Android 團隊在去年秋天推出了公開 SDK，但此時距離 1.0 發布還有幾個月的時間。

和丹一樣，陳釗琪在 Google 後端基礎架構方面也有經驗，因此服務組是她加入 Android 團隊的最佳選擇。後來，她到 Android Market 組和 Maps 組工作。但當她剛加入服務組時，她協助開發了檢查服務，為 1.0 版本的發布做好準備。

隨著更新檔陸續被下載到手機中，檢查服務也與 OTA 一同推出。根據他在 Danger 的經驗，麥可深信要以一種可追蹤和回復的方式緩慢推出更新檔。丹記得：「麥可告訴他：『如果你不夠小心，你 OTA 下載很有可能讓整個世界變成磚塊。』麥可很有先見之明地堅持分階段推出 canary[9] 流程，也就是首先向內部使用者推出更新。我們將有一種方法來監控他們是否真的用手機的新作業系統重新啟動，並且仍在使用它進行檢查。我們將擁有這些圖表（檢查結果的即時圖表），讓我們可以將其交付給內部使用者，並在他們全部重新啟動時觀察它的表現。然後我們會將它提供給 0.01% 的外部使用者，觀察相同圖表以防奇怪的情況出現。然後我們會從 0.01% 到 0.1%，從 1% 再到 10%，以滾動式調整的方式推出更新，持續觀察這些圖表並尋找信號。」

傑出服務

服務團隊為 Android 提供的底層能力不容小覷，它們是使 Android 平台對使用者如此強大的基礎。諸如核心和框架之類的平台部分，對於裝置的正常啟動和執行是不可或缺的要件。但是，如果沒有允許使用者獲取即時消息和電子郵件、同步日曆或聯絡資訊，或是獲得必要版本更新的各式服務，作為一個智慧型手機平台，Android 不可能如今日這般引人注目。

9　Android 團隊使用 canary（金絲雀）一詞來代指任何他們正在談論的軟體技術版本，就像煤礦中的金絲雀一樣（用來檢測礦坑中有毒氣體的危險程度），金絲雀版本的軟體將是首先遇到問題的版本，而團隊先對一小部分金絲雀使用者測試，然後再向更多使用者推出正式版本。

21
地點、地點、地點

查理斯・曼迪斯與 Bounce

Maps（地圖）是行動裝置中最吸引人的應用程式。查看你的所在位置，並導航到你想去的地方，對於所有手機而言，這都是一款名副其實的殺手級應用程式。但在很早很早之前，早在 Android 1.0 發布前，這個應用程式尚不存在。為了實現這一目標，Android 必須招攬人才，組建團隊。

與此同時，Google 的另一位工程師——查理斯・曼迪斯，想出了另一個需要地圖技術的應用程式。

查理斯・曼迪斯過去在澳洲的銀行業工作，在朋友的鼓勵下申請了 Google。這位朋友後來去了 Amazon，而查理斯於 2006 年加入了 Google。「我想去看看美國是什麼樣子。我還沒有去過那裡。我和老婆已經結婚了，我們想四處旅行，看看這個世界。這似乎是在美國生活和探索這個國家的好方法。當初的計畫是四年後搬回雪梨組建家庭。」這是很多年前的事了，查理斯目前仍然住在加州，也還在 Google 工作。

查理斯一開始在廣告組工作。「剛加入 Google 時，你有兩個選擇：Search 組或 Ads 組 [1]。你是想做搜尋，還是想賺錢？我那時被分配到 AdSense 組。」

查理斯當時對行動技術並不是特別感興趣。「當時我沒有手機。我從來就不喜歡手機，它們讓人很痛苦。人們可以在任何時候騷擾你。誰會想要那種東西呢？」

但第二年，查理斯的妻子懷上了他們的第一個孩子，這讓查理斯有了開發一個新應用程式的念頭。「我想知道她在哪裡。如果我必須接送她去醫院，我希望能夠知道她的位置」，他想構建一個可以為他提供這些資訊的應用程式。

2007 年春天，他設法從 Android 團隊獲得了一些硬體。「我騷擾了萊恩・吉伯森和布萊恩・喬納斯，讓他們給我幾台 Android 裝置。」

「我想更加熟悉 Android 開發，所以我說服了我所在的團隊，也就是 AdSense 前端組，作為開發者計畫加入 Android 團隊。萊恩當時安排了一項挑戰，他們希望有人來編寫應用程式，而獲勝者將獲得更多 Sooner 手機。我想要更多台手機 [2]，因為我希望一台給老婆用，一台給我用。所以我們製作了一款名為 Spades[3] 的遊戲。這是一款多人連線遊戲，可讓四個人同時遊玩。我以前常常在星期五和他們一起玩這個遊戲。」

這個團隊在幾個月內把 Spades 應用程式編寫出來。

「在我們寫出這個 app 之後，我們再也沒有玩過這款遊戲。我常常騷擾他們，請他們測試一下，而他們的回應就像是：『我痛恨這個遊戲，我再也不想玩了。我不想以任何形式再次玩這個遊戲。』」

---

1 當時 Google 有許多不同專案正在同時進行，包括 Google Maps。但在查理斯進公司時，許多工程心血（包括工程師人力）都投注在搜尋和廣告領域上。

2 這並不是說查理斯和他的團隊只想要免費獲得獎品，這是獲得這些手機的唯一渠道。在 1.0 發布前唯一能夠實際運行 Android 系統的手機，就是 Android 團隊手中的少數幾台原型機。當時查理斯想要多幾台手機以便開發和測試，所以他能做的就是向 Android 團隊證明他會好好運用這些獎品，用來積極開發應用程式。

3 玩法就像同名的撲克牌遊戲。

「好消息是我們獲得了第三名，參加獎是一堆手機。」

那是2007年8月上旬的事。查理斯現在有了團隊所需的手機，而且他還擁有編寫 Android 應用程式的經驗。現在他可以著手編寫最初想到的位置應用程式，用來追蹤朋友的位置。他把這個 app 稱為 Bounce（意謂彈跳）。

「我們想像人們四處跳來跳去。任何時候我都能看到你在哪裡。問題是，我要如何獲得具體位置？那時（在 Sooner 手機上），我們還沒有 GPS。所以我從 Amazon 上買了這些藍牙 GPS 定位器。藍牙功能在 Android 中沒用，有藍牙卻沒有 API。」也就是說，系統具有藍牙功能，但無法透過某個應用程式存取該功能，因此 Bounce 無法透過藍牙與 GPS 定位器通訊。

但是，應用程式可以向系統發出指令，就像你可以在 Windows 上的 DOS shell 或 Mac 上的終端控制台中輸入指令一樣。

「我們用一條非常長、非常複雜的指令，確實建立了應用程式與 GPS 定位器的藍牙連線，這一切都是為了繞過我們沒有 GPS 這個問題。然後我可以讀取 GPS 的連續資料流，然後寫入藍牙。」

所以現在查理斯透過藍牙獲得了來自 GPS 定位器的位置資料。但是如何處理資料流呢？他不想編寫伺服器來記錄位置；只想用它與朋友來回傳送即時位置。

「我們開始使用 SMS 當作傳輸協定和伺服器。你會有一個帶有 GPS 定位器的裝置，而我也會有一個。當我打開應用程式時，我可以說「請求（朋友的）位置。」然後這時你的裝置會傳來一則簡訊，而 Bounce 應用程式會攔截這則簡訊，然後問：「查理斯是我的朋友嗎？如果是，請讓我回傳我的 GPS 位置。」

「所以我們做出了一個基礎版本，我老婆可以知道我的位置。」

9月15日，Google 管理高層準備審查 Android SDK 是否就緒。艾瑞克·史密特、賴利·佩吉和謝爾蓋·布林都會出席。安迪·魯賓和史蒂夫·霍羅偉茲一起出席，他們要求查理斯 Demo 他的 Bounce 應用程式。

那天早上，Demo 還沒有完成。查理斯和他的團隊在 Bounce 中加入了一項名為 *Memory Lane* 的功能，可以顯示你的位置歷史紀錄。但這個功能才剛上線，而從那時起，查理斯只能在公司和家中兩點一線（偶爾才回家）。他需要加入一些實際的位置紀錄才能好好展示這項功能，因此他準備坐上駕駛座，從家中出發到公司的沿路上停留，好加入一些資料點。

早上 9 點整，他準備出發。「我剛要確認已經配對好藍牙，然後我走進會議室。艾瑞克坐在會議桌最前方，賴利和謝爾蓋坐在他們平常的椅子上。喬納森‧羅森伯格也在。會議室非常擠。整個團隊都在那裡。我坐在後面，然後安迪‧魯賓開始說話：『我們會討論 Android 是什麼，最後我們將進行一些 Demo。』」

「艾瑞克說：『直接跳到 Demo 環節吧。』」

「然後他們看向我：『好吧，查理斯，換你上場。』」

查理斯向他們展示了 Bounce，然後在剩下的時間裡回答他們關於當時 Android 開發（應用程式）情況。

最後，艾瑞克告訴安迪，他們獲准發布 SDK[4]。兩個月後，他們成功辦到了。

「會議後，安迪轉向史蒂夫說：『我要那傢伙加入我的團隊。去搞定這件事。』然後史蒂夫告訴我：『嘿，你要加入 Android 團隊了！』」

「我當時回答：『哦，其實我在 AdSense 組也過得不錯。』」查理斯剛剛成為團隊的技術主管（Technical Lead），工作很順利。「但史蒂夫又找我談了談，他成功地說服了我。幾週後，我加入了 Android 團隊。」

原本計畫在當年 11 月的發布會上展示 Bounce。在那時，Bounce 採用 Google Talk 連線，這也是其他 Google 服務所使用的連線方式，這比它過去所使用的 SMS 還要更好。但當時 Google Talk 還不是很穩定，連線經常中斷，而兩邊的

4　同一時期，查理斯的第一個孩子也準備出世。在差不多的時間，當查理斯在公司上班時，他老婆打電話給他：該去醫院待產了。查理斯去接他老婆，幾個小時後，他們的兒子誕生了。他們最後沒有用到 Bounce 來掌握彼此的位置，但他老婆的確是用 Sooner 手機聯絡他。

應用程式也束手無策。最後,史蒂夫決定不進行 Bounce 的 Demo,避免在媒體面前不慎失敗。

最終,查理斯需要將 Bounce 從 Demo 變成正式的產品。他做的第一件事就是搞定 Google Talk 連線。查理斯與黃偉合作,他們後來讓 Google Talk 成功運作,將它用於 Bounce 和其他 Google 服務應用程式。

Bounce 需要改進的另一部分是定位服務。查理斯用於 Demo 版本的 GPS 定位器只是早期沒有 GPS 功能的 Sooner 手機的臨時解決辦法。在 9 月的那場高層會議上,謝爾蓋建議他從手機基地台和 Wi-Fi 資料中獲取位置。這種方法正在進行中:查理斯已經開始與同棟大樓的另一個團隊合作,這個團隊正在實作地圖功能的「我的位置」(My Location,又暱稱為「藍點」)。這項技術使用手機基地台和 Wi-Fi 路由器上的資料來放置藍點,以藍點周邊圓圈的大小表示半徑的不確定性(因為手機和 Wi-Fi 位置不如 GPS 精確)。

但查理斯還需要為其他具有更多內建定位功能的手機進行規劃。G1 手機實際上具有 GPS 硬體,因此 Bounce 可以在 GPS 可用時直接使用其位置資訊。

查理斯與麥可・洛克伍德(Mike Lockwood)合作,後者正在編寫對 GPS 和其他硬體感測器的軟體支援。但查理斯在裝置上使用 GPS 時遇到了一個問題:「它真的很耗電,而且真的很慢。」解決方案是讓定位服務使用更輕量、更近似的手機／Wi-Fi 資料,而在使用者直接使用地圖應用程式則啟動 GPS,以獲取更準確的位置資料。這種方法避免了 GPS 硬體持續運行所造成的電量消耗,也能在使用者明確需要時提供更準確的位置資訊。

Bounce 需要的最後一件事是它的正式名字。Bounce 只是一個代號,而產品在正式推出時需要一個真實的、可作為商標而且不侵權的名稱,所以團隊,嗯,在好幾個名字之間猶豫不決。

「Google 有一個團隊,他們的工作就是幫東西取名字。我們去找他們。他們手頭上有一堆名字,其中很多是受版權保護的。我們說:『我們想找一個類似 Friend Finder 的名字。』然後有人指給我們看了一個叫做 Adult Friend Finder 的成人約會網站。所以我們決定不往這方面做聯想。」

團隊深陷找不到好名字的苦惱。然後他們在發布前幾週與賴利‧佩吉有了一場對話。「賴利說：『Latitude 怎麼樣？你知道，這個詞有著自由、運動的意涵……而且它與位置有關。』所以賴利‧佩吉想出了這個名字。」

顯然，Google 創辦人和管理階層的工作量對賴利‧佩吉來說遠遠不夠。他還能為產品命名。

目前，Latitude 已作為一項功能整合到 Maps 應用程式中，而不是單獨的應用程式。它沒有隨著 1.0 版本發布，因為當時需要完成更優先的工作。但在幾個月後，它於 2009 年 2 月同時在 Android、BlackBerry、Windows、Symbian 和網際網路上發布。

Maps

「應用程式由於所有權問題有些爭議，」史蒂夫‧霍羅偉茲說：「比方說：Maps（地圖）。它就像 Google 的明星 app。實際上，Google 在行動裝置中真正擁有的只有 Maps 應用程式。所以我們想編寫 Maps，或者（從行動團隊那兒）帶來 Maps 這個應用程式，但行動團隊並不是 Android 的忠實信徒。終於，我們說服他們派一名工程師協助將 Maps 移植到 Android 作業系統。他（亞當‧布里斯（Adam Bliss））來自 Maps 團隊，是讓 Maps 應用程式成功執行於 Android 的關鍵人物。」

鮑伯‧李與亞當共用一個辦公室。「他正在開發 Android 的第一個 Maps 版本。我們有一個 G1 螢幕的原型。他做了一次 Demo；地圖第一次佔滿了全螢幕。你可以在螢幕上移動方位。於是，安迪‧魯賓交給他的團隊第一個 G1 原型。」

2007 年底，查理斯加入了亞當的工作，查理斯將他的 Bounce 應用程式放在一邊，專注於交付 Maps。「我加入 Android 是為了開發『Bounce』，但很快它就被封殺了，因為我們有更優先的任務要做。在我們擁有華麗的位置追蹤功能之前，我們需要先搞定 Maps 應用程式。」

Maps 並不是查理斯的全部工作。像 Android 團隊的其他成員一樣，哪裡需要他，他就得做任何事情。「我做了很多 Dialog API，並在系統伺服器中處理了 ListView、TextView 和基礎內容。每當黛安工作超出負荷時，我至少能幫忙

修復她的幾個 bug，或是傑森・帕克斯、傑夫・漢彌爾頓、麥克・克萊隆，只要他們有需求，我隨傳隨到。我最終成為了一名消防員，有地方需要我就到哪兒幫忙。SMS 應用程式、MMS 應用程式、Gmail 應用程式等等，我做了不少東西。但主要是在亞當的 Maps 應用程式上。但我也想要 MapView API 和 Location API，因為（Bounce）需要 Location API。」

在加入 Android 大約一年後（大約在 Android 1.0 發布的時候），查理斯轉組到 Maps 組並成為主管。「有一個 Maps 團隊正在與我合作開發 My Location。我想：『嘿，我們應該採用 Maps 應用程式，我們應該與那個團隊合併，擴展更多 Maps 應用程式的功能。』回顧過去，Maps 可以在 Windows Mobile、Symbian 和 BlackBerry 等平台上執行。BlackBerry 是當時行動裝置的王者。那是聲勢最浩大的地方。它在那裡有更多的功能，比如大眾交通功能。因為在世界各地有大約 30 到 80 人在開發這個應用程式，而當時只有我和亞當在 Android 上開發。但我們用的是相同的 API，我們使用的是他們的伺服器 API。最後，經過大量討論，我從 Android 團隊轉到了 Maps 組（和亞當・布里斯一起）。我留在 44 號大樓。我只要搬一下工作桌到隔壁就好。」

加入該團隊的部分目標是讓 Maps 成為行動地圖的領導者（適用於 Android 和其他平台）。但領導這支團隊並不意味著能夠遂其所願。「當時，我試圖說服所有人：『讓我們停止在 Symbian、Windows Mobile 和 BlackBerry 上的工作，全面轉向 Android，因為我認為這才是未來。』每個人都說：『你瘋了！我們一個 Android 使用者都沒有。看看每個月有多少台 BlackBerry 手機出貨！這比你一整年的 Android 手機出貨量還要多。』」

「最後，我們決定從為 Android 構建的函式庫轉移到我們所謂的『統一函式庫』。我們採取簡化策略，沒有使用所有的 Android API。不能使用 HashMap，只能使用 Vector。不能使用 LinkedList，只能使用 Vector。基本上，Vector 是我們所擁有的唯一的資料結構。」

「我們轉移到那個函式庫，它為我們提供了許多 Android 功能，因此 Android 使用者突然擁有了更多功能齊全的 Maps 應用程式。但我無法使用 Android 的所有功能。」

最後，在 2009 年末推出 Droid，並且 Android 開始獲得龐大的使用者之後，Maps 組的對話內容開始發生變化。「那時我終於可以有底氣對團隊裡的人們說，隨著 Android 的成長，我們將準備從 Symbian、Windows Mobile 和 BlackBerry 把開發重點轉移到 Android 上。」

「我還記得我接手團隊的情景。兩年後，我才說服他們全面投注於 Android 上。在那之前，人們的反應就像：『不，我們必須支持所有平台。』但在之後，尤其在 Droid 發布之後，我們的使用者群體開始飛速成長。我們開始能夠進行 Wi-Fi 掃描、手機網路掃描。一開始，我記得顯示不確定性半徑的藍色圓圈大概是 800 公尺。在一兩年之內，我們設法將手機網路的位置資訊降到 300 公尺以下，而 Wi-Fi 的位置資訊則介於 300 到 75 公尺之間。因此，僅僅來自 Android 使用者回傳的駕駛資料[5]，確實能讓藍點變得更加緊密精確。」

導航

「在我加入 Maps 組的同一時間，」查理斯說：「我開始研究 Turn-by-turn 導航。那時候，你會付錢買 Garmin 來幫你導航。或者每月支付 30 美元在 iPhone 使用定位導航服務。我們覺得我們可以做出這種美妙的體驗。」

但必須首先解決另一個問題：Maps 應用程式的資料格式。當時在 app 中展示的地圖基本都是靜態圖片，無論是可用性還是尺寸都存在不少問題。「我們使用的是 PNG 點陣圖[6]。如果你旋轉方向，地圖上的文字就會上下顛倒。如果你想傾斜地圖也辦不到。」此外，地圖影像的檔案很大，需要很大的頻寬才能下載。

當時在西雅圖辦公室的基爾斯・伊藤（Keith Ito）正在研究 Turn-by-turn 導航。為了解決資料問題，他研究了一種用向量來顯示地圖的新方法[7]。向量

5　Android 從手機蒐集關於 Wi-Fi 和手機基地台位置的經匿名處理資料（使用者在使用服務前可以選擇同意與否）。當出現在某個位置的手機越多，就有越多關於該基地台和路由器的資料，而這些位置資訊將變得更準確，讓其他手機更能夠追蹤定位自己的位置。

6　PNG 是一種圖片的檔案格式，就像 JPEG 或 GIF。

7　向量是一種具有位置與方向的線性元素。地圖資訊基本上就是線性元素的集合，因此以向量圖來表示位置資料是很貼切的辦法。

是一種用幾何圖元而不是用像素來描述圖像（如地圖）的方法。伺服器不再是傳送地圖圖像（圖片中嵌入了文字），而是傳送一個帶有幾何圖元的描述訊息，由裝置以適當的解析度和旋轉度繪製成圖像。並且它使用的資料檔案大小遠遠少於 PNG 圖像。

基爾斯製作了這些基於向量的新地圖，並將 Demo 寄給山景城的查理斯，後者又將 Demo 帶進安迪的辦公室：「賴利・佩吉也在場。我給他們看了向量地圖。你可以傾斜和縮放地圖。以前，縮放地圖很不流暢，現在你可以一點點放大，也可以一口氣縮小，文字不會變形。」

但是這裡存在效能上的取捨。「在 G1 上做這件事太難了，因為我們得做很多圖形渲染。」也就是說，與顯示點陣圖相比，一個一個按向量繪製地圖的幾何圖形需要更多的精力和時間。然而它的資料量小了一千倍。

安迪知道這對即將推出的 Verizon 裝置很重要。「Turn-by-turn 導航是 Droid 的重點特色。」基爾斯繼續與查理斯合作開發，打磨向量地圖和 Turn-by-turn 導航功能（讓地圖隨著行進方向旋轉）。

在 Droid 上啟動這個功能仍然存在障礙。一方面，Verizon 已經有一個現有的應用程式 VZ Navigator，他們希望繼續提供這個導航 app 並以此收費。不過，Turn-by-turn 導航功能確實進入了 Droid[8] 手機，並進入了廣大使用者的眼簾。它不僅有助於推動導航和地圖的廣泛使用，還有助於刺激 Droid 的銷售量。人們發現，他們可以使用手機和現有的資費方案，前往他們想去的地方。

8　*http://googlemobile.blogspot.com/2009/10/announcing-google-maps-navigation-for.html*

22

Android Market

現在，我們理所當然地認為有一個地方能夠買到心儀的應用程式。你手上拿著一台手機，現在你想要某個應用程式——到應用程式商店購買下載。這一切再自然不過了。

但早在 Android 和 iPhone 出現之前，這個簡單的生態系統並不存在。問題並不是這些公司不希望它存在，他們一直在嘗試創造類似的東西。你可以從電信業者那裡購買服務（主要是鈴聲和簡單的實用程式）或是各種遊戲。但是一個銷售應用程式的「專賣店」並不存在（畢竟當時並沒有太多應用程式能為那些功能有限的裝置提供更多功能或服務），因此那時候的使用者並沒有錯過太多。但是一旦裝置本身變得足夠強大，能夠執行真正的應用程式，這時使用者開始需要一種取得應用程式的簡單方法。

但這時的電信業者早已建好無數個圍牆花園[1]，控制人們如何造訪早期的應用程式商店。他們希望避免惡意或不良應用程式攻擊他們的網路，因此不希望隨機的應用程式在他們的網路上執行卻無從控制。他們建立了專屬的應用程式商店，放上經過挑選的應用程式，就好比 Danger 手機上的應用程

1 　請參考第二章「DANGER, INC」部分。

式商店。但是，額外的流程和麻煩阻擋了許多開發人員上傳自己開發的應用程式，也阻礙了應用程式商店生態系統的形成。

Android 想透過 Android Market 解決這個問題。他們想要一個任何人都可以上傳應用程式的商店。主持 Android 服務團隊的麥可・莫里賽告訴尼克・席爾斯，他的目標是：「我希望一個住在堪薩斯州的 14 歲孩子，能夠在早上寫出一個應用程式，然後在下午將它上傳到 Android Market，銷售給所有使用者。」

這個概念令 T-Mobile（Android 的 1.0 裝置 G1 手機的發布合作夥伴）憂心不已。他們要如何證實堪薩斯州的那個孩子不會上傳一個可能破壞他們網路的東西呢？

因此，為了研擬實現這個願景的具體細節，Android 和 T-Mobile 之間展開了漫長的討論。為了讓 T-Mobile 點頭同意，Android 團隊必須做兩件事。首先是向 T-Mobile 保證他們的網路安全無虞。其次是在推出 Android 商店的同時，也讓他們擁有自己專屬的應用程式商店。

第一個要求是安全性，從擁有一個安全的平台開始。鑑於應用程式的核心級沙盒，Android 團隊成功說服電信業者，Linux 安全標準足以確保安全性。接下來，團隊要求開發人員實際參與，並使用在 YouTube 上現有基礎設施和政策進行審查，驗證開發者個人不會對公司帶來不合理的風險。此外，他們利用群眾外包的方式，建立了一個系統，使用者可以向系統回報不良應用程式，要求團隊審核並予以刪除。最後，他們說服了電信業者，如果 T-Mobile 遇到網路問題而蒙受損失，Google 也會陷入同樣境地。Android 和 Google 的聲譽都將受到波及。因此，Android 會採取所有正確舉措來使系統正常執行，致力使應用程式和網路安全可靠。

至於第二個條件，T-Mobile 的客製化商店，Google 建立了尼克所說的「商店中的商店」。實際的應用程式商店位於 Google 的基礎架構上，而 T-Mobile 被提供商店內的主要位置，重點展示他們挑選過的一系列應用程式。這安撫了 T-Mobile，並同意 Android 發布第一個版本。但後來這一切都煙消雲散；其他電信業者並沒有將此作為合約的一部分，而且所有人都發現，沒有堅

持這項條件的特別理由。所有的工作都由 Google 負責，包括基礎設施的管理，而這個開放的應用程式商店系統看來很可行。

於是花園的牆塌了，Android 成功讓 T-Mobile 同意讓他們在平台上擁有一個應用商店。現在他們只需要把這個商店建出來。

Android 的應用程式商店由服務團隊開發，負責 Google 服務和裝置管理。但是團隊還聘請了其他人來弄清楚如何託管和銷售應用程式。這個專案在內部被稱為 *vending machine*（意為自動販賣機）。當它正式推出時，它的名字是 Android Market[2]。

擁有一個應用程式商店始終是 Android 整體計畫的一環。但是這個專案起步較晚，因為當時的首要任務是發布 1.0 版本和 G1 手機。當 G1 推出時，Market 也在那裡，但顯然還不是最終成品。一部分原因是，它當時被叫做 Market Beta[3]。更重要的是，使用者實際上無法「購買」應用程式。所有應用程式都可以用……0 元下載。雖然開發者可以將他們的應用程式上傳到市場，而使用者也能將應用程式下載到他們的手機裡，但是向使用者收費（以及支付開發者）的這個額外步驟需要投注更多的時間和精力才能實現。Market 的初始版本非常適合想要免費東西的使用者，但對於希望為自己的努力獲得報酬的開發人員來說就不是很好了[4]。

服務團隊從 Google 支付團隊引進了一些能夠解決燃眉之急的專業知識。亞圖洛・克雷斯波（Arturo Crespo）協助整合了必要的基礎設施，使 Market 能夠處理應用程式的付款流程。到了 2009 年 2 月，在 Android 1.1 版本公開時，Market 已經具備銷售應用程式的能力（開發人員也可以從他們的 Android 應用程式中賺取收益）。

Market 是早期吸引人們使用 Android 系統的主要拉力之一。將應用程式上傳到商店，將其提供給持續成長的 Android 使用者，這件事是很容易的。當時在開發旅遊 app 的外部 Android 開發者丹・盧（Dan Lew）說：「我在業餘時

2　Android Market 在 2012 年更名為 Google Play Store。

3　如果 Beta 出現在某個產品的名稱中，代表它不是正式的最終產品，會給人一種產品尚未打磨完成的感覺。

4　同為一位軟體開發者，我對此深有同感。

候開發了一堆愚蠢的應用程式。Android 是一個很好的地方，因為在 Google Play Store 上架一個幾乎毫無意義的 app，相對來說超級簡單。」

但 Market 不僅僅是為開發者和用戶提供便利性，它還協助建立了一個應用程式的世界，讓 Android 成為一個強大的生態系統，遠遠不止是一台人們手中的手機，也不單純只是在這些手機上執行的作業系統。使用者不僅可以使用基本的手機和內建功能，還可以從他們可以安裝的應用程式所搭載的無限潛力中獲得益處。正是 Android Market 為整個 Android 平台創造了如此強大的動力。

23
通訊

麥克・費萊明與通話

人們說，手機不單單是用來瀏覽內容、玩遊戲、檢查電子郵件和訊息；有些人還會用手機來打電話[1]。至少這是 Android 系統為 1.0 構建通訊軟體的初衷。

裝置上的通訊有兩個重要方面：電話和訊息。Android 當時有不同的團隊負責這些功能。我所謂的「團隊」，指的是各有一個人負責其中一項功能。

為了使 Android 手機平台的通話功能實際發揮作用，團隊請來了麥克・費萊明。麥克曾在 Danger 寫過通話軟體，因此他對這個領域不陌生。

2000 年初，麥克・費萊明來到矽谷，為一家名為 Eazel 的公司工作，在那裡他遇到了艾瑞克・費斯切爾（他後來為 Android 開發了文字功能）。不到一年，Eazel 就耗盡了資金，幾乎裁掉了所有人。安迪・赫茲費德（Andy Hertzfeld）[2] 是 Eazel 其中一位創辦人，也是最初 Macintosh 團隊的工程師，他幫助許多員工在蘋果或 Danger 找到了職位[3]。麥克和艾瑞克後來加入了 Danger。

Danger 公司最近將產品重心轉移到了手機。麥克被邀請來開發通話應用程式，工程經理認為這大概只需要幾週時間就能搞定。麥克說：「我們發現這實際上牽涉了一大套產業標準和認證。所以它比預期的還要複雜很多。」

---

1 這是真的，你自己看。真的有通話功能。

2 安迪後來加入 Google，而且被邀請參加一些早期 Android 團隊的會議。

3 安迪・赫茲菲爾德認識安迪・魯賓；赫茲菲爾德是 General Magic 的共同創辦人，而安迪・魯賓曾在 90 年代早期任職於該公司。

麥克在 Danger 公司待了大約四年，然後到 Android 公司面試，在那裡與前 Danger 的人再次相遇。他於 2005 年 11 月開始工作，任務是搞定 Android 通話功能。這一次，至少他對這項工作會多複雜有了更清楚的認識。

在接下這份工作時，麥克的心情五味雜陳。「我加入 Android 是因為我真的希望它成真。但說實話，我並不十分願意處理這個任務。我曾開發過通話功能，我對它有點厭倦了。但是，必須有人帶來這個領域的專業知識。我加入 Google 是為了從事 Android 工作，但我並不打算在 Android 1.0 之後繼續同樣的工作。因此，我接下這個專案的心態有點掙扎。」

◀ 有一天居家辦公時，丹・伯恩斯坦向 Android 組裡的所有人傳了一封 email，標題是：Logcat 不讓我敲鍵盤。（照片由丹・伯恩斯坦提供）

在 Android 的當時狀況下，除了通話功能之外也不乏其他工作，所以麥克也接下了其他任務。例如，他與史威特蘭合作，使日誌檔案的偵錯更具效率，更有利於開發者使用。在 Android 上，這個系統被稱為 logcat，代表 cat-ing[4] 一個日誌檔案。

麥克還協助解決了 Java 執行環境的問題。丹・伯恩斯坦正在努力使新的 Dalvik 執行環境發揮作用，但與此同時，團隊也需要一個臨時的執行環境。麥可引入了 JamVM，這是一個開放原始碼的 Java 執行環境。這給了團隊一些可以編寫 Java 程式碼的東西，也給了他足夠的功能來著手編寫通話軟體的程式碼，在 Dalvik 成功執行時，他也恰好完成了通話功能。

4　Unix 的 cat 命令是 concatenate（字串串接）的縮略寫法，用來輸出檔案內容。

通訊工作中的一道難題是，G1 手機推出 3G 連線，而這對 T-Mobile 來說是一項全新功能。由於 T-Mobile 要讓它可以連線到他們的電信網路上，Android 團隊需要一種方法來測試它，所以 T-Mobile 在 Google 園區裡停放了一台 3G 專用的 COW[5]，讓 G1 使用者測試新的網路。

🔽 COW #1：這是 T-Mobile 在 Android 大樓附近架設的其中一台行動基地台。（照片由艾瑞克·費斯切爾提供）

儘管麥克在 Android 系統上實現了通話功能，但他並沒有開發電話應用程式（也就是 Dialer），儘管當初他只想開發這個應用程式。分別出身自 Danger、Be/PalmSource 和 WebTV/ 微軟工作過的工程師派系之間，對於系統應該如何架構，存在著深刻的意見分歧。最終，帶領工程團隊的史蒂夫·霍羅偉茲出面，設法讓各個團隊度過了這段充滿衝突，在決策方面猶疑不定的時期。麥克記得：「在某個時候，有一個決定是，來自 Danger 的人負責系統底層部分，而來自 Palm 和微軟的工程師負責上層部分。我猜想是史蒂夫·霍羅偉茲與布萊恩·史威特蘭促成了這個折衷方案。我記得當時我對它很不滿意。我不相信這能奏效。但當時的決定就是這樣。」

5　COW=Cell On Wheels（移動式基地台），為如此特殊情況而生的行動基地台。

◀ COW #2：園區裡另一台用來測試的基地台。（照片由艾瑞克‧費斯切爾提供）

Danger 和 Be/PalmSource/ 微軟，這兩大派系之間的劃分為整體團隊帶來了其他矛盾和工作哲學上的分歧。例如，黛安提出了一個 *Intents* 模型，這是 Android 用來允許應用程式啟動其他應用程式，處理特定動作的機制，比如「拍照」會啟動相機應用程式，「傳送電子郵件」會啟動電子郵件應用程式。應用程式可以在各自的 *manifest*（與應用程式隨附的檔案，裡面包含該應用程式的摘要資訊）中註冊它可以處理的 Intents。在 manifest 檔案中（而不是在應用程式本身的程式碼中）提供這些資訊，意味著系統可以快速辨識哪些應用程式可以處理哪些 Intents，而不必透過啟動應用程式才能查找。

但團隊中的其他人對這個想法並不買單。黃偉說：「當時，我們想的是：『為什麼我們要把事情弄得這麼複雜？』我記得克里斯‧迪薩佛和麥克‧費萊明當時主張讓它變得更簡單：只要在應用程式處於執行狀態時處理就行了。在一些事情上，我認為黛安比起任何人，她對於平台的擴展性擁有非

常深入的瞭解。但與此同時，我認為活動生命週期[6]過於複雜。史威特蘭對它的複雜程度感到非常沮喪。」

麥克・費萊明補充說：「我認為從來沒有一個真正的空間來討論 Activities 和 Intents 的替代方案。這大概是我最不滿的地方。身為一個負責系統底層工作的人，就因為我碰巧有這個領域的專業知識，但我也曾在以前的公司參與系統上層工作，而我卻不能成為整個開發願景的一份子，這讓我很不開心。」

黃偉說：「這些人在構建行動作業系統方面經驗豐富。這讓工作更加充滿挑戰，我們必須弄清楚如何與對方合作，因為我們有不同的意見。而且態度和立場很強烈。總的來說，我認為我們成功地解決了這些分歧。但不是全部，因為麥克・費萊明後來離開了。」

2008 年春天，在 1.0 公開發表的六個月前，麥克離開了 Android。他說：「這個產品正在苦苦掙扎。我覺得它完全有可能出不了貨。它在裝置上執行得不是非常好。它很慢，而且經常當機。它的確堪用，但我覺得它是一個非常令人沮喪和失望的產品。」

「通話功能沒問題。Dalvik 也不錯。我覺得我沒有額外工作能做，來幫助它出貨。我並不指望在完成後繼續待著。我不知道我可以做些什麼來提供一臂之力。所以我離開了，去了另一家新創。」

儘管麥克當時對 Android 有意見，但在他離開之前，他已經讓通話系統運作起來了，而產品繼續朝著 1.0 版本的漫長旅程前進。

6　Android 的活動生命週期是控制應用程式狀態的系統。你可能會認為應用程式要嘛處於執行狀態，要嘛就是不執行，但現實要複雜得多。例如，應用程式可以在前台執行（與使用者互動）或在後台執行（當另一個應用程式在前台時）。當應用程式被啟動、被帶到前台、被送到後台並最終被關閉時，它們會經歷其生命週期的幾個階段。這些生命週期階段之間的區別，正是 Android 開發者需要瞭解他們的應用程式的事情之一……而且它一直是 Android 系統中非常複雜，需要花功夫充分理解的部分。

黃偉和訊息

Android 近幾個版本的使用者可能會對 Google 提供的一系列訊息應用程式感到驚訝，但 Android 系統一直都有許多這類應用程式。在某種程度上，這是由於有傳遞訊息的媒介如此豐富多樣：簡訊（透過電信業者傳送文字簡訊）、多媒體簡訊（傳送圖片或是群發簡訊）、各種即時通訊 app、視訊聊天等等。即使在早期，也存在多種傳訊息的方式，而大多數方式各自使用不同的底層通訊協定，需要不同的應用程式，但那時只有一位工程師負責所有工作，這個人是黃偉。

2006 年春天，黃偉是 Android 瀏覽器團隊的一員，在從事瀏覽器開發工作許多年後（首先是在微軟，然後是 AvantGo，然後是 Danger，再來是 Android），他已經準備好接受新的挑戰。史蒂夫・霍羅偉茲建議他接觸訊息方面的開發工作，因為 Android 系統需要這項功能，而其他人對此並不熟悉。於是，黃偉開始從事 Google Talk 應用程式和簡訊的開發工作。

對於一個工程師來說，全權負責這兩個應用程式是個浩大工程（此話不假，現在也由多個團隊裡多位工程師負責這些應用程式）。事實上，這些應用工作的底層機制相當不同，特別是簡訊方面所涉及的電信業者條件。但在 Android 的早期，這種工作量很稀鬆平常。黃偉說：「當時，我們甚至不能讓一名工程師專心開發單一功能。其他人都至少負責一到兩個應用程式。」

黃偉首先開始 Google Talk 的工作，他很快就做出一個 Demo。Google Talk（它已經作為一個桌面應用程式存在，在 Google 伺服器上有一個完整的後端）使用一個功能非常全面的通訊協定來傳送訊息（XMPP[7]），所以對黃偉來說，編寫一個應用程式來建立與伺服器的連線並來回傳送訊息，這項工作相對簡單。

將這個應用程式從 Demo 變成正式產品的一個難點在於，如何維護伺服器和客戶端之間的連線。連線會經常中斷，但客戶端不會發現，並會繼續傳送訊息，而沒有意識到這些訊息沒有被傳出去。黃偉在這個專案上花費的大

7　XMPP＝Extensible Messaging and Presence Protocol，可延伸訊息與存在協定。

部分時間都用於使連線更加可靠，為應用程式增加處理邏輯來應對不可避免的中斷和重試。

當這個系統的基礎工作完成後，領導服務團隊的麥可‧莫里賽建議將這個連線用於所有的 Google 應用程式（包括 Gmail、Contacts 和 Calendar）。與其讓每個應用程式都必須保持自己與後端的連線，不如讓它們都可以共用這個單一的持久連線。裝置上的軟體將結合應用程式的資料，透過這個單一連線傳送給伺服器，並從伺服器接收回應，再將回應傳遞給適當的應用程式。這是一個類似麥可‧莫里賽在 Danger 公司協助建立的通訊架構。

這種連線不僅適用於現有的應用程式；它也有望為其他應用程式推送訊息。查理斯‧曼迪斯希望他的 Bounce 應用程式在朋友的位置發生變化時，向地圖應用程式推送一個通知。透過這種持久連線所實現的訊息推送，地圖伺服器可以發現位置的變化，然後將這個變化傳送到裝置上，而裝置會將這則訊息再傳送到地圖 app，更新螢幕中的位置。

黃偉和迪巴吉特分工合作，把這所有的基礎設施都搭在現有的 Google Talk 連線上。他們想在 1.0 版本中發布這個連線，使其不僅適用於 Google 應用程式，也適用於任何想使用推送消息的 app。但後來他們與安全組討論，後者告訴他們：「你不可能推出這個東西。」因為連線不夠安全。

因此，儘管在 1.0 之前的幾個版本中，開發人員已經可以使用推送訊息的功能和 API，但在 0.9 版本中被移除了。在 Android 0.9S DK 測試版的發布聲明中，有一項關於這個連線的敘述 [8]：

> 由於接受來自裝置「外部」的數據所隱含的安全性風險，
> GTalkService 的訊息傳遞設施將不會出現在 Android 1.0 版本中。
> GTalkService 將為 Google Talk 即時通訊提供與 Google 伺服器的連線，
> 但在我們改進服務的同時，這個 API 已從本次發布版本中刪除。
> 請注意，這將是一項 Google 服務，而不是 Android 核心的一部分。

---

8 *https://developer.android.com/sdk/OLD_RELEASENOTES#0.9_beta*

這個功能後來納入了 Android 系統（在團隊修復了安全問題之後），最終在 Google Play Service 函式庫中以 Google Cloud Messaging[9] 的名稱存在。

簡訊

同時，黃偉也在努力實現簡訊功能。大部分工作內容是實施和完善電信業者認證所需的一系列複雜功能和條件。他說：「因為各家電信業者（的要求都不同），這工作蠻折磨人的。」

在很長一段時間裡，黃偉都是獨自埋首工作。但隨著 1.0 版本發布的日子逐漸到來，Android 與 Esmertec 中國分公司的工程師合作，尤其是協助整合簡訊和多媒體簡訊功能，使其正確運作以符合電信業者的要求。

開發相機與音訊驅動程式的費克斯後來也加入了這項工作，使簡訊功能的運作更加穩健可靠。他本身對於在 Android 系統上實現更好的訊息傳遞功能懷抱熱忱。「我試圖成為一個好的 Android dogfooder[10]，並且努力傳簡訊……但它就是沒法順利運作。在 2000 年代中期，這（傳簡訊）是社交生活的重要環節。年輕時候的我有一股衝勁，於是我開始修復 bug，提交程式碼。沒有任何人要我停下手上其他工作，我只是自發地開始了。我就是覺得應該有人來修復它。」

另一個幫忙的人是吳佩珊[11]，她當時正在管理這個專案（除了 Android 的其他專案）。從外包廠商到電信業者測試，專案中有無數細節需要管理。

電信業者測試使這類通訊專案變得更加複雜。費克斯解釋：「無數的電信業者合規認證讓我很抓狂。尤其是多媒體簡訊的標準，那真的非常複雜。你可以透過多媒體簡訊做很多事情，包括製作投影片和圖像、動畫和播放聲音。儘管每個人都知道，人們真正想做的唯一一件事就是傳送一張，而且就只有一張圖片，但想要獲得電信業者的認證，你就得實現所有事情。」

9　後來這個 API 被重新命名為 Firebase Cloud Messaging。

10　dogfooding 是「吃我們自己的狗糧」（eating our own dogfood）的簡稱，表示測試我們自己開發的東西。

11　第 27 章有更多關於吳佩珊的介紹。

2008 年 6 月，費克斯、黃偉和吳佩珊飛往中國，與外包廠商一起工作。當時四川剛剛發生了大地震，所以他們在北京見面，在 Google 辦公室工作了兩週。

🔼 2008 年 6 月北京之行的黃偉和費克斯（照片由吳佩珊提供）

費克斯還記得後來與同一團隊合作的一次商務出差。「2008 年的夏天，我們試圖出貨。所有的原型裝置都不能離開 Google 員工的監督。所有契約廠商都在中國成都。我們以前在北京碰過面，但這時候剛好是北京奧運，我們無法順利找到地方見面。我們必須找到一個有 GSM 網路和 Google 辦公室的地方，這樣我們才能拿到這些測試裝置，而工程師們可以獲得簽證。所以我們在蘇黎世碰頭，一起共事了兩週。」

Google Talk 和文字簡訊（以及多媒體簡訊）都在 1.0 版本正式發布前及時完成。

24

開發者工具

「開發者、開發者、開發者、開發者、開發者、開發者、開發者、
開發者、開發者、開發者、開發者、開發者、開發者、開發者！」

—— 史蒂夫·鮑爾默，微軟公司[1]

Android 系統取得長足的發展，背後原因之一是系統開發的這一路上所建立的開發者生態系統，使人們能夠找到、下載和盡情使用上千種（現在是數百萬種）的應用程式。

但這種生態系統絕非一夕之間無中生有，特別是對於一個當初毫無市場份額的新平台。為了降低應用程式開發人員的進入門檻，讓他們更容易編寫和發表應用程式，Android 需要為開發人員提供工具。

一個意志堅決的開發者可以編寫程式碼，在終端機中使用晦澀難懂的指令，將程式碼編譯成一個應用程式。如果這個開發者只是想寫一個只有「Hello World[2]」的應用程式，這的確可能是他們所需要的工具。

但任何真正的應用程式都涉及大量的程式碼和其他素材，包括多個檔案、圖像資源、文字字串等等。

---

1 你可以在網路上找到這一則知名影片，史蒂夫·鮑爾默（當時的微軟 CEO）在多年前的微軟大會上，一邊在舞台上來回踱步，一邊充滿活力地說著 「開發者！」。這段影片是科技史上的一個獵奇片段（也是一則業界迷因）。另一方面，他說得沒錯。對於像微軟這樣的公司和像 Android 這樣的專案來說，真正關鍵就是那些為你的平台編寫應用程式的開發者。

2 Hello World 是開發者編寫的首個經典應用程式。這個應用程式向使用者印出「Hello World」來宣布自己的存在，僅此而已。

　當然，程式設計師還可以想出一些更有趣的東西來證明它的存在。也許它可以計算圓周率，或者畫出一幅畫。但顯然，開口說出「Hello」即是開發者的巔峰成就。也許這是因為這些人從小就待在陰森森的電腦實驗室，在那裡與真正的人類問好的機會極其有限，因此令人無比興奮。

如果你只是想和某位朋友問聲好，只需要在文字編輯器中純手動編碼，而且也只用上一個編譯器，這種複雜程度仍然是難以承受的。

這就是為什麼薩維爾・杜克羅海特在 2007 年 4 月被邀請加入團隊。

薩維爾・杜克羅海特與 SDK

薩維爾（綽號是薩維）多年來一直在從事工具方面的工作。在加入 Android 之前，他在 Beatware 打造繪圖工具。但那時的工作並不穩定：「我們並不總是按時拿到薪水」但允許薩維留在美國工作的綠卡仍在處理中，毅然離職會使綠卡申請過程受到負面影響。另外，他個人也感受到一股責任心，覺得不能給這間小公司帶來生存危機。「假如我離開，公司就會倒閉。」

Beatware 最終在 2006 年底被 Hyperion 軟體公司收購。薩維決定再堅持一下，因為他想領完公司股票。但在 2007 年 3 月，Oracle 收購了 Hyperion，結局就是如此；而薩維不想加入 Oracle。於是他聯繫了在 Google 的老朋友馬賽亞斯・阿格皮恩。

薩維當時已經相當了解 Android 這個祕密專案的具體內容。Beatware 在早前已經和 Android 公司接觸過，討論一些繪圖處理技術。Beatware 提供了一個基於向量的圖像編輯工具，讓 Android 可以用於 UI 圖形處理。向量圖的優點是，它們的清晰度在縮放時比純粹的點陣圖更好，後者在縮放時容易模糊失真。但 Android 系統最終選擇自行開發了 NinePatch[3]。

薩維認識馬賽亞斯許多年了，他們結識於 Be 使用者社群。薩維在法國上大學的時候就玩過 BeOS。那時他認識了當時巴黎 Be 社群的人們，包括馬賽亞斯和未來的 Android 工程師尚 - 巴蒂斯特・蓋呂。因此，當薩維想找下一份新工作時，他打電話聯繫了馬賽亞斯。他之前在 Beatware 工作時已經與團隊進行過面試，所以這次他的面試內容就只有與史蒂夫・霍羅偉茲共進午餐。三週後，也就是 2007 年 4 月，他加入了 Android 團隊。

3　當圖像尺寸發生變化時，NinePatch 圖像透過定義其應該和不應該被縮放的區域，使縮放後的圖像保留視覺上的美感。比方說，無論按鈕大小，按鈕的圓角應保留其絕對尺寸，而按鈕的內部背景則應按新的大小進行縮放。多年後，Android 終於提供向量格式，且大多取代了 NinePatch。

第一天，薩維與史蒂夫和麥克‧克萊隆開會，他們建議他研究工具。首先，薩維深入研究了 DDMS[4]。DDMS 是一個運行在開發者桌機系統上的工具，是許多不同工具的容器。例如，當一個 Android 裝置與主機連線，則電腦上的 DDMS 可以提供一份裝置目前所執行應用程式的清單。選擇其中一個應用程式會使其連線到主機上的 8700 連接埠，這時你可以透過偵錯工具對這個應用程式進行調查與修復。

薩維的起步專案（starter project）[5] 是讓 DDMS 能夠視覺化呈現原生記憶體空間。這對大多數 Android 開發者來說並不是一個特別關鍵的需求，但在當時對 Android 平台團隊本身來說卻非常重要。在這個專案之後，他把單體式的 DDMS 工具重新架構為個別獨立的部分，包括核心功能、UI 層，並結合另外兩個部分，成為一個獨立工具（standalone tool）。

透過重構 DDMS，薩維將這些部分結合現有的開源 IDE（Eclipse）。到了 6 月，他向 Android 團隊展示完整的工作流程，也就是在這個 IDE 中開啟一個應用專案，編譯它，將它部署到仿真器上，在仿真器上執行，在程式碼中的斷點處[6] 停下來，然後根據指示一條一條地瀏覽程式碼。

這個專案非常貼切地展示出 Android 系統開發的當時情景。每當有人發現問題時，他／她就會設法敲打出一個解決方案。動作迅速確實。薩維在 4 月底加入團隊，到了 6 月，也就是他入職後的兩個月，他就向團隊演示了一整個全新的、立即可用的工具流程。幾個月後，這套工具隨著 SDK 推出，被送到外部開發者手中，多年以來一直是 Android 開發者工具鏈的基礎。他從加入公司和團隊時對 Android 一無所知，到在短短幾個月內以一己之力打造一個開發者工具，為所有 Android 開發者（無論是內外部人員，平台或應用程式）提供最不可或缺的支援。

4　DDMS=Dalvik Debug Monitor Server（Dalvik 偵錯監控伺服器）。DDMS 與 Dalvik 執行環境對話，取得裝置上其他服務的連線。

5　在 Google，起步專案（starter project）通常是指派給新員工的工作任務，幫助他們循序漸漸地掌握其負責領域的開發工作。這通常會是一個小型的專案，不會讓他們深陷其中而迷失方向，而且他們可以很快完成，從中獲得成就感。起步專案基本上在 Android 並不存在。有太多的事情要做，所以新人們基本上都是一股腦兒不斷深入其中。

6　斷點是偵錯程式中設置在程式碼中某一行的標記。當應用程式在執行過程中到達此行時，它會暫停，允許開發人員使用偵錯程式檢查變數的當前值和程序的整體狀態。

⊙ 薩維,攝於 2007 年 11 月 12 日──Android 第一個 SDK 的正式發布日。(照片由布萊恩‧史威特蘭提供)

薩維完成了 IDE 專案之後,他開始為 Android 建立 SDK。SDK 是一個供應用程式開發者使用的可安裝式工具套件,包括 Android Eclipse 外掛程式(以及 DDMS、ADB 和 Traceview 等所有子工具)和 Android 本身。Android 部分包括用於編寫程式的函式庫、在仿真器中執行的 Android 系統映像檔和說明文件,以便開發人員能夠弄清楚他們應該做什麼。這次也一樣,薩維發現了將這些東西整合到一起的需求。而且他也這麼做了。這項工作在 2007 年 8 月左右完成。當時,Android 的 SDK 預計在 11 月發布。

大衛‧唐納與仿真器

在平台開發的早期,開發者需要的關鍵工具之一是能夠運行這個平台的裝置。假如你無法執行你的應用程式,那你又如何驗證它是否正確執行動作或指令呢?

但是，在 Android 系統的開發初期，能夠執行該平台的裝置實際上還不存在[7]，所以團隊找了一位工程師來編寫虛擬裝置，這個人是大衛·唐納（團隊都叫他 digit）。

在編寫最初的 Android 仿真器之前，大衛是 FreeType（一種字體渲染庫）的原作者，在程式設計圈非常有名。Google 的迷人之處在於，公司裡有許多人因為做過某件事而聞名……而這些事情與他們最終在 Google 做的事完全無關。我認識一些知名經典遊戲的開發者、基礎圖形算法的發明者和 3D 圖形專家，他們在 Google 所從事的工作領域都與使他們成名的軟體成就毫無關聯。

其他公司招募人才的出發點是，這些人做過了什麼，然後要求他們做更多的事情。Google 雇用員工則是看中他們是什麼樣的人（擁有何種特質），並要求他們做任何需要完成的事情。這些人過去所做的事是他們能做什麼的良好參考，但在 Google 眼中，這些過往經驗並不會限制他們的其他長處或潛能。這使 Google 讓世界上最偉大的字體渲染專家去開發 Android 仿真器。

大衛在他還是個孩子的時候，就知道編寫程式碼時要追求效能，他在 Apple II+ 上用 BASIC 和組合語言編寫程式，並在這個過程中瞭解到高效能編碼的重要性：「這些機器的運作效能很低，要想從它們身上得到任何令人滿意的東西，每個細節都很重要。」

幾年後，他使用一台執行 OS/2 的電腦，但不喜歡它所使用的字體，所以他為自己提出了一個挑戰：他直接參照硬體規範，為 TrueType[8] 字體寫了一個渲染器，盡可能減少佔用記憶體空間和使用程式碼。這個挑戰的最終成果就是 FreeType 渲染器。他將其開源發布。結果大受歡迎，被廣泛用於機能受限的嵌入式系統，從電視到相機，再到……Android。FreeType 曾經是（現在也是）Android 圖形引擎 Skia 的字體渲染器。

7　後來，隨著團隊越來越接近 1.0 版本的發布日，因為平台和裝置硬體正在同時開發，當時現有裝置依舊很難跟上其腳步。

8　TrueType 是蘋果公司於 1980 年代開發的一套字體格式。

2006 年，Android 團隊的一名工程師（團隊一直在尋找嵌入式程式設計師），在 FreeType 的原始碼中看到了大衛的名字，於是主動聯繫他。「當然，沒有人告訴我為什麼 Google 會找上我，所以我閱讀了大量關於 HTML、SQL、網路伺服器和資料庫的各種參考資料來準備面試。而出乎我意料之外的是，所有的面試問題都是關於基本的資料結構、演算法和嵌入式系統，所以比我原先預期的還要順利許多。」

2006 年 9 月，大衛加入 Android 團隊。

大衛的第一個專案是建立一個實用工具庫，讓其可以透過 C 語言執行[9]。Android 當時使用的是一個非常小且陽春的 C 語言庫，它缺乏一些必要的功能，而且當時的授權有諸多限制，與開放平台的願景並不符合。大衛使用與授權內容相容的各種 BSD[10] Unix 庫，組裝了一個 Android 的 Bionic 庫，並結合新的程式碼，整合 Linux 核心，支援 BSD 程式碼庫中沒有的 Linux 或 Android 特定功能。

在完成這個實用工具庫後，大衛轉向了仿真器的工作。

最初，Android 有過一個模擬器（simulator），這是一個在開發者的桌上型電腦上執行的程式，可以模仿 Android 裝置的行為。但是模擬器偽造了許多細節；它們在外部模仿了系統的行為，卻忽略了內部的許多細節，這意味著整個系統的行為與實際裝置並不相符（因此無法測試真實情況）。

菲登寫了最初的模擬器，但在 Android 系統不斷變化的情況下，他開始厭倦對它進行維護。大衛記得：「它僅僅由一位工程師來維護，他受夠了每次我們一有新的功能時就得去修復它。因此我們的計畫是：模擬器基本上已經死透了，我們需要一個好的仿真器。」

Android 這時已經有了仿真器的雛形，基於一個名為 QEMU 的開源專案，由大衛的朋友法布里斯・貝拉德（Fabrice Bellard）開發。大衛對這一實作進行了徹底的修改。「我們當時使用的是一個非常老的 QEMU 上游版本，已經被

9　儘管 Java 是 Android 應用程式的主要程式設計語言，Android 平台本身還是有不少用 C++、C，甚至是組合語言寫成的程式碼。

10　BSD=Berkeley Software Distribution，這是一個經許可授權的早期 Unix 作業系統。

修改得面目全非了。沒有人明白到底發生了什麼。」大衛先是引入了一個較新的 QEMU 版本，這個版本也有自己的問題。「當時的 QEMU 開發（大約在 2006 年到 2010 年）相當糟糕。完全沒有單元測試，全域變數[11] 無處不在。」

他後來把仿真器修得更完善，但仍有很多工作要做，比如讓基於 Linux 的 QEMU 專案在 Windows 和 Mac 上執行，並把仿真器的 Android 特定部分拆分開來，以便更易於測試。

仿真器在當時非常重要。當時的硬體裝置非常難跟上軟體測試需求。有了一個模擬真實裝置的仿真器，Android 團隊的內部開發者和之後的外部開發者就能編寫和測試他們的 Android 程式碼。

仿真器就像一個真實的裝置，因為它模擬了真實裝置上發生的一切。它不僅看起來像一台 Android 手機（在你的桌機電腦的某個視窗中顯示），而且在它裡面運行的位元組，直到晶片層級，都與在實際硬體裝置上運行的一模一樣。

與實際的硬體裝置相比，仿真器的另一個優點是速度更快（對於擁有硬體裝置的開發者來說）。與主機上的仿真器進行通訊，要比透過 USB 線與真實裝置通信快得多。透過 USB 線推送應用程式或整個 Android 平台，可能需要花上好幾分鐘。向仿真器推送程式碼的速度要快得多，因為仿真器運行於（推送程式碼的）同一台桌機上，所以工程師反而可以透過虛擬裝置來提高工作效率。

另一方面，仿真器卻一直被批評為慢得令人難以置信。尤其是，它需要很長的開機時間。仿真器的啟動就是模仿手機開機，它完全模擬了一台手機會經歷的開機過程。你可以讓仿真器在大多數情況下運行，特別是在純應

11　全域變數（global variables）是指可以從程式碼中的任何地方存取的變數（相對於那些更嚴格界定範圍，只能在有限的地方使用的變數）。全域變數提供了一種在整個原始庫中共用程式碼的簡單方式，但同時也帶來了一些問題，特別是當程式碼越來越多，而且有多位開發人員對其做出貢獻時，因為很難推理出是誰在什麼時候存取了什麼內容。因此，全域變數在現實世界的程式碼中往往是不受歡迎的，特別是涉及多位開發者的大型專案。

用開發方面。但是，直到最近的版本，仿真器的啟動和執行效能仍然是人們經常抱怨的缺點 [12]。

仿真器專案也絕佳地證明了，呃，在那些早期的日子裡，Android 有多「潦草」。這並不是由於團隊規模很小……甚至稱不上是一個團隊。只有一個人負責這項艱巨工作，而仿真器只是他經手的其中一項專案。

大衛繼續靠一己之力開發和維護仿真器，而這只是他負責的其中一項工作，並且持續了很多年。

德克 · 道格提的說明文件：RTFM[13]

如果開發人員不能弄清楚他們應該寫什麼，那麼世界上所有的工具都無助於他們的程式碼編寫工作。在某些時候，開發人員需要瞭解系統，搞懂如何把東西放在一起，才能建立應用程式。他們需要說明文件。

和其他許多平台一樣，Android 的「參考說明文件」（Reference documentation）往往是由編寫 API 和底層功能的工程師編寫的。也就是說，如果一個工程師添加了一個叫做 Thingie 的類別，那麼他們會（或應該[14]）為 Thingie 寫一份說明文件，描述這個類別的用途，以及開發者應該注意的地方。Thingie 類別中的函數也會（或應該會）有各自的說明文件，描述何時以及如何呼叫這些函數。

但是參考說明文件也只能幫你到這裡。去查閱例如 Activity 類別的說明文件並學習如何使用它，這當然很棒。但你要如何學到足夠的知識，甚至知道要去查找 Activity 這個類別呢？開發者真正需要的，特別是對於像 Android 這樣的新平台，是一些更具總覽性的說明文件，給出大方向，並讓人了解平

---

12 最近的仿真器開始善用主機的 CPU 和 GPU 來提升開機及執行效能。

13 RTFM 是 Read the F-ing Manual 的簡稱，意即「好好讀這該死的說明手冊」。RTFM 的用途通常是，當一位工程師問了一個問題，而這個問題明明只要去看說明文件就能弄懂，被問問題的工程師就會甩出這句 RTFM，叫他自己去看那該死的說明文件。我應該有說過工程師們絕對不是因為不善於人際交往才加入科技業的吧？

14 當然，凡事總有例外，特別是早期的 Android API。在 Android 系統中，有許多類別早已存在公開 API 中許多年，卻根本沒有任何說明文件。

台的基本運作機制。這個平台是什麼東西？我們如何為它編寫應用程式？有沒有範例程式碼可供參考？

Android SDK 將於 2007 年 11 月公開發表。在這之前的三個月，團隊決定他們需要一個科技寫手，於是請來了德克・道格提。

德克曾在 Openwave 工作，這是一家為手機開發瀏覽器的公司。一位前同事把他的個人簡歷轉給了 Android 團隊。德克參加了面試，並在幾週後開始工作。

「我來到了 44 號大樓。我找到了我的辦公桌。它在大廳邊上的一間會議室裡，就是後來變成電玩中心 [15] 的那個房間。裡面藏著一堆桌子，都是空的。我不知道這裡發生過什麼，也不知道我是否來對了地方。之後，傑森、丹、迪克、大衛和阮光進入房間，這些人組建了後來的 DevRel 團隊 [16]。我們都搬進會議室裡，開始學習這個平台。有人在我們的白板上畫了一個倒數計時的日曆，上面寫著距離 SDK 發布還剩多少天，從那時起我們就開始為發布而努力。」

德克和 DevRel 團隊將 SDK 所需的部分整合起來。「第一年，我們所做的就是不斷衝刺，把網站做起來，把基本的文件準備好。主要是參考文件和工具，再加上一些指南和 API 教學。隨著平台日益穩定，我們持續發布預覽版本和 SDK 更新。隨著開發者挑戰賽舉行，以及開發者的強烈興趣，我們需要編寫更豐富的說明文件。我得到了曾經合作過的一位外部寫手的幫助 [17]，我們合力編寫了 Android 基礎知識的說明文件，解釋了這一切如何運作。幾個月後，我們得到了更多增援，另一位內部寫手史考特・曼恩（Scott Main）也加入了這項工作。我們把所有的時間都花在了編寫基礎知識和參考說明文

---

15 44 號大樓曾經有一個電玩中心，裡面放了一些工程師的電玩遊戲，還有一些 Android 公司添購的遊戲機。這些經典的街機遊戲就放在那裡，等著人們去玩。但這些遊戲閒置的時間比被遊玩的時間還要多；人們有很多工作要做。

16 DevRel 是「開發者關係」（Developer Relations）的縮寫，它是與外部開發者進行大部分宣傳任務的團隊，包括說明文件、範例、影片、會議講座和文章等素材。當時，Android DevRel 團隊的成員有陳傑森（Jason Chen）、丹・莫里爾（Dan Morrill）、迪克・沃爾（Dick Wall）、大衛・麥克勞林（David McLaughlin）和阮光（Quang Nguyen）。

17 這個人是東・拉欽（Don Larkin），曾經在 NeXT Computer、Be（與德克）和 Openware 工作過。

件上，然後把網站建起來。工程團隊在這一過程中大力支援我們。這一切全都要歸功於整個團隊的共同努力。」[18]

18 這個網站當時網址是 code.google.com/android（已停用）。目前開發者說明文件的網址是 *https://developer.android.com*。

25
簡潔的程式碼

一旦你寫好了，你就不能再回頭重新優化。

—— 鮑伯・李

Android 從早期就凸顯出來的一項特色，它進行了驚人的優化，以便執行於當時非常有限的行動裝置上。團隊的「效能優先」思維影響了一切，從API（許多API為了避免分配記憶體，是以特定方式編寫的）到給外部開發者的編碼建議。所有的努力都是為了寫出最佳的程式碼，因為每一個週期，每一個千位元組，都會佔用資源或耗費電量，而這些可能是其他地方迫切需要的資源。

這種效能優先的堅持至少有一部分可以歸因於早期團隊成員的背景經歷。之前在 Danger 工作的工程師們曾經讓他們的作業系統在比 Android 的 G1 還要更受限的裝置上執行。而來自 PalmSource 的工程師們也熟知行動端的限制和現實考量。

鮑伯・李說：「他們（前 PalmSource 工程師）會說，失敗的原因之一是他們試圖做的事情超過了硬體的承受能力。一旦你寫好了，你就不能再回頭重新優化。我認為他們是為了在 Android 上避免犯下相同錯誤。這也是為什麼黛安・海克柏恩和其他人對效能如此苛求，並對很多東西進行細緻優化的原因。那時的手機實在很慢。」

「我記得每個人——我、黛安、丹・伯恩斯坦——都會在這個作戰室裡，因為在發布過程中，總會有無數地方耗用了太多記憶體。我們沒有交換空間

（swap）[1]，因為這沒有意義。東西就是會因為耗盡記憶體而崩潰。這就像一場救火英雄式行動，有時我們會待在作戰室好幾天，你永遠不知道什麼時候會結束，唯一任務就是盡全力排除記憶體問題。」

「這是關於記憶體頁如何分配的問題。黛安，或者是布萊恩·史威特蘭寫了一些工具來檢查應該處理的頁面。我們要做的就是把它們找出來。這是一場極為繁瑣的試煉，我們要探究哪些應用程式導致了這些問題，並試圖找出問題癥結。」

費克斯回想他在 Be 和 Danger 的工作經驗如何影響到他在 Android 上的工作：「我們很多人來自這些嵌入式系統，每當涉及到 CPU 週期或記憶體時，我們會秉持一種『極端節制』的開發哲學。我認為這是看待早期 Android 系統許多決策的有趣視角。我會把這些工程師想成是在經濟大蕭條時期長大的人們，總是把食物吃得一乾二淨。」

效能優先是整個平台團隊的工作思維。這種思維出自於早期裝置上有限的記憶體，以及緩慢的 CPU，缺乏 GPU 渲染（Android 直到 Honeycomb 版本發布才使用 GPU 進行 UI 圖形處理），以及 Dalvik 的垃圾回收器（分配和回收記憶體需要時間）。這種對於效能的堅持在內部團隊中甚至延續至今，儘管現在每台裝置記憶體變得更多，執行速度也顯然更快。手機所做的一切都會消耗電池電量，所以優化平台的程式碼仍然是值得的。在 Android 初期之後，對外部開發者的建議已經放寬了，但 Android 的 API 和實作仍然反映了最初的效能限制。

1　交換（swap）空間使應用程式能夠分配比實際存在的更多的記憶體。作業系統將「交換」出幾塊記憶體到硬碟來處理更大的總量，允許應用程式存取到一個更大的記憶體堆，透過實體 RAM 和硬碟儲存的組合來處理。

26

開源

我不認為開源這件事有那麼重要。

—— 伊利安・馬契夫[1]

對很多人來說，「開源」（open source）代表許多意義。

開源的其中一種解釋，可以想成將工作外包給群眾，以合力進行的方式（crowdsource）讓更大的社群來幫忙。Linux 就是一個例子。雖然最初的系統是由 Linus Torvalds 這位開發者所編寫的，但在此後的幾十年裡，Linux 系統背後是一個由無數個人開發者和企業組成的龐大社群，一起貢獻了從錯誤修復到驅動程式，再到核心系統功能的一切。

開源也可以是一種宣傳和分享工作的方式。GitHub 是一個絕佳網站，人們在此展示許多活躍的（且密密麻麻的）專案，為人們投注的無數時間與心血留下紀錄，他們將程式碼上傳到這裡，而不是僅僅留在各自的電腦中。把你自己的業餘專案開源出來，這是一種很棒的自我宣傳方式，使人們看見你的名字，可以聯想到你是從事這類專案、領域的人；透過這個公開、透明的網站來展示你自己的能力，有機會讓潛在雇主認識你。

開源還可以是各家科技公司的徵才工具。與個人宣傳相仿，公司經常將自家專案開源出來（比如為其他開發者提供的應用程式或函式庫），作為向其他開發者宣傳公司招牌的方式。Square 本質上是一家信用卡公司。他們也許

---

1 身為一位訪談者，最糟糕的就是將某人說的話斷章取義。但我知道伊利安會明白的，至少我希望如此。因為我就是想用這句話來展開這一章。當時的完整對話情節是我們正在討論促成 Android 成功的因素，然後他……嗯，就讓我們繼續看下去。他的完整說法就在本章最後面。

發現了僅憑自家業務，很難引起開發者的興趣並吸引他們加入。但 Sqaure 在開發者社群中相當出名，提供了許多有趣而強大的開源函式庫。那些對金融交易軟體不感興趣的開發者到 Square 工作，動機正是因為他們想幫助開源社群（包括讓他們自己的名字出現在這些專案的開發者名單上）。

開源可以是大公司悄悄地、溫和地讓產品安樂死的一種方式。有時候，一家公司決定停掉某個專案，並將這些工程師轉移到一個更有前景的專案上。那麼這家公司可以直接封殺這個產品（而且他們經常這樣做）。但他們也可以選擇將舊的程式碼釋放出來，當作送給開源社群的禮物。公司不會因為送出這些程式碼而看到直接的好處（事實上，將專案遷移到開源社群通常需要花費一些精力和時間），但這麼做可以贏得開發者的好感，還可以為內部開發者減輕停用這些東西的痛苦。

開源也是一種讓其他人以透明、公開的方式，輕鬆取得並使用你的軟體。這就是 Android 的開源模式。

自 2008 年 11 月以來，所有的 Android 平台軟體都以 Android 開源專案（Android Open Source Project，AOSP）的形式存在，網址是 *https://source.android.com/*。程式碼皆在每個版本公開發表的同時開源[2]。每當一個版本可供使用者更新現有裝置，或於新的裝置使用，開發者都可以自由查看被用於建立此版本的所有程式碼。

Android 接受來自外部的程式碼貢獻；開發者可以在 *https://source.android.com/* 上建立帳號並提交補丁（patches）[3]。這些補丁會由 Android 團隊進行審核，通過後被提交至 Android 原始庫，供未來版本使用。

2　Honeycomb 版本是唯一一例外。團隊致力使此發布版本支援平板裝置，但未曾考慮在手機上的效能表現，因為當時沒有人關注這一點。我們決定推遲該版本的開源發布，避免製造商使用一個尚未準備就緒的版本來生產手機。

　　這在當時的社群引起了軒然大波，讓那些認為 Android 正在背離開源精神的人們感到不安。這個問題在幾個月後發布的 Ice Cream Sandwich 版本得到解決，其增加了對手機的支援，並提供了開放原始碼。

3　補丁（patches）指在現有程式碼上加上新的原始碼，用以修復問題或實作某個功能。

在現實中，外部貢獻並不頻繁⋯⋯也不受期待。Android 的確從一些合作夥伴公司得到定期的程式碼貢獻。例如，合作夥伴為了讓事情按照他們的裝置需要的方式執行而修復 bug。也許他們注意到了一個他們可以改進的邊角案例（corner case），或是一個 Android 尚未列入考慮的外形因素，或者他們就是發現某個 bug 並對其進行修復。對他們來說，將程式碼貢獻直接整合到 Android 系統本身是合乎邏輯的，這樣他們就不必在每次 Android 新版本發布時重新套用這些補丁。的確，Android 偶爾會有一些來自個人的程式碼貢獻。但外部貢獻很少；大部分的貢獻來自內部工程團隊。

造成這種現象的原因有幾個。首先，Android 系統的原始碼非常龐大，即使是一個簡單的修復，也需要花費大量的精力去瞭解原始碼的前後脈絡和此次變更可能隱含的影響。但更重要的原因是，Android 這個「後來開源」[4] 模式本身。一個外部開發者沒有辦法知道，當他們發現並修復一個錯誤時，這個錯誤是否已經在內部／未來版本的程式碼中被修復了，或者甚至不知道他們一直在花時間處理的那塊程式碼是否已經存在了。當未來需求或變更出現時，程式碼經常被移動或被重寫。

即使沒有獲得大量的外部程式碼貢獻，Android 的開源模式仍然提供了顯著優勢。首先，應用程式開發者喜歡它。像 Android 這種規模和複雜程度的平台不可能被完整地記錄成文字，讓軟體工程師可以清楚了解每一處細微差異，甚至對於所有東西如何在內部互動瞭若指掌。查看程式碼的實際情況，確定到底發生了什麼的能力，這是一件很有意義的事；如果開發者能夠自己看見程式碼本身，他們就不需要猜測平台在做什麼。這種透明度持續幫助了 Android 開發人員編寫他們的應用程式，並且形塑了 Android 和許多其他作業系統平台[5]之間的本質差異。

丹・盧（Dan Lew），這位在 Android 發展初在一家小新創開發 Android 應用程式的工程師，他認為程式碼的可用性大幅簡化了開發流程。「早期有很多

4　「後來開源」（eventual open source）是我對當時 Android 開源模式的個人解讀。Android 被開源了，但並不是以開源的方式被開發而成。相反地，團隊在內部開發了好幾個月，才把程式碼公開於眾。如今，這個系統的許多部分，例如 ART 執行環境和 AndroiX 函式庫，都是以開源方式開發的。

5　一個值得注意的例外是 Linux，它一直是開源平台，從一開始就被選為 Android 的作業系統核心（也許並非出於偶然）。

平台層級的 bug 需要處理。我記得有很多應急處理方法。因為 Android 是一個開源系統，通常就能用上這些處理方法。假如程式碼沒有開源，那麼會有許多問題無法被解決。」

Android 的開源模式的第二個，也可以說是更關鍵的因素是，Android 的合作夥伴可以免費且輕鬆取用所有東西。這實際上是 Android 將平台開源的初衷；這種開放的機制能夠讓任何潛在的裝置製造商獲得他們所需要的一切。不需要授權條款，也不需要曠日費時的合約協商；這些合作夥伴可以直接造訪網站，獲得他們任何所需，生產那些搭載 Android 系統的裝置。在這過程中，他們一同實現了一個兼容並蓄的 Android 生態系統，因為所有人的出發點都是同一個的共同實作。如果他們想獲得 Google 服務，例如 Google Play Store、Maps 和 Gmail，那麼的確需要更多東西，但構建手機平台的核心程式碼是任何人都可以下載和使用的。羅曼・蓋伊解釋說：「一提到 Android 的『開源』，這就是我們腦中浮現的想法。合作夥伴不一定會在乎程式碼貢獻，但他們能夠得到自己需要的一切。」

布萊恩・史威特蘭同意：「在他們與 Google 接觸（以取得更多服務）之前，Android 的其中一項目標是為人們提供一種替代選項，避免由某家公司獨自掌控行動運算平台。我們是這麼想的，要如何讓人們採用 Android 平台？它必須是完全開放的。否則，人們要如何相信他們擁有任何控制權？」

黛安・海克柏恩也認同這一點，她將 Android 的開源模式與她在過去工作經歷中見過的授權模式相比，她認為後者是一種失敗的模式。「在 PalmSource，在推廣其他人使用我們的平台時，我們遇到的一個問題是，他們非常害怕有人在行動領域做出如同微軟對 PC 所做的事情（即獨佔整個市場）。例如，Motorola 在考慮授權 Rome（PalmSource 為 Palm OS 6 開發的 UI toolkit）時考慮了非常久，無法做出決策，但對於收購並完全擁有這家公司這件事毫無異議。Android 系統開放原始碼的做法，讓 OEM 廠商更容易採用這個系統，因為他們可以共享一些所有權，同時也使得 Android 系統跟上行動裝置的飛速發展。」

正是這第二個因素，也就是為裝置製造商開放平台，使得 Android 與其他平台產品做出了市場區隔。不僅平台可以被自由取用，而且隨著各家廠商讓程式碼在自家裝置上執行，程式碼也可以被理解和使用。同時，這個開源

平台也是一個完整的、如同正式產品的實作，在實際的硬體產品上得到了驗證，讓製造商可以隨時使用。

相較之下，如果你想在當年出貨一部搭載 Windows 系統手機，首先你必須從微軟那裡獲得 Windows 授權（並支付費用）。而且，讓它在新裝置上成功運作的過程絕非輕鬆寫意。麥可・莫里賽在加入 Android 之前曾在微軟工作，親眼目睹了這一過程。「當你試圖將一個新的作業系統，無論是 Win CE、Pocket PC 還是其他東西，安裝到一台新手機上，想要將這些東西整合起來並對其進行偵錯是一件非常痛苦的事。你有一個叫做 Board Support Package 的東西，這是所有來自 OEM 的底層程式碼。另外你還有更高層次的 Windows 程式碼。所以，如果電話功能不能用，或者網路連線很差，或是其他有的沒的狀況，你要如何判定問題出在哪裡？沒有人能夠弄清楚問題癥結。」

「分享一下在微軟時我最喜歡的趣事：有個團隊的工作是與這些原始裝置製造商合作推出新的硬體。但雙方都被不允許看到對方的程式碼，因為那是祕密。三星或 HTC 或其他廠商會派人到西雅圖，而這些代表會坐到這個團隊的某個人旁邊。他們會試著進行偵錯，卻不會讓對方真的看到彼此的程式碼。他們只會傾下身子說：『這是我認為我在這次呼叫傳給你的東西。你看到了什麼？』這樣來來回回的拉扯不僅冗長，又很可笑。」

當然，Android 的開源，意味著製造商可以免費使用，這又是一個額外的好處。麥可說：「這些 OEM 廠商的利潤相當少。因此，如果你是一個類似 HTC 的公司，你會被微軟收取 10 美元／台的授權費用，而且他們必須與微軟做一大堆令人抓狂的整合工作才能讓裝置正常運作，因此免費和開源的概念實在令人驚艷。如果採用開源的 Android 系統，那麼 OEM 廠商就可以用最快的速度推出新裝置，因為他們可以獲得所有的程式碼。最重要的是，它還是免費的。」

另一方面，如果你想生產一個基於 iOS 的裝置……這不可能。蘋果公司是 iPhone 的唯一製造商；他們根本不公開自家平台。同樣地，RIM 是 BlackBerry 手機的唯一供應商。相較之下，Android 系統不僅免費，任何人都可以自由且輕鬆下載使用，根據需求客製化開發，還能基於開放原始碼打造自己的應用程式。

事實上，這種模式也讓應用程式開發者更容易查看 Android 系統的內部程式碼，也可以接受來自外部的程式碼貢獻（儘管並不頻繁），這些都是對 Android 本身很有利的一些巧合。

當然，開源這件事不單單指把程式碼公開到網路上。團隊必須把專案整合在一起，讓外部的開發者和公司能夠看見、下載與構建，並瞭解專案的具體細節。在最初發布前的那段時間，我們花了很大的力氣才把它整合起來。

首先，原始碼本身必須被整理到可以持續發布到開源的一定程度，這是艾德·海爾團隊裡戴夫·博特的努力結晶。

Google 的開源專案總監克里斯·迪波納也協助解決了部分問題。Android 當時使用的一些工具不適合對外公開。Google 使用的工具要嘛是授權的，要嘛是內部專用的。Android 的程式碼必須在沒有專利或授權工具的情況下讓外部開發者可以構建，所以團隊內部採用了那些可以在外部（免費）使用的工具。

克里斯協助下了這個決定，將版本控制（source code control）[6] 轉到 Git 上，但大多數工程師並不喜歡這個系統。克里斯告訴他們：「核心和系統團隊（他們已經在使用 Git）永遠不會離開 Git。Git 就是我們開發模式的正確答案。他們需要一個外部人員扮黑臉。我提議由我來當這個人。」

於是團隊轉移到 Git 上，將程式碼組織起來供外界使用，這個專案在 2008 年 11 月隨著 1.0 版本發布而被開源出來。從那時起，它就一直是開源的，為開發者提供透明度，為製造商提供平台程式碼。

在 1.0 版本之後加入 Android 團隊的傑夫·夏奇伊總結了開源對於合作夥伴使用者的強大吸引力。「我是開源軟體的虔誠信徒，因為它給了人們帶來力量，能夠創造你從未想像過的東西，或是礙於資源而無法構建的東西。如果你是 Android 系統早期的 OEM 廠商，你無從取得 iOS 授權，而微軟也提供

6　版本控制是一種存放和管理程式碼的系統。這些系統通常會有一系列方便團隊作業的工具，例如程式碼審核工具、可以在同一個檔案中合併多個變更的工具，以及追蹤所有程式碼變更的歷史紀錄。

了相差無幾的開發體驗。相較之下，Android 給了這些廠商一個機會，讓他們能夠自行迅速添加一些功能，在智慧型手機市場上使自己與眾不同。」

「開源世界的精神也引起了終端使用者的共鳴。Android 不會強制使用者使用同一種主畫面、同一套軟體鍵盤、同一組快速設置，而是讓使用者從根本上對其進行個人化訂製。手機是一種非常個人化的裝置，這些更深層次的訂製（不僅僅是手機外殼）為使用者帶來了更深刻的連結和所有權。」

這一章以伊利安·馬契夫的一段話開始，被我殘酷地斷章取義。以下是他的完整說法：

「我不認為開源這件事有那麼重要。我們也可以在不把原始碼放到開源環境的情況下向大眾免費提供。我提倡開源，我認為我們應該把更多東西開源出來。但我不認為 Android 的優勢是建立在它被開源出來這件事上。即便我們不把原始碼放到特定開源環境中，但只要讓它可以為人們免費使用，Android 照樣會成功。」

也就是說，將原始碼放到開源環境裡並非重要關鍵，真正的重點在於，只要讓人們可以存取原始碼就夠了。開源只是實踐這個目標的一種自然而透明的方式。

27
管理一切

本書大多數章節講述的故事是關於 Android 如何一塊一塊被建立起來，以及將這些部分組合起來的人。但是，有些人並不是負責某個特定技術部分，他們負責交付整體成果。歡迎來到 Android 的「業務」環節。

安迪·魯賓與 Android 的管理

安迪·魯賓自打職涯一開始就對機器人有著濃厚興趣，當時他在蔡司公司（Carl Zeiss AG）從事機器人方面的工作。後來他到了蘋果公司，在那裡他獲得了「Android」的綽號。之後，他和其他未來的 Android 人一起在 WebTV 工作，麥克·克萊隆記得他就是「在大廳裡玩機器人的那個瘋子」。

在離開 WebTV 後，安迪成立了 Danger 公司，最終又創辦了一家新創公司，名字就叫做「Android」。

雖然安迪在被 Google 收購前後都在經營 Android 公司，但他基本上都是讓其他人來管理團隊。克里斯·懷特在最初的六個月裡領導工程團隊，此外還負責系統架構和設計，後來史蒂夫·霍羅偉茲被聘來管理這個不斷成長的團隊。大約在 1.0 階段，在史蒂夫離開後由弘·洛克海姆接手。安迪依靠這個管理階層來處理團隊的人事，而他則專注於 Android 的業務方面，比如商務合作夥伴會議。

2013 年初，安迪在巴賽隆納參加世界行動通訊大會時選擇離開這個團隊。弘分享了他和崔西與安迪一起參加一連串商務合作夥伴會議的情景。「那是他告訴我們他要離開的時候。那是在 LG 會議之後，和三星公司的會議之前。我們有 15 分鐘的休息時間。他在某次休息時間已經告訴崔西了，而當時我還完全不知道。他請所有人暫時離開。只剩下安迪和我。他說：『我已經做了 10 年了。我累了，我要離開了。』」

崔西・柯爾與 Android 的行政

在安迪・魯賓離開後，崔西・柯爾是其中一位讓工作順利交接的人。崔西做了安迪 14 年的行政助理，在安迪離開時，她擔任 Android 的行政長。她知道如何在 Google 讓 Android 專案順利進行，而且她並不打算離開這裡。

2000 年 8 月，崔西・柯爾在一家生物技術公司做行政工作，那時她萌生離職的心。一位朋友建議她和他在 Danger 的朋友安迪聊聊。她與安迪和 Danger 的其他創辦人（喬・布里特和麥特・赫申森，他們都在幾年後加入了 Android 團隊）進行了面試，後來成為團隊的行政人員。當安迪在 2003 年離開 Danger 時，崔西還留在同家公司，但繼續從旁幫助他。然後，在 2004 年秋天，她加入了安迪的新創公司——Android，與布萊恩・史威特蘭在同一天入職。

在 Google 收購 Android 後，崔西和團隊的其他成員一起搬了過去。她知道他們在和 Google 洽談，但不知道事情發展到什麼程度。「我記得他和賴利・佩吉見面，而且一拍即合。我去度假回來後，突然發現我們要在 Google 裡工作了。」

崔西繼續在 Google 擔任安迪的助理，並在 Android 中領導行政組，直到安迪在 2013 年離開 Android 團隊。這時，她繼續擔任管理整個 Android 團隊的角色，並領導專案中的其他行政管理人員，同時成為了弘的助理。

弘・洛克海姆與商業夥伴

弘・洛克海姆剛到 Google 的時候，他負責管理合作夥伴公司，與 OEM 廠商和電信業者合作，讓 Android 系統在他們的裝置和網路上執行。

弘・洛克海姆一直想成為一名建築師：「蓋房子的。不是打造軟體架構。是實際的建築結構」他對電腦不感興趣，直到他在大學第一個學期（也是唯一的一個學期）才接觸到程式設計。學校教育不適合他，於是他回到了日本。但他已經與軟體結下不解之緣。回到日本後他自學程式設計，並開始從事

顧問工作。他還在業餘從事一些技術專案，包括 Be 作業系統的文字引擎[1]，並且把這個專案開源出去。這引起了 Be 公司人員的注意，弘得到了一份工作邀約，並在 1996 年 12 月搬到了加州。

弘加入 Be 公司時，正值蘋果公司差點收購 Be 公司來提供下一個 macOS 的時候。但後來蘋果公司改為收購了 NeXT Computer。弘回憶：「我們是沒被收購的那家。」

三年後，弘已經準備好迎接新變化。他在 Be 公司的同事史蒂夫‧霍羅偉茲把弘介紹給安迪‧魯賓，於是弘加入了 Danger 公司。「我成為了 Danger Research 的第一位員工。當時有三個創辦人，我是他們招募的第一位員工。」

弘把其他 Be（和未來的 Android）工程師帶進 Danger：布萊恩‧史威特蘭和費克斯‧克爾克派翠克。但他本人並沒有在那裡待很久，僅僅八個月就離開了。

在 Danger 之後，弘在 Palm 短暫工作過，一年後 Palm 收購了 Be，許多 Be 工程師也加入了這家公司。離開 Palm 後，他在 Good Technology（從事行動通訊軟體）管理一個工程團隊，然後在 2005 年初再次加入史蒂夫‧霍羅偉茲麾下。史蒂夫當時在微軟領導 IPTV 團隊。

到了 2005 年年底，弘再次準備迎接改變。「我當時正在日本度假，安迪突然傳了電子郵件來問候。自從我離開 Danger 之後，就再也沒有和這傢伙說過話了。他說：『嘿，我現在在 Google 做一些我認為你會喜歡的事情。』他知道我喜歡無線裝置。『我想你應該來和我們聊聊天。』」

「我當時在微軟，從事機上盒的工作。這並不適合我；我真的很懷念行動裝置的開發工作。所以我在一月時回電給他。」

Google 的面試和招募過程從來都不是以迅速或簡單而著稱，但弘的情況特別獨一無二。

1　當弘告訴我他寫過文字引擎的這段過往時，我告訴他，我們 Android 裡的文字團隊正在尋找工程師，他應該申請看看。結果他很有禮貌地拒絕了。

儘管弘擁有相關經驗，並且在多家知名科技公司任職過，但弘並不是 Google 的心儀人選，尤其是因為他沒有大學文憑。史蒂夫‧霍羅偉茲說：「當時的 Google 非常注重血統。Google 當時說：『他連大學學位都沒有，我不確定我們能不能雇用他。』他們緊緊咬著這點不放。」

弘說：「二十幾次面試，因為他們不知道該如何雇用我。他們讓我寫一篇論文。這是真的。我不知道他們是否真正摸索出[2]這有多麼諷刺。他們給我的作業是寫一篇關於我為什麼沒有完成大學學業的論文。」

「我當時差一點兒就把『去他媽的』脫口而出了。」

最後，Android 團隊成功說服 Google 招募委員會把弘招進來。但是，即便他們同意這個招募決定，再加上 20 幾場面試的正面結果，還有一篇文采斐然的「我為何退學」小論文，招募委員會仍然拒絕雇用弘為工程師。弘說：「他們在以 Misc（其他）的名義雇用我，然後決定給我的職稱應該是 Technical Program Manager（技術專案經理）。」

在 1.0 時期，弘參與了與合作夥伴公司的初期會議，並與他們一起工作，確保計畫順利實現。「這是商務的技術層面，也是技術的商務層面，取決於你從哪個角度來看。我們在建造軟體，但如果沒有業務合作夥伴，沒有來自其他廠商的硬體，尤其是在那時我們還沒有 Nexus 或 Pixel……這一切都要仰賴 OEM 合作夥伴和營運商，他們負責出貨這些東西。我的工作是對這些工作進行程序管理。」

布萊恩‧史威特蘭評論了弘在管理合作夥伴方面的角色。「沒有人能像他那樣流暢自如地與合作夥伴打交道，部分原因是，第一，他真的很專注，其次，他真的很懂技術。因此，他總是能完全理解潛在技術問題，當我們試圖從合作夥伴那裡獲得我們需要的資訊，或讓他們做一些需要解釋的事情時，他真的幫了大忙。」

2　摸索（grok）就是「理解」的意思。Grok 是羅伯特‧海因萊因（Robert Heinlein）在《Stranger in a Strange Island》中所創造的詞語。它被工程師廣泛使用，原因我一直不清楚。科幻小說在工程師中是一個受歡迎的文類，但引用創作於 1960 年代初期的科幻小說卻不太常見。但我們卻一直在使用這個詞。我實在「摸索」不出原因。

弘與系統組密切合作，因為那是 Android 軟體與合作夥伴硬體的交會處。「史威特蘭和我準備前往台北。他將在那裡待上三週，我會待一週，然後他將獨自完成餘下行程。要確保 bring-up 順利成真。啟動核心、啟動周邊裝置——他將與他們的工程師一起工作，處理硬體和軟體。然後，原型將會送到這裡，然後負責軟體更高層次的人將在這上面執行他們的東西。」

大約在 1.0 版本發布的時候，史蒂夫‧霍羅偉茲離開了 Google。安迪仍然負責 Android 系統，但由其他人擔任工程總監這樣的方式的成效很好，所以改由弘接下了這個角色。崔西‧柯爾說：「安迪非常倚重弘，讓他管理整個團隊。他不喜歡管理人事。他選擇讓弘負責。」

黃偉將 Android 的工程文化歸功於弘：「弘願意和我一起深入研究細節，瞭解事情是如何運作的。即使當他成為副總裁時，仍舊主持 Android 團隊，他仍然會找我們聊聊，就是為了弄清楚簡訊或 Hangouts 故障的原因。我認為他能與團隊的其他成員都有所連結，而不單單是他的直接下屬。另外，他關心產品，這一點所有人都有目共睹。我認為他的溝通風格很實際、不拖沓。我真的很喜歡弘在我們和安迪之間扮演了銜接的角色。」

「我不知道他是怎麼做到的。你如何做到既真誠，又有足夠的技術知識來提出正確的問題？這就是為什麼他能有今天的成就。」

在 Droid 版本發布和這之後，弘繼續管理工程團隊，建立了像「培根星期天（Bacon Sunday）[3] 這樣的傳統，在這一天，大家把所有的東西都集中在一起，來發布每一個版本 [4]。

3　詳情請見第 35 章「培根星期天」。

4　弘現在是資深副總裁，負責 Android、Chrome、Chrome OS、Photos 等產品領域，管理著為當今科技界最重要的一些專案工作的數千名員工。天哪，想像一下，要是他拿到了大學學位，今天的他又會取得怎樣的成就。

⌃ 2008 年 9 月，弘在他位於 44 號大樓辦公室的小壁櫥裡（照片由布萊恩·史威特蘭提供）

史蒂夫·霍羅偉茲與工程團隊

> 如果你回顧一下歷史，以及誰「搶下」了行動領域，而誰沒有，這一切都可以回溯到那些領袖是誰，以及他們當時是否擁有信心和願景。
>
> —— 史蒂夫·霍羅偉茲

史蒂夫·霍羅偉茲是 Android 團隊的工程總監，直到 1.0 版本發布。他於 2006 年 2 月開始從事 Android 工作，當時團隊規模已經開始成長。當他接下工作時，團隊中大約有 20 名工程師，而大約三年後，在他們抵達 1.0 里程碑時，團隊有將近 100 名工程師。

史蒂夫·霍羅偉茲在小學時在 Apple II 上學習了 BASIC 和組合語言。在高中時，他把時間分給了科技新聞和程式設計。高中畢業後，他直接在蘋果

公司[5]獲得了實習機會，此後每年夏天都在那裡工作，直到大學畢業。畢業後，他加入蘋果公司成為全職工程師，開發下一個 macOS 的 Pink 專案，再來是開發下一代硬體的 Jaguar 專案。

在蘋果公司工作兩年後，史蒂夫轉職到了 Be 公司，在那裡他負責 BeOS 的 UI toolkit 功能，比如 Tracker（相當於 Mac 上的 Finder）。在 Be 公司工作數年後，史蒂夫又轉職到了微軟，在 WebTV 被微軟收購後加入該部門。在那裡，他與未來的 Android 人員如麥克‧克萊隆、安迪‧魯賓和黃偉一起共事。他後來還招募了弘‧洛克海姆來管理微軟 IPTV 平台的系統軟體組。史蒂夫在微軟的時候就改走管理路線，後來這條路帶他來到日後在 Android 團隊的角色。

在微軟的時候，史蒂夫從蘋果公司的東尼‧法德爾（Tony Fadell）[6]那裡得到了一個有趣的邀請，讓他負責管理 iPod 的系統軟體組，當時那個團隊正開始討論如何打造 iPhone，「這是一個很好的邀約。但我有很多微軟股票，而他們給我的工作合約裡是有一點蘋果的股票。當時，我喜歡我在微軟所做的事情。蘋果的工作看起來很有趣，但蘋果的股票必須上漲一百倍才有可能接近（我手上的股票）。當然，可以肯定的是，他們確實辦到了——上漲了超過 100 倍。」

「東尼團隊的一些成員，和史考特‧佛斯托（Scott Forstall）這個人在爭論 iPhone 作業系統的架構該選擇哪一個版本。最後，我想是佛斯托的版本贏了，但東尼團隊的人後來也加入，成為了這項工作的一部分。因此，在另一個奇怪的平行時空中，我也許會在 iOS 上工作，而不是 Android。」

在史蒂夫在微軟的這些年裡，安迪‧魯賓試圖讓他加入 Danger，但史蒂夫不相信他們當時的能力，所以他繼續留在微軟。

5　史蒂夫在蘋果的招募經理是凱瑞‧克拉克。在雇用史蒂夫進入蘋果公司多年後，他在微軟為史蒂夫工作。後來，他與麥克‧瑞德（另一位蘋果同事）共同創立了 Skia，該公司被 Android 收購，凱瑞再次發現自己在為史蒂夫工作。
　　對你的同事好一點——你總有一天會再次與他們共事。甚至可能是無數次。
6　東尼‧法德爾在蘋果公司負責 iPod 部門多年，後來又與其他人共同創辦了 Nest 公司。

之後在 2005 年秋天，在 Android 被 Google 收購的幾個月後，安迪再次嘗試邀請。「他說：『我想讓你過來負責 Android 的工程團隊——我們剛被 Google 收購。』當我和他聊天，意識到是 Google 要嘗試這件事時，我想現在所有要素都已經到位，可以真正顛覆行動通訊領域。於是我告訴安迪算我一個。」

2006 年 2 月，史蒂夫加入 Android 團隊，擔任 Android 的工程總監。

史蒂夫在 Android 的部分工作是招募人才。他幾乎是瞬間就招來了原先在微軟的團隊成員麥克·克萊隆。

團隊中的工程師們都深刻記得史蒂夫強大的管理能力，他為團隊帶來了冷靜，以及刪減功能的嚴謹紀律，以便趕上非常急迫的 1.0 發布時程。史蒂夫的首要任務始終是讓產品順利出貨。

麥可·莫里賽也記得史蒂夫在與 Google 打交道時的效率。「史蒂夫在管理 Google 的冗長行政程序方面真的非常、非常出色。他知道如何駕馭和繞過對 Android 無益的過程和程序。」

經理人的責任之一是幫助團隊人們的職涯軌跡。但當時升遷並不是最重要的問題；1.0 之後會有很多時間來討論這個問題。還有無數工作要做。羅曼記得，在那段迫在眉睫的時期，他在週末時常常會收到史蒂夫的簡訊，上面僅僅寫著：「yt?」[7]，然後對話就此開始，通常都是關於某個需要被修復的 bug。

世界行動通訊大會

史蒂夫是 Android 領導團隊的一員，所以他既管理工程團隊，也同時協助業務方面的推展。「就在我加入之後，安迪、里奇·麥拿和我帶著這個 Android 點子參加了世界行動通訊大會（Mobile World Congress，MWC）[8]。基本上那是一個 Flash 版 Demo，真的沒什麼內容。」

7　表示 you there?（在嗎？）

8　世界行動通訊大會（MWC）是行動產業中的大型年度貿易展覽會。

「我們盡量和很多人聊天，向他們介紹 Android 的點子。會場邊上有一個屬於我們的小房間，我們邀請人們進來坐坐。大多數的人們對我們嗤之以鼻：『等你們長大後再來吧。』但我們與高通公司的高層保羅・雅各布斯（Paul Jacobs）和桑傑・賈（Sanjay Jha）開了一次會，他們對此感到很興奮。他們非常熱情，想要了解更多。其他的人則不屑一顧。」

「如果你回顧一下歷史，以及誰「搶下」了行動領域，誰沒有，這一切都可以回溯到那些領袖是誰，以及他們當時是否擁有信心和願景。」

「MWC 的有趣之處在於對比。如果你回顧一下當時的情況，除了我們提出的這個想法之外沒有其他東西，即使到了今天也全都是……Android。」換句話說，當年在 MWC 上很難引起任何人的注意，Android 一路走到今天，在現今的展場上擁有巨大而不可忽視的影響力。

衝突管理

史蒂夫的一項重要工作是處理各個子團隊之間的分歧。來自 Danger 的工程師與來自 Be/PalmSource 和 WebTV/ 微軟的工程師之間存在著非常強烈的意見衝突。

「這就是 Android 的特色——就像任何一個團隊，它將各種個性湊在一起的。這對任何人來說都是一則啟示，人才濟濟的小團隊將會勝過大團隊。這毫無疑問。而這顯然是我們 Android 團隊的特色。但是，有了這些人才和能量，不可避免地會產生衝突，不論是人際關係，或是對於軟體架構的想法。我的工作就是協助引導人們。」

離開 Android

1.0 發布後不久，史蒂夫離開了 Android（和 Google）。他對另一個更高的職位感興趣，在那裡他可以做更多的事情而不止是工程管理。在他離開後，弘接下了管理團隊的任務。當我們在職涯或生活中選擇某一條道路時，心中總會出現這個問題：假如我們選了另一條路又會怎樣？史蒂夫反思道：「這個有趣的問題沒有人能夠真正回答，包括我自己。如果我當時知道 Android

系統會成為今天的樣子，我還會不會做出同樣的決定？說實話，我不知道。[9]」

萊恩・PC・吉伯森得到他的甜點

> Android 在當時非常低調，但我聽到了一些竊竊私語。很酷的竊竊私語。
>
> —— 萊恩・PC・吉伯森

當一個專案越大，而且團隊規模越大，事情就越難維持正軌或是按照表定時程進行。確保專案順利進行是每個人的工作，而 Google 的技術專案經理（TPM）的特殊技能要求就是關注這些細節。弘從商務合作夥伴那邊著手（專案管理是他工作的一部分），而萊恩・PC・吉伯森則以平台為切入點來關注細節。

萊恩對程式設計的啟蒙，來自於看著他的母親一絲不苟地將雜誌上的 BASIC 程序複製到他們家中的 Atari 800XL 中：「我意識到程式設計主要都在打字。直到今天，我還不明白為什麼軟體開發需要這麼長時間。」

萊恩於 2005 年 7 月加入 Google。他在 Android 被收購的同一個月來到這裡，但在 Google 的其他部門工作，負責一個關於內部業務工具的軟體專案。他一直對行動技術一直很有興趣，所以他開始四處尋找，看看是否有更貼近興趣所在的職缺。「Android 在當時非常低調，但我聽到了一些竊竊私語。很酷的竊竊私語。」

他爭取機會見到了安迪和弘，並與麥克・克萊隆進行了面試。「他給我看了 Sooner，它有一個鍵盤和小 D-pad。與那些老式的諾基亞手機相比，它非常棒，儘管瀏覽 2D 矩陣的應用程式中讓這件事顯得有些笨重。之後觸控式螢幕出現了，改變了整個遊戲規則。我在 2007 年 1 月加入 Android 團隊，感

---

9 多年以後，史蒂夫最終回到了 Google，負責 Motorola 的軟體部門。「我最大的貢獻是捨棄沉痾多時的垃圾和程式碼修改，讓 Motorola 走上了一條純粹的『香草』軟體之路。我對 Android 核心團隊深感欽佩與信賴，希望盡可能多地使用他們的程式碼，以此促進更快的升級和更好的使用者體驗。」這個策略奏效了：Moto X 升級到 KitKat 版本的速度比任何其他 OEM 的裝置都快，包括 Google 的 Nexus 手機在內。

覺就像回到了我以前待過的新創公司（這次有更美味的食物和穩健的財務狀況）。」

在那個時候擔任 TPM 並不吃香，因為很多團隊都不熟悉這個角色。包括萊恩自己。「我在職涯的大部分時間裡都是一名軟體開發人員，但逐漸開始走向管理職。我以前從來沒有正式做過程序或專案管理的工作，所以我得在工作中自行摸索。讓這件事變得更有挑戰性的是，當時 Google 的 TPM 非常少，大多數團隊中從來沒有出現過任何 TPM。」

幸好，Android 為良好的專案管理提供了充足機會，早期團隊也感受到了其中好處。「弘、麥克・克萊隆、黛安和布萊恩・史威特蘭都曾在過去的公司中與專案經理有過良好的互動經驗。他們明白專案經理對於成功交付產品方面的價值。我們仍然是討人厭的角色，但卻是對事情有幫助的人。其次，Android 專案的性質符合專案管理的三項重要標準。首先，專案中有許多不同的貢獻者──Android 開發者、Google 應用程式開發者、開源開發者。其次，還有許多不同的利益相關者──OEM 廠商、電信業者、SOC 供應商等等。再者，Android 專案必須遵守電子產品年度銷售週期的嚴格時程。因此，Android 是讓人成為專案經理的好地方。」

眼前的問題非常龐大：如何盡快創造、鞏固和運送整個作業系統、應用程式和裝置。同時，團隊還在招兵買馬，平台的許多基本部分甚至還沒有想好，更不用說編寫出來。但他們仍然需要制定一個符合實際現況的時間表，並開始按表執行。而且他們需要產品盡快問世，讓產品真的獲得市場青睞。「專案管理絕對在此發揮了關鍵作用。我們落後了一年，如果我們又拖到下一年，那麼我們只可能會成為歷史中的一段註腳，而不是一個受歡迎的平台選項。但我們不能隨便交付產品，它必須確實而可靠。」

「第一天，弘遞給我一張電子甘特圖，上面寫滿數百項任務，遠遠超過我們的交付日期。我記得他接著說：『啊，救命！』現在回想起來，這是一個典型的專案管理任務，但它對當時的我是嶄新的挑戰。我與所有的開發人員交談，當時大約有 30 人。過去的創業經歷和軟體開發經驗，對我幫助很大。」

「我協助軟體工程師把他們的工作任務組織成一系列直到 1.0 發布的里程碑。那是一個瘋狂的時期，因為我們必須弄清楚如何穩定函式庫，而業務和產品計畫仍然懸而未決。在那些早期的日子裡，我對敏捷式開發（Agile development）[10] 非常有興趣，但在 Android 內部對此抱著根深蒂固的懷疑態度。在其他公司，敏捷小組運行不力的糟糕經歷讓很多領導層失望不已。但是，隨著產品定義的不斷變化，這個專案實際上很適合按時間分段開發。沒有人知道我們什麼時候能完成，因為當時沒人知道什麼樣子叫做『完成』。」

「我建立了幾個最初的里程碑，m1、m2，依此類推，然後從里程碑來回推問題：『我們在每個里程碑之前能完成什麼？』我謹慎地要求開發人員以『理想工程日』（Indeal Engineering Days，IEDs）為單位進行粗略估計，盡可能避免使用傳統的敏捷術語。IED 在最初的幾個里程碑中發揮了效果，我們想出如何減少功能開發工作，取得一些目標的進展。最大的勝利是將功能工作的追蹤方式從甘特圖轉移到那些已被追蹤的 bug 工作上。隨著時序推移，我們不再用 IED 來估算，但很多版本發布的指標——比如零錯誤反彈（Zero Bug Bounce）[11]，功能完成（Feature Complete）等等——仍然保留下來。隨著我們從錯誤中吸取教訓，它得到了極大的改進，並逐漸變得更大、更完善。」

甜點時刻

Android 使用各種甜點作為發布版本名稱的傳統源於萊恩的專案管理技術。「我記得早期有很多關於 1.0 意味著什麼的爭論。黛安、史威特蘭和其他人非常熱衷於找出這個定義。為了讓對話有所進展，我建議我們使用一些代號，之後再決定哪個代號當作 1.0 版本的名字。黛安同意了，但條件是它

---

10 敏捷開發（Agile development）是一種流行的軟體開發流程，適合於需求不斷變動的專案。

11 Zero Bug Bounce（ZBB）是一個接近版本發布時的一項目標，團隊會試圖至少修復當前所有已知的 bug（所謂的「bounce 反彈」是承認總是有更多等著被發現和確認的 bug 潛伏其中）。在我從事 Android 工作的這些年裡，我還沒有看到該團隊達成零錯誤的目標。我把這個縮寫重新定義為 Ze Bug Bounce。我們肯定是反彈了……只不過沒有達到零錯誤。

們要按字母順序排列,所以 Astro Boy[12] 和 Bender[13] 顯然將成為我們的第一個 Android 代號!我們準備讓 C3PO 成為第三個版本的名稱,但看起來它最終會成為 1.0……結果顯示這種方式很有問題[14]。處理使用授權問題只會拖慢我們的速度,而且我們發現未來許多版本也很可能遇到這個問題。我們需要別的東西,而我當時非常熱愛杯子蛋糕(現在也是)。我也喜歡我們可以用 Sprinkles[15] 來慶祝版本發布的想法,所以用甜點來命名的傳統從此開始。」

麥可・莫里賽回憶,萊恩對版本發布的貢獻是:「扮演一個絲絨錘子(velvet hammer,意指張弛有度的管理風格),他對技術方面有足夠的瞭解,同時專注於推動工作進展。」

吳佩珊與專案管理

吳佩珊是萊恩在弘的 TPM 團隊中的同事,她於 2007 年 9 月加入。雖然她一直在 Google 擔任工程經理,但她加入 Android 後改為擔任 TPM,因為她以前做過這項工作,而這正是 Android 當時為了推進 1.0 版本所迫切需要的專案管理技能與經驗。

吳佩珊對電腦程式設計的啟蒙與許多工程師一樣:電玩遊戲。當她三年級的時候,她的父母認為她玩的遊戲夠多了,不會再買任何遊戲給她了。「可惡,」她想:「如果我不能買遊戲,也許我可以想辦法自己做看看。」在接下來的一年裡,她大部分時間都泡在圖書館,閱讀程式設計書籍,並在圖書館裡玩電腦,直到她透過做家事存夠了錢,才買了一台屬於自己的電腦。

---

12 Astro Boy(原子小金剛)是一個具有人類情感的機器人,是 1950 年代出現於日本漫畫的一個角色。

13 Bender 是喜劇動畫《飛出個未來》(Futurama)中的一個機器人角色。

14 我們使用甜點名稱的原因是,甜點不能成為任何商標。當然,我們曾為幾個版本(K 和 O)使用過商標名稱,但這些名稱就牽涉到了公司協議。我認為在早期沒有人願意為每一個 Android 版本的商標協議進行談判。此外,可用的甜點名稱比機器人多太多了。如果僅僅因為我們用完了所有機器人名字而得停止開發更多 Android 版本,這不是很不幸嗎?

15 Sprinkles 是一家位於帕羅奧圖的杯子蛋糕店,店址靠近 Google 園區。史蒂夫・霍羅偉茲回憶:「我想為會議準備一些杯子蛋糕。我打了電話給很多地方,但沒有人能及時準備足夠的份量,結果 Sprinkles 那天在史丹佛購物中心剛好開業,於是我為整個團隊弄到了多到數不完的杯子蛋糕。」

多年之後，取得認知科學學位的她在幾家新創公司工作，負責非結構化資料的管理方式。其中第二家公司 Applied Semantics 在 2003 年被 Google 收購，其廣告技術最終成為 Google 的 AdSense 產品。

在 Google，吳佩珊的工作內容是搜尋裝置[16]，再來是 Google Checkout，最後在 2007 年加入 Android 團隊，大約在公開 SDK 首次發布的時候。

吳佩珊與 Android 系統的幾個不同小組一起工作，首先是媒體組。她負責管理與外部公司及其技術的關係，包括 PacketVideo（提供支援 Android 影音功能的軟體）和 Esmertec。

Esmertec 公司為 Android 系統提供媒體應用程式，包括音樂應用程式和即時通訊（Instant Messaging，IM）客戶端。為了使應用程式協調 Android 系統的底層訊息處理平台以及與 UI 設計方面的後期變更，吳佩珊與團隊一起前往北京和蘇黎世，與 Esmertec 公司位於中國成都的工程團隊一起工作，使這些細節得以解決。

在她去蘇黎世的一次旅行中，她發現 Esmertec 的一位工程師在他的行李箱裝滿了辣椒醬。四川成都以辛辣食物而聞名世界，而蘇黎世則……並不盡然。這個裝滿辛香料的行李箱是在蘇黎世生活兩週的重要調劑。

除了在媒體和訊息方面的工作，吳佩珊還幫助丹・伯恩斯坦制定了 Dalvik 發布時程，協助為裝置取得一些早期字體，並幫助硬體團隊測試裝置以獲得 FCC 核可。這種多專案的工作在當時的團隊中並不罕見。「那時候，並不是說『這個人在這個（特定）團隊裡』，而是哪裡有需求就去幫忙。有空的人就跳進來幫忙。」

---

16 在前面章節談到系統團隊的尼克・沛利時，我們提到了 Google 搜尋裝置專案（Google Search Appliance，GSA），他在加入 Android 之前曾與佩珊在 GSA 上合作。

28
交易

合作夥伴關係對 Android 至關重要，到了現在依然如此。使 Android 發展
壯大的關鍵要素之一是，並不是只有 *Google* 在交付 Android 手機，而是
集結了 *所有人之力* [1]。

在早期的日子裡，有幾個人負責從不同面向處理夥伴關係和商業交易。安
迪‧魯賓對與誰合作以及如何使這一策略成功有自己的想法。畢竟，他共
同創立並經營了一家成功的行動裝置公司（Danger）。另一位 Android 聯合創
辦人尼克‧席爾斯，他的前東家是 T-Mobile，他成功與 T-Mobile 簽下合作契
約，使其作為 G1 手機的 Android 發布合作夥伴。弘‧洛克海姆在合作夥伴關
係方面扮演了關鍵角色，他負責管理合作夥伴裝置上的 Android 開發工作。
另一位 Android 聯合創辦人里奇‧麥拿來自 Orange 電信公司，他曾在那裡與
各家電信業者合作，同時經營一個專門投資行動和平台公司（包括 Danger）
的風險基金。除了管理從事 Android 瀏覽器和語音辨識的工程團隊外，里奇
也是商務團隊的一員，他與弘‧洛克海姆和湯姆‧摩斯一起促成了 Motorola
Droid 的交易。

湯姆‧摩斯與商業交易

湯姆‧摩斯在 Android 的早期發展階段中參與了許多關鍵商業交易，但他不
是以此專長進入 Google 的。「我實際上以律師身分加入 Android 的工作。我
是最糟糕的人物，我們破壞了整個世界。」

---

1 好吧，也許不是所有人。在庫比蒂諾，有一家行動裝置公司目前不是 Android 的合作夥伴
（譯註：此指蘋果公司）。

湯姆於 2007 年 5 月開始在 Google 的法律部門工作。在加入 Google 之前,他的專長之一是開源技術。自打加入 Google,他就被告知他將要為一個名為 Android 的開源專案工作,這個專案預計在同年秋季推出一個 SDK。

「我的第一筆交易向高通公司取得 7200 AMSS 晶片組程式的授權,好讓我們建立可供發布的 Linux 驅動程式。這在當時是非常複雜的,因為高通公司對開放原始碼這件事怕得要死。」

湯姆最初從法律方面提供幫助,但最後扮演了主導交易的角色。「我一開始是以律師身分在交易中為安迪、里奇‧麥拿和其他一些人提供法律上的支援。後來,有越來越多次安迪讓我一個人做事:『這是我們需要的交易。去搞定這筆交易。』安迪非常忙碌,他不想坐等所有談判。」

他還制定了如何串連起所有不同利益相關者的策略:應用程式開發者、手機製造商、電信業者和平台軟體團隊。成功經營開源軟體模式的秘訣之一是「激勵」;除了 Google,為什麼這些合作夥伴都會在乎 Android 平台的發展?「你要如何採用一種維持相容性的方式,讓每個人都受到激勵,願意投入到這個生態系統?」

當然,應用程式開發人員會非常在乎相容性。能夠在不同的 Android 實作版本中執行相同的應用程式,這比開發者在 Symbian 和 Java ME 等平台上面臨的情況要好得多,因為在這些平台上,應用程式經常需要重寫才能在不同裝置上執行。但是,製造商的心態與此不同,他們早已習慣了只對自己的裝置和實作版本負責的傳統。

幸好,Google 擁有製造商希望在其裝置上使用的流行應用程式,包括 Google Maps、YouTube 和網路瀏覽器。因此,湯姆敲定了一個系統,在這個系統中,激勵合作夥伴開發能夠存取這些應用程式的裝置,即在裝置上提供 Android 系統的原版(as-is)而不是某個分叉版本來維持相容性。[2]

2　在 Android 廣泛普及後,提供未分叉的平台版本最終成為了一種激勵措施。製造商從執行相同的應用程式(於自家裝置上或其他地方)而獲益,不再要求開發者為特定實作版本而改動或重寫這些應用程式。

四處奔走

由於湯姆的工作更多的是敲定交易而不單單只是法律工作，他轉到了一個叫做新商務開發（New Business Development，NBD）的小組，專門幫助 Google 的各個團隊進行商務開發工作。他繼續只為 Android 工作，但不直接回報給 Android。

與此同時，安迪需要一個在日本的團隊來解決該地的開發問題（包括國際化和鍵盤支援）。湯姆自告奮勇來幫忙。這對他來說是個合情合理的決定，因為他所從事的許多交易都在亞洲。他被調到 Google 東京辦公室，並雇用了一個工程師團隊，錯過了他搬走後兩週在加州舉行的 G1 發布會。

同時，安迪希望對湯姆的 Android 工作有更直接的瞭解，所以湯姆調到了 Android 團隊。這意味著，出於 Android 隸屬於 Google 一部分的愚蠢原因，湯姆不得不被重新歸類為「工程師」。「我相信我是 Google 裡第一個被轉到工程組的業務人員[3]。所以我現在是一位徒有其名的『工程師』。重申一下，我從未寫過任何程式碼。」

發布合作裝置

與此同時，位於東京辦公室的湯姆正忙著幫助亞洲區的合作夥伴。「我做成了與日本的交易。我們還在澳洲發表，我想還有新加坡。」

「Google 當時扮演的角色很有趣。想推出一款手機，其實只是一家電信業者從代工生廠手機的 OEM 廠商那裡購買一款手機。但是，我們把品牌或行銷內容放在外包裝或手機上，甚至是推出行銷廣告活動，我們是這些交易的不可或缺的一部分。我們做成了這些交易，為 Android 系統造勢。我們會與電信業者進行談判。我們也與手機製造商協商。」

「我舉個例子。為了讓手機獲得正確的內容，正確的應用程式或服務，我會與電信業者（即 Docomo）談判，也與 HTC 談判。然後我們和他們一起開展行銷活動。門馬（湯姆團隊中的一位工程師）和我一起校對了日文和英文

3　也許這是通過 Google 技術面試的祕密策略：以律師身分加入公司然後申請轉組。千萬別告訴別人這是我說的。

的使用者手冊的譯文，提出修改意見，糾正一些非常愚蠢的錯誤，比如『電池是可食用的』（The battery was consumable），好似你可以吃電池一樣。我們做了一切。我們做了正式推出產品所需的每一道環節」

傑夫‧漢彌爾頓指出，這種全球合作的方法是 Android 達成規模化發展的關鍵。「全球大約有 20 億 [4] 台裝置（採用 Android 系統）。不可能有一家公司有能力製造那麼多裝置並提供支援。關於智慧型手機的選項琳瑯滿目：人們心儀的不同裝置、不同的價位區間、配置規格，諸如此類。這非常龐大。透過開放原始碼，並提供一個支持開源模式的軟體堆疊，讓合作夥伴建立生產工廠，打造一切所需——例如符合土耳其的電信網路條件，或滿足其他不同的要求——單一家公司不可能以一己之力承擔這所有的需求。不同地區有不同的要求。我們透過讓不同的公司分別承擔這些工作來拓展 Android 的規模。」

4　事實上，根據 2021 年 5 月資料，全球採用 Android 系統的裝置已超過 30 億台。

29
產品 vs. 平台

這就是為什麼它被稱為 ANDroid 而不是 ORdroid。因為如果我們得
在兩個備案中擇一，我們永遠會選擇這兩個方案。

—— 團隊說法（匿名）

在早期以及後續幾年，團隊中一直存在的爭論之一是：他們究竟是在打造一個產品，還是一個平台？也就是說，他們是要建立一個或多個手機（產品），還是要建立一個現在和將來都可以在不同廠商的許多不同手機上使用的作業系統（平台）？

現在來看，結果非常清楚，特別是考慮到 Android 生態系統的廣泛普及，Android 是一個平台。是的，它運行在 Google 的手機上，包括好幾代 Nexus 手機和最近的 Pixel 手機。它還運行在世界各地更多的手機上，其中大部分 Android 團隊的任何人從未見過，但這所有的手機都是 Android 生態系統的一部分，它們都執行著 Google 應用程式和 Google Play Store。但回到當時，團隊尚且不清楚優先事項應該是什麼。由於 1.0 版本顯然是針對 G1 手機而開發，產品和平台兩者之間的區別變得不那麼清晰。讓這場爭論愈加複雜的是，建立一個特定產品，總是要比建立一個更靈活的長期平台更容易（而且更快）。因此，如果 Android 的主要優先任務只是將某個東西快速推向市場，那麼專注於產品才是正確的選擇。

與此同時，iPhone 採取了一種非常專注於產品的策略。正如當時的 iPhone 產品行銷資深總監鮑伯·柏傑斯（Bob Borchers）所說：「在那個時候，我們並沒有真的把 iOS 當成一個平台。」事實上，應用程式商店（App Store）甚至不是 iPhone 發布計畫的一部分；iPhone 只是一台裝有蘋果應用程式的蘋果裝置。這種以產品為中心的策略使蘋果公司能夠專注於打磨特定產品的細節。

從那時起，蘋果陸續推出許多代手機，現在又有了 App Store 和一個龐大的開發者生態系統。但他們總是清楚地知道自己正在打造哪一個產品，並能適切地根據產品來調整其作業系統和平台。Google 也交付了許多手機……但與其他製造商所交付的裝置之數量和種類相比，這個數字微不足道。因此，對 Android 系統來說，它能夠順利移植到這所有的裝置上，要比它能完美適用於 Google 所推出的裝置，卻對 OEM 廠商帶來系統移植的負擔這件事要重要得多。

在團隊中「產品 vs. 平台」的爭論由來自不同公司的人各持己見：Danger、Be/PalmSource 和 WebTV/ 微軟。來自 Danger 的人偏好簡單的解決方案，這讓他們更關注產品。來自 Be/PalmSource 和 WebTV/ 微軟的人擁有平台心態，他們也更喜歡用這種以平台為中心的策略來開發 Android。

羅曼・蓋伊說：「來自 Palm 的人曾經開發過 Palm OS 6，這個版本對 Palm OS 5 具有相容性。他們親眼見證過一個沒有考慮未來的作業系統會發生什麼，它沒有任何關於解析度、GPU 之類的概念。」

布萊恩・史威特蘭見過產品和平台兩種主張，他在 Be 和 Danger 都工作過。「你這兩者都需要。這是我從 Be 公司得到的一個教訓。Be 非常專注於發展平台，有時會因此陷入困境。如果你不打算做真正的應用程式，而只是建立一個純粹的平台，那麼你就沒有完成這個循環。你沒有建立人們需要的東西。」

布萊恩說，Android 團隊的辯論仍在繼續。「我不認為這個話題到今天就有了定論。這曾經讓安迪很不爽。我們會召開全體員工會議，我或戴夫・博特會問我們現在在建造什麼。我們絕對是在建立一個平台，這個平台上有一些產品。但我們是採用垂直策略，打造一部 Google 手機來作為我們的產品嗎？還是我們希望 OEM 廠商以他們的品牌來推出手機，然後在我們所建立的東西上運行？或者是介於這兩者之間的東西？這幾年下來，我們大概什麼都做了。」

「Nexus 裝置，以及現在的 Pixel 裝置，感覺上是更加垂直的產品策略。但我們擁有一個如此廣泛的生態系統，人們可以在此做各種瘋狂的事情。然後

你有亞馬遜和 Fire，他們把 Android 平台作為一個起點，在此之上建立自己的平台，從 Android 而生，卻又有所不同。」

麥克・克萊隆說：「黛安擁有最清晰的遠見，深知『這不僅僅是為了推出 G1，其他留待日後再說。』她為那些尚未到來的事情奠定了基礎，當然對我來說是這樣，對大多數人來說可能也是如此。黛安在 2006-2007 年看到了我們在 2013 年之前不會需要的東西，並以某種方式將這些東西設計成 Android 的基本概念。」

這個關於產品和平台的爭論也發生在 Google 的會議室裡。當時 Google 的幾位管理高層意見紛紛：一些人優先考慮讓 Android 打造手機，一些人贊成平台方針，一些人則處於中間位置。

黛安對此下了總結：「平台還是產品？這一直是 Danger 與 Palm OS 人之間的爭論。安迪的回答當然是『兩者皆是』。這的確是正確答案。」

PART III

Android 團隊

自打 Android 團隊來到 Google 的那一刻起，他們就有自己的做事方式。
Android 的團隊領袖致力於維持這種狀態。

30

Android != Google[1]

在那些早期日子裡，沒人會懷疑其他人沒有參與其中。我們都在同
一輛火車上。

— 布萊恩・喬納斯

從一開始，Android 的文化就與 Google 的其他部門截然不同。儘管這個小小的 Android 新創被吸收到更大的公司組織裡，但安迪還是不遺餘力地使團隊維持獨立。

傑森・帕克斯說：「安迪和領導團隊意識到，為了讓 Android 成功，我們勢必得從更大的 Google 文化中分離，並提倡一種屬於我們自己的文化來實現這個目標。我不知道他是如何說服艾瑞克、賴利和謝爾蓋的，但他就是辦到了。我們被隔離開來，像一個小新創公司一樣運作，而營運資金來自Google。」

麥克・克萊隆說，安迪刻意將 Android 團隊與公司的其他部門分隔開來，「給了團隊喘息空間，不必經常向 Google 這個大公司回報工作進展。」

團隊中並非所有人都認同這種做法。麥克・費萊明說：「Android 被隔離在Google 之外。這確實是一個自上而下，由管理階層下的決定。當時我覺得這不是一個好主意，我反對這個想法。我希望我們（能夠與其他部門）連結起來，建立橋梁，參與到 Google 文化之中。但這件事沒有發生。」

1　給不是軟體工程師的讀者：「!=」是你在程式碼中寫下「不等於」的方式。軟體工程師終究會在日常交談中注入大量的軟體行話，也許是因為我們假設每個人都和我們說同樣的語言。這是一個自我實現的預言，因為聽不懂我們在說什麼的人也不再聽了。

Android 團隊的孤立體現在許多方面，包括在 Google 內部對 Android 專案採取保密態度，不參與更大的組織討論和公司會議，令 Andorid 團隊認為這將使專案陷入僵局。

Android 團隊裡的這些化學反應，都有助團隊將工作重心聚焦在每一次的版本發布。但是，就像澳洲與世界其他大陸的地塊分隔，在生物學上演化出奇異的亞種一樣，Android 發展出一種迥異於其母公司的文化，與更大、更穩定的 Google 文化相比，Android 文化顯得有點橫衝直撞。

布萊恩・喬納斯是這樣評論了 Android 文化和它賦予團隊的單一使命性：「我們是 Google 內部的一個小新創。我們被隔絕在大公司的其他部門之外。我們是 Google 境內一塊小小的飛地，擁有很多自主權。一旦你加入此地，每個人都知道你是為了達成這個任務而加入的。」

「我們可以對實作細節或者需要哪些技術方法來達到目的等話題，進行多采多姿的激烈爭論。但是，在那些早期的日子裡，沒人會懷疑其他人沒有參與其中。我們都在同一輛火車上。」

網頁 vs. 行動

使得 Android 與 Google 其他部門分離的原因之一是，它與 Google 其他人所從事的產品有著本質上的不同。當時，Google 主要開發 web 應用程式。這對 Android 造成了兩大重要影響：Google 內部對 Android 並不是 web-based 這件事感到不快，以及對於行動軟體面臨緊迫的時間框架感到不理解。

首先，人們對於 Android 團隊所做的事情，存在一種出於內心的不信任感，因為 Google 的業務基本上都是關於網路技術。在當時，很多東西都可以使用網路開發；那為什麼 Android 不照樣基於網路技術呢？當時其他行動平台（包括 Palm 的 WebOS，甚至是 iPhone，蘋果公司最初計畫讓外部開發者開發 web 應用程式）都在使用網路技術，這一事實支持了這一觀點。然而

Androide 卻固執地不願走同一條路[2]，它提供了在原生應用程式中整合網路內容的能力（透過 WebView，以及提供一個完整的瀏覽器應用程式），但應用程式被預期使用原生技術（而不是網路技術）構建，這包括與 web 應用相異的程式設計語言、不同的 API，以及整體而言與網頁開發完全不同的開發方法。

至於第二點，當時 Android 正試圖推出一種與 Google 習慣編寫的網路應用產品具有本質上差異的全新產品。如果你想發布一個新的 Search 版本，你可以在今天下午推出，假如這個版本發現了一個錯誤，你可以立即修復，並在今天稍晚時候更新 web 應用程式。Web 產品往往每隔幾週就會定期發布，團隊也會不斷迭代和推出新版本。但 Android 系統有非常不同的限制，使得這種開發方法和思考模式無法奏效。

布萊恩・喬納斯解釋：「在 Android 系統中，會牽涉到硬體組件、裝置製造商還有電信業者的組件，而且還要考慮合作夥伴關係。你可以很快推出並迭代一個搜尋演算法。但你不可能推出硬體然後進行快速迭代。你必須先設定好一個明確的交付日期，然後從這個日期往回推算要做哪些努力。」

布萊恩・史威特蘭同意：「真正的現實情況是，當你試圖交付消費類電子產品時，有人正在投入一條工廠生產線，也有人正在策劃一場大型行銷活動以達成銷售目標，你不能錯過任何一道環節，否則你絕對會給合作夥伴帶來麻煩。當你試圖趕上這些最後期限時，你會變得有點瘋狂，因為萬一你錯過了這個時限，後果是……你大概趕不上在三個月後交付產品。你可能永遠都無法交付這個產品了，因為現在你必須重頭建立一個完全不同的產品。」

史威特蘭將這種方法與 Android 之外的 Google 團隊所採用的工作方法進行比較：「（他們的工作內容都是基於 web 的：你交付了某個產品，如果它不能

2　雖然網路在當時有很大的前景，但它缺乏一些能力、效能和在非常嚴格的限制下執行的能力，而這些在當時被認為是行動領域的關鍵。請注意，儘管蘋果公司試圖朝這個方向發展，但他們最終也為他們的應用程式商店提供了原生應用程式。Palm 在 WebOS 上非常努力地嘗試，卻也沒有成功。網路技術作為行動裝置的通用解決方案的承諾，即使在多年之後也未能實現。

用，你可以把它退回原版本。而當你得在工廠裡燒錄圖像[3]時，事情可沒這麼簡單。」

從 Google 其他部門調入 Android 團隊的陳釗琪談及了這種由硬體驅動的工作方式：「Android 是第一個教會我聖誕節結束在 10 月的團隊。如果你想讓你的裝置在聖誕節前上市，那麼一切都必須在 10 月之前搞定。這個死線非常瘋狂，因為電路板[4]必須被早早確定。這是我第一次遇到活生生的最後死限，絕對不能錯過的那種。聖誕節不等人，而電路板燒錄的速度就只能這麼快，所以你絕對不能錯過 10 月的最後死線。」

這種被日期追著跑的心態最終催生了一種以死線為導向的努力工作文化，定義了早期 Android 團隊的工作風格。

3　布萊恩口中的「燒錄圖像」是指在裝置上安裝軟體。桑・梅哈特在第 7 章「系統團隊」中對燒東西有著另一種看法。

4　在年終假期銷售手機，意味著所有的硬體，包括電路板，都必須更早定型。

31

西部大蠻荒

Android 感覺就像是西部大蠻荒。

—— 伊凡·米拉

Android 漸漸形成了自己的工程文化，部分原因出自於它獨立於 Google 其他部門，再加上它所從事的產品與公司其他部門有著本質上的不同。伊凡·米拉指出：「當時的 Android 感覺非常像西部大蠻荒。」當時沒有太多的規則。也沒有很多工具。沒有很多最佳實踐或風格指南，也沒有任何東西會告訴你做事情的正確方法。但 Android 就酷在，這表示你可以做任何你想做的事，嘗試任何你想嘗試的東西。這是一種非常擁抱創新、擁抱嘗試的文化，我非常喜歡。我在 Android 中過得很快樂。

「現在回想起來，我可以看到這種做法的優缺點。很明顯，有很多人以前做過這種事情，知道他們在做什麼。Android 裡有很多聰明人，而且也很有經驗。這些人中有很多人曾在 Be 公司工作過，在那裡交付過一個作業系統。他們中有一些人曾在蘋果公司工作，並在那裡從事類似的工作。所以並不是說我們沒有深厚的專業知識和經驗，我們確實有。但 Android 感覺就像是西部的一片蠻荒。感覺上沒有人真正知道他們在做什麼，而我們只是在摸索、開拓自己的路。我們不知道它是否會慘遭失敗，或者有沒有機會成功。當它真的成功時，我認為人們的心情是既驚訝又興奮。」

Android 和 Google 文化之間也存在著微妙差異。長期以來，Google 有一個「20% 時間」政策，允許員工分配每週工時的 20%，投入一些可能有利於 Google 的專案上 [1]。這個政策取得了相當好的成果，比如誕生了最快的電子

1　選在週五休假一天不能算 20% 時間喔！

信箱——Gmail。而 Android 工程師往往埋首於他們的主要工作，而無暇顧及其他，所以「20% 時間」在 Android 團隊中並不常見。

Android vs. Google

從事第一版地圖工作的亞當‧布里斯曾經說過，他很喜歡為 Android 工作，但有時也很想念為 Google 工作的日子。

—— 安迪‧麥克菲登

在 Android 被收購後的前幾年，Google 內部有許多人實際上根本不知道 Android，因為這個專案非常神秘。但是當人們得知它的存在時，在那些早期的日子裡，它也沒有被視為是一個成功的專案。

丹‧伊格諾爾於 2007 年 8 月從 Google 的搜尋團隊加入了 Android 的服務團隊，就在 SDK 發布的前兩個月。「當我決定加入 Android 時，有些人說：『你為什麼要這麼做？iPhone 顯然佔盡優勢，這個產品如此令人驚艷，你為什麼要和它作對？』在某些情況下他們看到了早期的 Android 原型，然後說：『你們早就落後了好幾個月，為什麼還要這麼做？蘋果早就贏了。』」

桑‧梅哈特也是從 Google 的另一個小組轉入 Android。「當我們買下 Android 時，大多數人都認為：『我們到底在做什麼？』」

「戴夫‧布爾克當時在倫敦領導行動組，這個小組負責開發非 Android 平台的 Google 行動應用程式。他記得內部對 Android 的感覺是：「那不過是個不足掛齒的專案。它不可能會成功的。人們並非完全看輕這項專案的努力，但他們會說：『這太瘋狂了。你怎麼有可能影響電信產業呢？』」

與此同時，Android 團隊忙於努力推出 1.0 版本，他們沒有太多時間可以花在和 Google 的其他團隊合作。湯姆‧摩斯回憶：「我們毀了很多合作的橋梁。但我們不得不這樣做。我們不得不拒絕：『不，我們有一個勢必要達成的重要任務。只要我們成功了，一切都會變得更容易』」

鮑伯‧李是從 Google 其他地方調到 Android 團隊的人之一，「這就像公司中裡的另一個公司。有些人對於被收購有點反感，希望保持潦草的狀態。一

開始，Android 裡沒有程式碼審查，面試機制和 Google 完全不同，人們不寫測試……。這對我來說是一種文化衝擊。」

同樣來自 Google 另一個團隊的吳佩珊也表示同意。這讓她想起了她在 Google 之前工作過的公司。「產品經理的典型工作內容：軟體設計文件、程式碼審查等等，在我進入 Android 之後全被拋諸腦後。這對我來說並不那麼格格不入，因為我曾經待過兩家新創公司，所以這很正常。我感覺自己又加入了另一家新創公司。這完全不像是 Google 給人的感覺。對於其他來自 Google 的人來說，這種變化有點像是一種粗暴的覺醒。」

費克斯・克爾克派翠克說：「從另一個角度看，他們把我們當小丑來看。我們沒有實踐任何現代軟體測試──我們根本就沒有做任何測試……這基本上是無法爭辯的事實。這後來演變成一種根深蒂固的宗教信仰。」

從 Google 行動組轉到 Android 的賽德瑞克・貝伍斯特說：「我有一種非常明顯的感覺，當我加入 Android 後，我已經不再是 Google 的一部分了。我進入了一個黑洞。」

2012 年，伊凡・米拉從 Android 轉到了 Google 內部的一個不同團隊。他回憶：「從許多層面來看，我就像是加入了另一家公司。」

32

硬體時光

當時每個人都在辦公室度過了大部分時間，因此偶爾會出現有一些對工作環境進行修改，增添個人風格的嘗試。

玩具槍

羅曼・蓋伊聊到了他嘗試使用火力來防止被人打斷工作。

「我們非常努力工作，而很多人一直在向我們（框架團隊）問東問西。在某個時候，我出於某種原因買了一把 NERF 玩具槍，因為這顯然是美國公司的人在開放空間裡會做的消遣活動。」

「我把它掛在辦公室的天花板上，有人打開門的時候，這把槍就會瞄準對方。上面貼著一張紙，寫著大大的 No。」

「有一天我在家裡工作。第二天回到辦公室時，發現我的 NERF 槍被安裝到一個三腳架上，還裝上電動馬達，變成一隻超頻玩具槍。」

「安迪看到了這把槍，趁我不在時把它加上馬達，安裝在三腳架上。我的桌子上還有一個方向控制器，可以旋轉玩具槍的方向，而且因為加了馬達，它比平常發射的速度還要更快。」

接口風波

某天丹・莫里爾注意到在一面牆壁中間的插座面板上，出現了一個可疑的 USB 接口，除了它那神秘的編號之外，沒有任何表示用途的說明。

◀ 44 號大樓的某面牆上出現了一個神秘的 USD 接口（照片由喬‧奧拿拉多提供）

丹送出一張工單，請求網路基礎設施團隊調查，工單主題是：「為什麼 B44-2 的牆上有一個 USB 接口？」

Google 非常重視保安，包括物理和技術層面的安全性。一個光禿禿的、貼上加密標籤的 USB 接口引起了騷動。人們送出調查工單，安全人員收到警示，展開了掃除行動。

一個電氣小組接管了該插座另一側的房間，並在外面安排了警衛待命。電工切掉了插座後面的乾牆，終於，事情水落石出。

在牆板後面的是……什麼都沒有。那只是一個嵌在牆上的 USB 接口。這是個惡作劇。或者說，這是因為工程師們（具體來說是布萊恩‧喬納斯、喬‧奧拿拉多和布魯斯‧蓋）手上的硬體比原先計畫的還多。他們小心翼翼地在乾牆上鑿出一個洞，用熱膠水再加上一些創意產物，在洞口上插了一個從舊工作站拿來的 USB 接口。布魯斯又加了一個編號，讓它看起來更正式。除此之外，他們沒有其他計畫了；他們覺得就讓那個 USD 接口留在牆上這件事很有趣。顯然，Google 的保安人員並不認同這個想法。

電工後來用一個空白的插座面版替換了現有面板，提供了同樣功能，卻減少了胡鬧的空間。

開關宣言

修復 USB 接口後，這個被留下的空白插座面板的誘惑力太大；它在呼喚更多的東西。這次團隊不想讓 Google 的安全團隊再次抓狂。但他們還是想做一點惡作劇。

在 Android 部門，尤其是在布萊恩・喬納斯的辦公桌周圍，總是散落著大量、隨機的硬體。於是，喬和布萊恩四處搜集各種零件，結果做了一個「網路控制」開關。

打開開關[1]，燈就會變成綠色，開關會發出嗡嗡聲（團隊找到了一些觸控硬體，讓面板在關閉時產生振動）。

◀ 綠燈表示連上網路。壓下開關會讓燈變成紅色，發出嗡嗡聲。（照片由傑瑞米・米洛提供）

安全部門這次沒有意見；他們讓它在 Android 團隊使用該大樓的時間裡一直留著。

網路還可以用，看來還沒有人把它關掉。

1　當我第一次在走廊裡看到這個開關時，腦中直接跳出兩個念頭。（1）這太搞笑了吧、（2）我最好不要亂碰。畢竟，誰能知道呢？

33
機器人時光

安迪‧魯賓一直鍾情於機器人和各式各樣的機器。他在所有的專案中都延續這份熱情，包括在 2013 年離開 Android 團隊，在 Google 的另一個部門從事機器人方面的工作。

這種對機器人和各式小工具的癖好在早期 Android 中以不同的方式表現出來。

安迪投入的機器人專案之一是咖啡師，他建造了一個機器人來製作拉花。這個機器人是否完全掌握這門技藝，這件事目前尚未明瞭，但是在 45 號大樓的一個迷你廚房中，有一區放了一台看起來很奇怪的機器。出於保護（潛在顧客[1]）考量，這個區域被圍了起來。

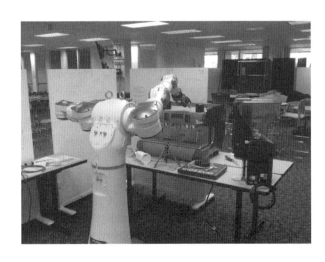

◀ 你的咖啡要加脫脂牛奶還是全脂牛奶？讓安迪的咖啡師機器人為你特製一杯拿鐵。（照片由 Daniel Switkin 提供）

---

1 菲登：「不開玩笑，那可是個工業模型。我不認為用大鐵鎚可以傷到那玩意，但我敢肯定，它反過來一定可以傷人。」

機器人還是 Android 大樓走廊的裝飾。隨著 Android 團隊成長，逐漸蔓延到其他大樓，這些機器人開始出現在 Google 園區各處。

⊙ 機器人羅比（Robbie the Robot），出自電影《禁忌星球》（Forbidden Planet）。羅比目前住在 43 號大樓的二樓，Android 團隊佔領這裡好幾年。

⊙ 這是《LIS 太空號》的機器人，目前居住在 Google 43 號大樓的大廳後方。

⊙ 威風凜凜的塞隆戰士（來自《太空堡壘卡拉狄加》）在 44 號大樓的框架團隊工作區內站崗。日積月累下來，他得到了一些配件，比如加拿大國旗披風、曲棍球棒和 Noogler 帽子。（照片由 Anand Agarawala 提供）

34
死命工作，不要聰明工作

以 Android 文化來說，死命投入大量工時是很有價值的。

—— 費克斯・克爾克派翠克

在 Android 內部，甚至是整個 Google，Android 團隊以工作非常、非常努力而出名。費克斯・克爾克派翠克將努力工作稱作是「Android 的流通貨幣」。

「我不認為自己是一個多麼聰明的工程師，但我非常拼命工作。我只是勤能補拙，很努力工作，投入過量時間來彌補我缺乏的部分。在最初的四到五年裡，基本上我醒著的時候都在工作。而且我沒有得到應有的睡眠。而且不是只有我一個人這樣。」

「有那麼一個月，我每天都在工作。早上最晚在 9 點半上班，在凌晨 1 點半離開公司算是最早的。我還記得有次凌晨 2 點半回到家，我只想做一些和工作無關的事情，重新找回我的生活。我坐到床上玩 Game Dev Story 這個遊戲。但我幾乎無法保持清醒，然而出於怨恨，我憤憤想著：「我現在就是要玩這個遊戲，我玩定了！」結果我才意識到，在過去的 20 分鐘裡，我所做的實際上就是在模擬監督一個軟體專案[1]。」

「在大多數情況下，過度工作都是自作自受。我們發自內心想做盡可能多的事情。我總是把它比作一些需要持久耐力的運動賽事；在當下你無比痛苦，你會很開心它終於迎來終點，但在過程中你又和人們產生了情感上的連結。這是一種輕微心理疾病，讓人一次又一次地報名參加。」

1　這個遊戲的目標就是主持一個軟體專案。遊戲的開發人員很清楚他們的受眾是誰。

瑞貝卡・薩維恩同意：「與你的戰友們一起密集工作，致力完成任務，這是讓人感到非常有價值的正向循環。那是一種『我們要徹夜工作，把它搞定，我們與彼此同在！』的專注力。這是新創公司的精神。」

吳佩珊指出，這種工作強度都是出自個人選擇。沒有人要求他們待到很晚，也沒有人會因為他們正常上下班而遭到冷眼相待。「我們都堅持待下來，因為我們想看到東西真的運作起來。」

傑森・帕克斯：「我們真他媽的工作了很長時間。有幾個星期，我老婆唯一一次看到我的時候是她來陪我一起吃晚餐。我會很晚才回家，睡上幾個小時，然後又回到辦公室工作。她唯一見到我的時候就是來公司陪我吃晚餐。」

菲登對布萊恩・史威特蘭的努力和專注印象深刻：「有一天，安迪・魯賓突然走進來說：『嘿！史威特蘭，一切如何？』結果史威特蘭連頭也不抬，嘴上咕噥著如果他能不要一直被打斷，事情會順利得多，然後繼續埋首打字。於是安迪就一直站在他身旁。最後，當史威特蘭終於抬起頭，才發現賴利・佩吉也站在旁邊。」

長時間工作顯然對團隊產生了負面影響。例如，崔西・柯爾發現這大大影響了她的招募工作。「當我第一次試圖建立我的行政團隊時，沒有人願意（從 Google 的其他團隊）調來這裡，因為他們都聽說我們工作太拼命了。」

湯姆・摩斯談及對團隊士氣的影響：「在我的任期結束時，我們的團隊士氣分數是最低的。但成功發布是一道神奇魔法。發布可以解決其他一切問題。數不清有多少次，史威特蘭和其他人都想著『我他媽的這次一定要退出』，然後我們發布，接下來是慶祝派對，我們都感到開心，於是我們再次投入。」

「這種感覺很棒。我喜歡。我們都喜歡這感覺。我們覺得自己是海軍陸戰隊的特種兵，任務是達成這個迷人的專案。這感覺像是我們對抗整個世界，透過咬緊牙關和同袍之情來撐過去。是的，我們都很疲憊，工作過度，無法好好睡個覺。但實際上流動率低得令人難以置信，儘管我們一直在抱怨，儘管我們老是說：『士氣很差。』」

2010 年，湯姆離開 Google 創辦了一家新創公司。他離開時和安迪談了談。

「在 G1 準備發布之際，我們女兒剛好也出生了。在我們正式推出 G1 時，她已經四個月大了。在我要離開的時候，安迪說：『家裡還有一個新生兒，你要怎麼兼顧你的新創事業？』」

「我的回答是『除非現在一天有 25 個小時，否則我也不可能比過去四年中為你工作還更努力。』」

「這是那種你會想『對方到底有沒有意識到？』的時刻。」

桑・梅哈特回想了團隊的努力程度：「我愛這個團隊。他們真的超級、超級棒。我不認為我可以重新再來一次。我想那會殺了我。」

最後，1.0 完成了。一陣詭譎的寂靜降臨了。

羅曼・蓋伊回憶起 1.0 正式發布之前的那段時間。當他們停下工作後，還有三個星期的時間裝置才會上市。「我們無事可做，完全不知道是否還有工作可做。下午 5 點，我竟然人在家裡，這件事從未發生過。我不知道該做些什麼。一般人在家的時候到底會做些什麼？」

然後 1.0 版本正式出貨，裝置被送到各個門市，一切又開始運轉了。團隊又一次開始死命工作，努力發布更多的版本。首先，在合作夥伴的硬體發布之前，及時交付每一個版本的時間壓力始終存在。另外，整個團隊都渴望讓 Android 系統獲得成功。雖然你可以眯起眼睛稍稍看見 Android 的未來，但第一個產品還沒有改變遊戲規則。它是一款不錯的智慧型手機，但還不足以讓整個世界為之瘋狂。團隊必須繼續努力，因為要使 Android 完整發揮潛能，還有很長的一段路要走。

35
培根星期天

Omens of autumn（秋日的預兆）
Float on a newly crisp breeze（飄落在清新微風中）
Perfumed with bacon（散發著培根香氣）

—— 麥克・克萊隆

2009年末，在1.0版本發布的一年後，Android透過「培根星期天」（Bacon Sunday）的活動，將額外的工作時間制度化。在此之前，人們就是無時無刻在工作。後來，人們開始在週末時間「不」工作。但是，Android仍然與過去一樣，有一股「不成功就成仁」的心態（儘管有更多人力來消化工作負擔了）。發布的最後期限非常關鍵，他們必須嚴格遵守這些日期。因此，在發布工作即將結束時，管理階層鼓勵人們在星期天早上也進辦公室，並承諾提供豐盛的自助式早餐（以及大量工作）。這個活動並非強制參加，也不是所有人都會在星期天還來上班。但大家都明白，還有很多工作要做，而團隊的共同付出會帶來回報。

想出了「培根星期天」這個主意的人是弘・洛克海姆。「我們的Droid進度落後——我們可能落後於第四個規劃——這可是個大問題。屆時會有一場大型發布會，還有大量的行銷活動，所以我們就像『該死，我們該怎麼辦？我們必須在週末加班，搞定這些工作。』」

「我想讓這件事變得有趣一些。我喜歡培根。現在回想起來，不是每個人都喜歡，所以培根可能不是最好的選擇。我現在再也不吃了。事實證明，它對你的健康沒有好處。」

「我們有發布會要舉行。我們有裝置等著出貨。這些OEM廠商需要我們的軟體在某個期限之前完成，否則他們就會錯過年終的節慶季節。萬一錯過期限就大事不妙了，安迪也會非常非常不高興。」

「很明顯，我們需要更多的時間。我能想到的獲得更多時間的唯一方法是在週末工作。所以我們讓大家在星期天——不是每個星期天——來工作，但現在回想起來，到了（隔年）夏天，這成了一種……一種傳統，很淒涼的那種。」

到了早上 10 點（無論是否有早餐，都很難讓大多數工程師提前進辦公室），會有一個由專業餐飲公司提供的豐盛早午餐，包括一大盤培根。人們會走進餐廳，飽餐一頓，和同事們稍微聊個天，然後走向自己的辦公桌，繼續開發產品。

當時（及日後持續）管理框架團隊的麥克‧克萊隆，以他向工程團隊發送的俳句而聞名。他寫了一些俳句來紀念培根星期天。

> *Sunday brings strange scene* （星期天裡的光怪之景）
> *Androids battling killer bugs* （Android 對決壞蛋 *bug*）
> *Life, or bad sci-fi?* （這是日常，還是難看的科幻電影？）
>
> *Lost in sleepless fog* （迷失在無眠迷霧之中）
> *Spirits willing though brains dim* （大腦昏沈，精神卻充沛）
> *Bacon, give us strength* （培根啊，賜我們更多力量吧）

在 2013 年秋季，當團隊交付了 KitKat 後，培根星期天就消失了。團隊規模擴展之後，有更多的人力可以幫忙趕上最後期限。另外，發布也不像早期那麼頻繁了，所以沒有那麼多令人恐慌的緊湊時程表了。最後，管理階層也終於體認到，夠了，該讓人們回歸他們的週末生活了。

所以培根星期天終止了。團隊並不想念這些日子[1]。

1　我倒是很想念那些培根。

36
來自巴賽隆納的明信片

GSM 世界行動通訊大會（MWC）是行動產業的頂級商業盛會。各家公司和個人在此聚集，搶先一睹行動領域的發展趨勢，與合作夥伴會面，推銷商業創意，並看看競爭對手在做些什麼。

在 Android 發展早期，MWC 大會非常引人入勝，因為當時智慧型手機功能不斷推陳出新，行動領域也飛速變化著。Android 領導團隊每年都會去展示 Android 正在開發的內容，並看看行動裝置的生態系統和各種潛在合作夥伴公司正在發生什麼新鮮事。

每年，安迪都會前往巴賽隆納參加 MWC 大會，他會看見 Android 需要加入哪些新功能才能維持市場領先地位。他把報告回傳到山景城，要求團隊開發這些新功能，這些要求不可避免地出現在每一次版本開發的最後階段，導致團隊在發布前夕理應追求產品品質和穩定性的時候，都得迅速切換到功能開發模式。

這些每年一度的插曲被稱為「來自巴賽隆納的明信片」（Postcards from Barcelona），安迪會順手發送一些功能請求，而這些請求完全來不及趕上發布……但團隊還是努力趕著實現，因為這是安迪的旨意。

弘對這些遲到的功能請求記憶猶新。「通常會是我來傳這些電子郵件，寫著：『我剛剛和安迪開了個會，他非常希望這些東西在我們出貨前得到修復。』這些電子郵件總在 MWC 大會左右送出。這有兩個原因。第一，我們的維護版本[2]通常是在那個時候發布的，我們會在秋季發布新版本，然後我們會在這個時候發布一個大型的後續維護版本。因此，事情總是發生在發布週期的尾聲，當我們試圖獲得獲得許可的時候。那時候，安迪是主要的審核者。另一個原因是，我會和他一起到巴賽隆納，我會向他展示：『安迪，我們必須推出這個。請你看一下，你準備好了嗎？』然後基本慣例是，他至少會指出一兩個地方（需要加強或開發新功能），因為這就是他的風格。」

安迪的這些遲到的要求也是受到發布時程和軟體開發週期固有的延遲而造成的。「從我們完成軟體開發，到它真正出現在消費者的手中，這之間會有一段延遲。他不喜歡這種延遲，他不想多等。當我們說『下一個版本』時，他就知道這意味著從現在開始的六個月、九個月、一年，所以他會說：『我不想等那麼久。爭取這次發布之前就搞定。』」

「然後我就會，嗯，夾起我的尾巴，寫信告訴團隊：『很抱歉……但我們需要……』」

1　維護版本（maintenance releases）是小的版本，可能會包含較小的新功能，或針對解決團隊在主要發布前無暇修復，或者是主要版本普及和實際使用後才出現的問題。

PART IV

正式發布

從 iPhone 問世的那一刻起,到 Android 推出 1.0 版本後的第一年,所有的一切都圍繞在「發布」這件事上。無論是發布各種 SDK 版本的軟體,還是從 1.0 開始對已發布的平台進行迭代,或者是推出越來越多的行動裝置,團隊都在死命工作,趕上一個又一個的最後死線,將平台推廣給越來越多的受眾群體。

37

激烈競賽

今天，蘋果要重新定義手機。

—— 史帝夫‧賈伯斯（iPhone 發布會，2007 年 1 月 9 日）

iPhone 於 2007 年 1 月問世，在同年 6 月正式發布。這款行動裝置透過觸控螢幕[1]與使用者進行互動，對消費者和整個產業都帶來巨大影響，顛覆了世界對於智慧型手機的看法，也連帶改變了 Android 的發展策略，以求在不斷演變的智慧型手機市場上保持競爭力。

當時 Android 團隊的一位工程師說了一句話，這句話後來出現在各個地方：「身為一位消費者，我被完全征服了。我馬上就想得到一台 iPhone。但身為一名 Google 工程師，我想的是：『我們得重頭開始』[2]。」

這句話暗示了 iPhone 的出現導致 Android 推翻既有成果，令 Android 重啟了其發展計畫。

但這並不完全正確。

Android 的開發規劃確實發生改變，但團隊不必重頭開始。相反，他們需要的是重新確定任務的優先順序，並且變更產品時程。

在 iPhone 剛問世時，Android 團隊保持低調，全員埋首於開發工作。他們當時正在開發的裝置被稱為 Sooner，之所以叫做這個名字是因為他們希望這台

---

1 值得注意的是，iPhone 並不是第一款電容式觸控螢幕；這一殊榮應當屬於 LG Prada 手機，它稍微比 iPhone 更早問世及發布。

2 這句話是當時 Android 團隊的工程師克里斯‧迪薩佛說的，出自佛瑞德‧沃格斯坦（Fred Volgestein）所著的《Dogfight: How Apple and Google Went to War and Started a Revolution》（Sarah Crichton Books 出版）。這段話被摘錄並發表在《大西洋月刊》和其他地方。

裝置能夠比 Android 的真正目標裝置 Dream（採用 HTC Dream 硬體）更早問世。Sooner 沒有觸控螢幕。它依靠硬體鍵盤進行 UI 導覽，這是當時手機上常見的使用者體驗……在觸控螢幕成為手機的必備條件之前。

Dream 手機確實有觸控螢幕，Android 當時正為了納入此一功能而投入設計。但原本的計畫是讓 Dream 在日後推出，團隊先專注為 Sooner 手機提供 1.0 版本，嗯，越快越好。結果在突然之間，觸控螢幕變成必須優先考慮的功能，必須搭載於 Android 的第一台裝置，而不是日後的裝置上。而且，這個第一台裝置也必須做出相應的改變。

於是 Sooner 被擱置了，開發重心轉到了 Dream 裝置（最終這部裝置以 T-Mobile G1 的名義在美國市場推出）。布萊恩・史威特蘭談到了團隊的這次轉折。「當 iPhone 出現時，我們的決定是：跳過 Sooner，把重心放在 Dream 上，而且越快出貨越好。因為在史帝夫[3] 讓 iPhone 正式出貨之後，我們再交付 BlackBerry 手機是沒有意義的。」

黛安・海克柏恩喜歡開發計畫的這個變動，她認為這是完成平台的大好機會。「如果它已經發貨了，就不會有多進程了。我對這一點感到非常焦慮。我很高興我們放棄了 Sooner。當時軟體的開發時程銜接不上硬體開發時程。」

同時，Android 團隊還建立了平台能力，支援 1.0 版本的觸控螢幕功能。傑森・帕克斯說：「當我們一改變開發重心，馬可・尼利森就搞到了觸控板，並成功駭掉它[4]，於是我們得到了觸控功能。[5]」

史威特蘭談到了 Android 因為觸控螢幕而把開發計畫砍掉重練的傳言：「我覺得我們應該感到榮幸的是，人們竟然深信我們可以在三個月內重新

3　史帝夫・賈伯斯，時任蘋果公司的執行長。

4　像這樣的開發路線轉折，顯示出團隊以平台（相對於「產品」）為核心的優勢。賽德瑞克・貝伍斯特說：「我們之所以能夠如此快速轉向，是因為函式庫中已經為未來和假設的硬體建立了很多靈活性。」

5　Dream 裝置並未馬上到位，尤其是在當時無法提供足夠整個團隊使用的裝置數量。因此，他們所使用的硬體可以讓團隊為平台開發和測試觸控功能，而不需依賴於那些在發布計畫中可支援觸控螢幕的具體裝置。

來過，重建整個世界。事實上是因為我們提前幾年就建立好適應式 UI 和工具，讓我們得以及時重新調整。」

但團隊中有些人對這一策略軸轉存在擔憂。麥克·費萊明說：「我對我們沒有出貨這件事感到不安。我覺得我們應該可以趕在 iPhone 正式出貨之前，搶先交付 Sooner 手機。」

無論如何，在 iPhone 最初的發表會之後，團隊的聊天內容都圍繞在 iPhone 上。全都關於 iPhone。《脫線家族》（The Brady Brunch）是 1970 年代早期的經典美國情境喜劇。在某一集中，楊受夠了她的姐姐瑪莎總是得到所有人的關注。突然，楊大聲感嘆：「瑪莎、瑪莎、瑪莎！」在 iPhone 發表會的不久之後，當 Android 大樓裡所有人都對這個新裝置津津樂道的時候，安迪傳了一封電子郵件給所有人，標題寫著：「iPhone、iPhone、iPhone！」

Android 引起關注

iPhone 讓許多人對我們投懷送抱。

—— 克里斯·迪波納

在史帝夫的 Demo 之後，找我們的電話響個不停。因為蘋果壓根不打算授權任何東西——所以，你該怎麼辦？

—— 布萊恩·史威特蘭

iPhone 的問世影響了所有的手機製造商，它所掀起的波瀾與恐慌波及了整個手機產業，最終也變相成為使 Android 立足於市場之中的關鍵原因。

當 iPhone 被發表時，使用者看到了智慧型手機的全新形式，使用者介面擁有更多功能，以及可觸控的手機螢幕。但是在電信業者和製造商眼中，他們看到的是一個潛在的壟斷趨勢，而他們被排除在外。

iPhone 只會有一個唯一的製造商，也就是蘋果公司。所有沒有標上蘋果標誌的裝置製造商都會被排除在這個市場之外。此外，iPhone 最初只計畫和每個市場的單一電信業者合作（比如美國的 AT&T），確保在獨家合約到期之

前，其他電信業者無法從 iPhone 使用者（以及其寶貴的網路用量）中獲益。生態系統中的其他製造商，例如晶片供應商，也害怕被排除在外；如果蘋果在 iPhone 硬體上不打算選擇他們的晶片，那麼他們也將被排除在外。

剎那之間，那些以前害怕或無視 Google 的公司不僅積極回電，也開始主動接洽。他們需要一個類似的智慧型手機產品，而 Android 恰好提供了一個快速的解決方案。

伊利安・馬契夫說：「iPhone 的出現『嚇壞了整個產業』。當時沒有人有那麼好的產品。坦白說，我們也沒有；我們需要時間來打磨與壯大。但當時市面上沒有其他對手。」

因此，Android 團隊繼續開發作業系統，並與這個不斷增長的合作夥伴群體合作，最終提供了一個軟體平台，使合作夥伴打造自己的產品，因應不斷變化的智慧型手機市場。

38

同一時間，
在庫比蒂諾……

鮑伯‧柏傑斯（Bob Borchers）在 iPhone 研發期間和正式問世時，時任蘋果公司的 iPhone 產品行銷資深總監[1]。

當 iPhone 問世時，鮑伯曾在蘋果網站上的最初那一則 iPhone 教學影片中入鏡。這段影片吸引人的地方，並不在於這是一則關於如何使用 iPhone 的教學影片，也不在於影片主角是鮑伯這個人，真正引起人們好奇的一點是，賈伯斯竟然沒有在這部影片中出現。蘋果以將公司裡大部分人物隱藏得非常嚴密而聞名業界。只有被選中的人才有機會成為代表公司的面孔。在那個時候，這個人主要是史帝夫‧賈伯斯（當然囉）。

---

1 我為寫作這本書而採訪的某個人說，如果能知道蘋果當時是怎麼想的，那就真的太酷了。這聽來像是痴人說夢。假如這時我出現在蘋果公司園區裡，他們會熱情地邀我進去，並且和我聊一聊 12 年前在庫比蒂諾園區裡所發生的任何事情背後的動機，我認為這種事不太可能發生。

然後我才想起來：我碰巧認識一個人，這個人可能幫得上忙。我在我小孩參加的一次學校活動中遇見了鮑伯‧柏傑斯，我認出他是蘋果網站上最初 iPhone 教學影片中的那個人。幾年後，我又認出了他，某天晚上他在我下班回家的公車上；鮑伯最近加入了 Google。

矽谷是一個非常小的地方。它是一個貴得離譜、擁擠不堪的地方，但就以人與人和不同公司之間的交集這一點而言，它小得不可思議，卻充滿樂趣。

一位在那裡工作的朋友向我解釋了這一點。蘋果是一個消費者品牌。與 Google 或微軟等公司不同，技術並不是它所關注的全部，因此也不是關於工程師和工程本身，而是關於那些因科技而生的消費者產品。向全世界展示一個非常體面、討人喜歡並且一致的面孔，是打造令人垂涎的消費者品牌的一道環節。

鮑伯解釋了他為何出現在那則影片。「當史帝夫介紹 NeXT 時，他錄了一則影片，在這個影片中，他用一個半小時向每個人介紹 NextStep，它的作業系統以及硬體，向人們展示所有偉大的東西，並幫助人們在 NextStep 上打造他們第一個程序。當我們在考慮如何向全世界介紹 iPhone 時，我們採用了這個模板，想著：『我們也在這裡做一次。』最初我們的工作是寫一個粗略的腳本，由我來當測試講者。結果，那次試播變成了由我穿上黑襯衫站在鏡頭前好幾個月。」當團隊準備錄製最終版本時，當時史帝夫太忙了，於是鮑伯得到了這份工作。

當時，蘋果公司裡一直流傳著 Google 正在發生的事情：「有傳言說 Google 要做一些跟行動作業系統有關的事情。那這不僅僅是『聽說會有一個超猛的硬體』，而是『他們打算建立一個所有人都能使用的平台』。」

鮑伯還記得其中一些傳言的具體時間線，因為他當時與 Google 有過一次會面：「2006 年 10 月。我還記得，因為我（在 Google）與當時協商的團隊有過第一次會議，首席產品經理穿著修女的服裝出現了。蘋果、iPhone、Google、Maps 第一次有所交集，這個時間點是 2006 年的萬聖節。我和一位修女在一個會議室裡待了兩個小時。這位修女是男的。」

但是，為什麼蘋果會特別在意 Google 的舉動呢？尤其 Google 在行動裝置方面並無建樹。行動領域中已經有很多其他玩家進場，包括 RIM、諾基亞和微軟。「微軟已經憑藉 Windows Mobile 進入市場。我們的分析是，微軟對硬體一竅不通，使用者體驗非常糟。所有其他的參與者都不瞭解軟體。我們覺得軟體將是征服整個行動產業的關鍵。」

「來自 Google 的巨大威脅是，Google 懂得軟體和服務。事實上，它可能比蘋果還要更瞭解這些領域。因此，我認為最根本的擔憂是，Google 來了，這家

曾經大規模打造軟體和服務的公司，它不僅有能力，而且絕對會成為像 iOS 這樣的新平台的重大威脅。」

「另一點威脅是，Google 是唯一一家在與電信業者合作時沒有現有業務的公司，因此不會面臨風險。」

當第一款 Android 裝置（G1）推出時，蘋果非常想一睹為快。「我記得，在它們上市的第一天，我去舊金山的實體店買了一部 G1 手機，並把它帶回庫比蒂諾玩。軟體帶給我們的使用者體驗是……我們看到它蘊含的潛力。」而實際的 G1 產品並沒有在庫比蒂諾[2]引起多少恐慌。

蘋果在看到 G1 手機後，對 Android 系統或至少對 G1 並不那麼擔心，因為他們認為自己是在產品層面上競爭，而不是在平台層面上競爭。「我們當時並沒有真正把 iOS 當作一個平台。當我們正式推出第一個 SDK 和 App Store 時，也就是在兩三年後，我們才開始把它當成一個平台。」

與此同時，Android 在應用市場上擊敗了蘋果，Android 1.0 版本搭載了 Android Market 應用程式，允許開發者發布自己的應用程式。iPhone 最初出廠時根本沒有任何應用程式商店，當時也沒有提供應用程式商店的打算。

iPhone 上市後，人們越來越想擁有更多的應用程式。「開發者殷殷期盼，而且應用程式的開發需求如此之多。第一步就是去建立 web 應用。這很完美，因為實際上沒有人在手機上安裝任何軟體，但你可以有一個類似應用程式的體驗。我們的希望是，讓 web 應用成為主流。」

但最終，蘋果受到了來自消費者和開發者的壓力，要求蘋果為開發者提供一種能為 iPhone 提供優質原生應用程式的方法。「我們全心全意地專注在消費者體驗上，消費者告訴我們他們想要更優質的應用程式，而開發者也告訴我們，他們想要打造更優質的應用程式。」於是 App Store 出現了，與 Android 相比，App Store 採用更精選的模式，以符合蘋果公司嚴格控制整體體驗的方針。

2　蘋果公司總部位於加州的庫比蒂諾，矽谷的心臟地帶。

鮑伯還評論了 iPhone 對電信業者的影響。iPhone 推出時與美國 AT&T 公司達成了獨家協議，在其他國家也與當地電信業者有類似的獨家協議。這迫使其他電信業者如 T-Mobile 和 Verizon 尋求市面上的其他選擇。「我們很早就確定這個策略，在每個市場上只與一家電信業者獨家合作。這表示每個市場都會有其他兩到三家電信業者需要以某種方式填補這一真空。於是 Android 就趁勢填補了這個被創造出來的真空。」

鮑伯於 2009 年離開蘋果 [3]，就在 iPhone 上市的兩年後 [4]。

3　在 2009 年，當時我問鮑伯不再在蘋果公司工作是什麼感覺。他說：「嗯⋯⋯史帝夫不會再對我大吼大叫了。」

4　在我採訪鮑伯的時候，他的職位是 Google 的平台和生態系統（包括 Android 和 Chrome）的行銷副總裁。當我完成這本書時，他已經回到了蘋果公司，擔任產品行銷副總裁。在矽谷，不僅裝置是行動的（mobile），人也是可以到處流動的。

39
SDK 發布

⌃ 布萊恩・史威特蘭和伊利安・馬契夫正在拍攝一則介紹影
片，這段影片公開[1]於 2007 年 11 月 5 日（照片由吳佩珊提供）。

透過為開發者提供一個全新的開放世界，促進更多協作，Android
將會加速向消費者提供新穎而具有吸引力的行動服務。

—— 開放手機聯盟記者發表會，2007 年 11 月 5 日

Android 在推出 1.0 版本、原始碼或任何實際硬體之前，很早就推出了
早期版本的 SDK。這個早期推出的 SDK 給了開發者足夠的時間來瞭
解 Android 平台，於此建立和測試他們開發的應用程式。這同時也給了團

1　「Introducing Android」影片可見 *https://www.youtube.com/watch?v=6rYozIZOgDk*

隊一個從開發者獲得意見回饋的機會，指出在 1.0 正式發布之前需要修復的問題。

2007 年 11 月 5 日：開放手機聯盟

11 月 5 日，Google 宣佈成立開放手機聯盟（Open Handset Alliance）[2]。OHA 是朝向團隊所設想的生態系統而踏出的關鍵一步。與蘋果和微軟的傳統模式（即由一家公司全權控制平台）截然相反，OHA 承諾提供一個所有公司都可以使用的開源平台。它由電信業者、硬體製造商和軟體公司等組成，其中包括：

- 電信營運商，包括 T-Mobile、Sprint、Nextel 和 Vodafone 等公司

- 手機製造商，包括 ASUS、三星和 LG

- 半導體公司（手機晶片的製造商），如 ARM 和 NVIDIA

- 軟體公司，包括 Google 和 ACCESS[3]

這份聲明許諾了美好願景，但它只是一篇新聞稿——充滿漂亮的話語，描繪了一個光明的未來，卻還沒有實際的產品可供展示。

2007 年 11 月 7-8 日：產業接受度

在行動領域中，不屬於 OHA 的現有參與者似乎對這一聲明沒有特別想法。

11 月 7 日，在 OHA 宣布的兩天後，當時世界上普及程度最高的手機作業系統 Symbian 的高層約翰・福賽斯（John Forsyth）在接受 BBC 採訪時說：「搜尋和手機平台完全是兩回事。在推出手機的過程中，每天都要為客戶提供支援，這是一項昂貴、艱巨、有時甚至極為無趣的工作。Google 在這一領域的

2　OHA 的網站依舊存在，網址是 *https://openhandsetalliance.com/*；你可以瀏覽關於該組織的詳細內容，包括自第一份新聞稿以來紛紛加入的合作夥伴，以及各種充滿古早味的圖片和影片，這些紀錄來自不同時期的 Android 平台。網站首頁甚至還有一個「最新訊息」的資訊欄，其中最近的新聞稿更新於 2011 年 7 月 18 日……這一組織在現今的 Android 生態系統中已經不是主角。但它曾經是 Android 歷史和成長中的一個重要篇章。

3　在名單上看到 ACCESS 讓我不禁莞爾一笑。之前我們提過這家公司曾收購了 PalmSource，此後有幾位心懷不滿的前 Be 員工離開，選擇加入 Android。

經驗可以說是少得可憐。他們想著要在明年年底前推出一款手機。這不是能讓開發者燃起鬥志的工作。」

第二天，史蒂夫・鮑爾默（當時的微軟首席執行長）在一次新聞發布會上說：「他們現在只不過是紙上談兵，很難（與 Windows Mobile）相提並論。現在他們有一份新聞稿，而我們有很多很多的客戶、很棒的軟體，還有許多硬體裝置。」

空氣中似乎瀰漫著一種「霧件」（vaporware）[4] 的味道。新聞發布是一回事，確實交付手機平台又是另一回事。

2007 年 11 月 11 日：SDK 發布

11 月 11 日，也就是 OHA 聲明發布後的第六天，Android SDK 發布了，隨附的構建版本被暱稱為 *m3*[5]。

當最初的 OHA 聲明發布時，SDK 已經完全準備好了。但是，我們決定在程式碼公開之前先發表新聞稿，讓業界情緒和大眾的誤解有發酵的時間。六天後，團隊發布了實際的軟體，讓聲明變得有理有據。

現在，SDK 已經公開了，應用程式開發人員可以下載它，對它進行修補，並開始針對它構建應用程式，但它還不是最終版本。例如，第一個版本有一個仿真器，它看起來像 Sooner 手機（有一個比小螢幕佔用更多空間的硬體鍵盤，但也有實際 Sooner 裝置所缺乏的觸控功能）。這時的仿真器也已經有了許多可用的應用程式。當時的 Android 確實已是一個大致完整的系統了，儘管還沒有一個實際的硬體裝置，API 也尚未確定最終版本。

4　科技界有一個可悲的古老傳統，那就是過早宣布一個產品，而它甚至可能還不存在，只是一個夢裡的想法，這種產品被稱為「霧件」（vaporware），又可以理解為「太監軟體」。也許人們這樣做是出於希望或恐懼，但公司有時確實過早地宣布訊息，最後不得不收回這些承諾，因為被殘酷的現實迎頭趕上了。

5　m3 代表 milestone 3，m1 和 m2 是內部的發布里程碑。後來的版本是 m3 的後續版本（錯誤修復版本），然後是 m5（修改 API）。到推出最後的 beta 版時，版本名字不再綴上 milestone，於是這個版本被稱為 .9。

⌄ 第一個 SDK 版本中的仿
真器類似於最初的 Sooner 裝
置，有一個硬體鍵盤，儘管與
Sooner 不同，它也有一個可
用的觸控螢幕。

⌄ 在 2007 年 12 月發布的
m3-r37 版本的 SDK 中，可
供開發與測試的仿真器。

在一個月後發布的第三個 SDK 版本 *m3-r37a* 中，該仿真器提供了更現代化的
裝置設計，有著尺寸更大的觸控螢幕。

值得注意的是，這所有的 SDK 仍然可見於 *https://www.android.com/* 網站[6]，包
括依然可以運行的仿真器。為什麼要花時間研究這些預發布版本的 Android
系統是另一個問題了，但至少你有這個權利，這樣很酷；Android 系統最
注重的價值就是保持開放，這個價值顯然延伸到了早已過時的作業系統版
本，這些版本實際上從未與硬體一起交付。

6　或至少在我寫下這則註解的時候它們依舊可用，在這些 SDK 發布多年之後。不過等到你讀
　　到這則註解時，我無法斷言說它們是否仍然可用。未來，就像許多軟體專案一樣：你很難準
　　確預測它將會是什麼樣子，但我們總有一天會知道的。

名字裡面有什麼？

為產品命名是一項困難的任務，特別是當律師也參與進來的時候[7]。團隊使用的內部代號是一回事，它可以是任何名字，因為外界大眾可能永遠不會知曉，也不會與其他人或公司自己的產品或名稱產生任何重疊或衝突[8]。但當內部產品成為對外公開的正式產品時，事情就變得複雜了。你必須對商標進行搜尋。當有人已經擁有你心儀名字的商標權時，你必須想辦法解決這個問題，這通常涉及到好好想出一個新名字。

在正式發布的前幾週，人們擔心 *Android* 這個名字不能對外使用。黛安說：「我記得，那時我們真的很擔心必須改名字，因為當時 Android 這個字被用在所有地方——整個 SDK 上到處都是。如果我們不得不在 API 中改名字，那將會是一場災難。」

於是團隊進行一番腦力激盪，想了幾個備用名字，其中包括 *Mezza*[9] 這個字。丹·莫里爾解釋了這個名字背後的命名邏輯：「理論上，它的意思是 mezzanine[10]，就像啟用一個中間軟體（middleware）。很顯然，沒人喜歡這個名字，最終我們做出了正確的決定。」

7　在 Android 歷史上還有其他類似這種困難的例子，比如 Google 的 Android 手機系列使用 Nexus 這個字，遭到了科幻作家菲利普·迪克（Philip K. Dick）家屬的控告。（譯註：因 Nexus 一詞首先出現在其著作《銀翼殺手》中。）

8　甚至內部名稱有時也會出現問題。1990 年代初期，蘋果公司曾對內部某個電腦系統使用 Carl Sagan 作為代號，結果……被卡爾·薩根本人起訴。該團隊後來將代號改為 BHA，意思是「屁屁頭天文學家」（Butt-Head Astronomer）。

9　另一個名字選項是 Honeycomb，後來它變成 2011 年推出的 3.0 版本的甜點名稱。

10　Mezzanine 比我第一次看到這個詞的念頭還好一點，我那時想的是「Meh」（表示嫌棄的感嘆詞）。Mezzo 是一個義大利單字，我在練習古典鋼琴的無數年裡學會了這個單字。我在閱讀樂譜時會看見這個字，它用來指定某一節音樂的節奏或動態，比如 mf 代表 *Mezzo forte*，意思是「有點響」。Mezzo 甚至不是一個具體的東西，它只是一個形容詞，意思是「一半」（half）。而「mezza」本身甚至不是一個正式單字。所以，的確是「meh」。

Android 開發者挑戰

推出一個全新的軟體平台的困難之一，是讓任何人去真正使用它。當 SDK 發布時，在整個世界上，除了 Android 團隊之外，它的使用者數正好為零，而且這個數字可能還要等上好幾個月才會出現變化，因為 Android 裝置要到 1.0 版發布時才能開放購買。團隊必須想辦法激起開發者的興趣，將他們的時間和精力投入到這個使用者數為零，全新而充滿機遇的平台。

因此，團隊想出了「Android 開發者挑戰」的點子。2007 年 11 月 12 日，關於 Android 的第一篇文章，拋下一個極其誘人的結尾：「我們非常期待看到開發者在一個開放的手機平台上創造出令人驚艷的應用程式。也許你會想讓自己的作品參加『Android 開發者挑戰賽』──這場由 Google 贊助，價值 1000 萬美元的挑戰賽，旨在支持和表彰那些為 Android 平台打造優秀應用程式的開發者。」

2008 年 1 月 3 日，挑戰賽正式開始。團隊在 4 月 14 日之前一直接受參賽作品投稿，然後將它們發送給位於世界各地的評審團，篩選出前 50 名晉級名單。這 50 名開發者每人可獲得 25000 美元的獎金，並被要求參與第二輪比賽。在第二輪比賽中，前 10 名的應用程式開發者各獲得 27.5 萬美元，而後 10 名開發者可獲得 10 萬美元獎金。如果你稍微計算一下，Google 在這一次比賽中共送出了 500 萬美元。

這些獎項支出對團隊來說是否物有所值，這一點很難評斷，因為這些應用程式在當時甚至無法提供給終端使用者。當時，Android 系統以外的人甚至無法獲得可以執行這些應用程式的裝置；決賽選手名單公布於 2008 年 8 月，比第一台 G1 手機的上市日期還整整早了兩個月。但這項挑戰無疑引起了開發者的極大興趣，因為總共有 1788 個應用程式被投稿到了這個使用者數為零、發布日期不明的平台的競賽。

這項活動不僅使 Android 受益於開發者對該平台的興奮之情；邀請這所有的開發者參與其中，並獲得他們的意見回饋的經驗，也幫助平台團隊為最終推出 1.0 版本做好了準備。德克·道格提解釋：「我們必須弄清楚如何編寫應用程式，然後加以解釋。並且處理所有的回饋與指教。即便我們認為已經得到了很多回饋，但這是一個全新的 API 介面，一個全新的平台，以前沒

有人真正寫過有這種存取傳遞方式的應用程式。所以還有很多我們沒有想到的新用例。」

甚至連應用程式的評審過程也……相當獨特。Google 希望邀請到位於世界各地，開發者社群都相當熟知的人物來擔任評審。他們想讓這些人的遠距評審工作變得更簡單，但 Android 系統在當時完全不能說是「簡單」。要執行一個應用程式，評審必須在電腦上安裝 SDK，執行工具，啟動仿真器，執行命令將應用程式載入到仿真器上，然後啟動應用程式。而投稿作品有將近 1800 個應用程式，因此這項評審任務猶如不可能的任務。

因此，Google 寄了筆記型電腦給每一位評審，筆電裡預先安裝了丹・莫里爾的開發者關係團隊所編寫的工具，該工具可以啟動仿真器，並有一個使用者介面可以選擇要測試的應用程式，並在仿真器上安裝和執行。「我們向位於世界各地的每一位評審都寄了一台筆電。這很瘋狂！這些筆記型電腦大多都沒有被送回來。有一台筆電回來時不知為何被裝在一個同時裝著各種絨毛玩偶的箱子裡。」

初賽的前 50 名獲獎者仍然列在 Android 開發者部落格上 [11]；名單上的第一名是 Android 團隊的自家員工傑夫・夏奇伊所製作的 AndroidScan[12]。不，他並沒有作弊，他並不是以 Google 員工的身分參加比賽。傑夫是在後來才被平台團隊招攬進來，而這正是因為團隊看到了他投稿參賽的作品。「我被邀請到山景城從事祕密裝置（G1）的開發工作。到了山景城，我實際上沒有碰之前的應用程式，這讓我很開心。相反，我寫了另一個應用程式 [13]，它使用一個超級優化的演算法進行地區代碼對應城市（area-code-to city）的來電顯示查詢，而這不需要網路連線就能使用。」傑夫後來繼續進行 AndroidScan 的工作，將其改名為 CompareEverywhere，最終成為 10 名決勝者的其中一員。

11　如果你對本書族繁不及備載的 Android 歷史細節感到好奇，所有的舊文章都放在那裡了。這些文章可能沒有敘述內部細節，但提供了很多關於這些年來 Android 開發世界狀況的詳細內容。你可以從這裡開始：*https://android-developers.googleblog.com*。

12　另一個晉級的應用程式是維吉爾・多布揚斯奇（Virgil Dobjanschi）的作品，他後來也被聘到了 Android 團隊。開發者挑戰賽的本意並不是作為一個招募管道，但它顯然有這個附帶優點。

13　傑夫在 Google 園區時開發的第二個應用程式是 RevealCaller，目前該應用程式已開源於 *https://code.google.com/archive/p/android-cookbook/source/default/source?page=18*。

在比賽圓滿結束後，團隊繼續雕琢產品，並於 2008 年 10 月正式交付了 1.0
版本。2009 年 5 月，他們舉行了第二度開發者挑戰，再次送出 500 萬美元。
與此同時，Android 已經吸引到真正的使用者，Android Market 也上線了。至
此，Android 有了真正的使用者和開發者基礎，而不再只是一群投入預發布
平台的寥寥參賽者。

40

邁向 1.0

從2007年11月首次推出 SDK，到了隨著 G1 手機推出的 1.0 正式版本，中間經過了將近一年的時間。在這段時間裡，究竟發生了什麼？

首先，這段時間實際上並不如想像中那麼長。

根據不同情境，某些軟體產品可以快速交付。如果你只是要簡單更新某個網頁上的部分程式碼，那麼你可以立即發布變更。如果該版本中出現了某個 bug，你也可以在完成修復後立即再次發布。但是，如果你要交付的產品並不像更新網站那樣簡單，想要將這個產品發布到使用者面前，你必須在此前做好一定程度的測試和穩定性工作。你絕對不想讓使用者經歷一場艱巨耗時的更新，到頭來卻又發現更可怕的 bug，然後接二連三更新軟體版本。所以，這些測試和發布工作估計要幾個星期[1]。硬體的交付與出貨，如 G1 手機，除了它所依賴的軟體外，還得算上更多時間。

Android SDK 只是一個軟體，團隊可以持續修復 bug 來進行軟體更新（就像他們在 1.0 之前的測試期所做的那樣），直到他們宣布它「完成」了。當這個軟體版本需要在 G1 手機上順利運作，這就牽涉到完全不同的限制。手機得

---

1 或者更長的時間，這取決於產品規模和軟體使用環境。例如，用於核電站的軟體理論上要比交友軟體進行更徹底、更全面的測試工作。

通過電信業者嚴格的合規性測試，表示團隊需要比發布另一個SDK版本還要更早完成工作。羅曼談到了這一點：「我們在向門市鋪貨的前一個月才真正完成工作。在此之前是三個月緊鑼密鼓的電信業者測試。」因此，為了在 10 月中旬推出 G1，團隊必須趕在 2008 年 6 月前實際完成平台的開發（除了在最後測試期間出現的關鍵錯誤修復之外）——也就是初代 SDK 發布後的僅 7 個月。

在這七個月中，有許多東西需要修復，包括持續打磨公開 API 的細節、關鍵效能工作，以及各種 bug、bug、bug。

相容性的代價

公開 API 需要在發布前加以完善。SDK 是一個 beta 版本；我們鼓勵開發者為其編寫應用程式，但 API（方法名稱、類別等等）尚未最終定案。然而，一旦 1.0 版本發布，那就是塵埃落定；這些 API 就像被刻在石碑上的文字，不容一絲改變。在不同版本之間變更 API，意味著取用這些 API 的應用程式，將會在使用者的裝置上以神秘而無人知曉的方式崩潰。

這種對相容性的重視，在像是 Android 的平台上尤為如此，你沒有辦法強迫開發者更新他們的應用程式，也沒有辦法強制使用者去安裝這些更新。假設一位開發者在幾年前寫了一個應用程式並上傳到 Google Play Store。在某個地方，有人正在愉快地使用該應用程式。然後這個使用者將他們的手機升級到一個更新的版本。如果新版本改變了舊應用程式使用的任何 API，那麼它可能無法正常工作，甚至可能崩潰，而這顯然不是 Google 樂見的。因此，舊的 API 堅守到底，而且被支援了……太久。

那麼，對於 Android 團隊的開發者來說，工作秘訣就是要非常確定任何新的 API 不會出問題，因為團隊將不得不永遠與它共存。當然，總是會有一些錯誤發生，或是你會想重新來過並採用與原來不同的做法[2]。

2　開發 API 是一種建立未來遺憾之情的過程。即使現在看來一切良好，但考慮到不斷變化的需求和未來發展，你可能會在幾年內採取不同的做法。但你要做的就是盡力而為，然後繼續前進，因為交付任何東西，都比為了苛求完美而裹足不前還要好。

費克斯・克爾克派翠克指出：「你當然可以嘗試設計一些完美的東西。然後當你在實驗室裡忙著打磨它的時候，有人已經推出一些東西，讓你在這場競賽中淘汰出局。」

團隊努力使 API 成為他們滿意的東西，並願意與之共存，嗯，基本上是永遠共存。一些 1.0 前的變更，例如方法或類別名稱，是很小的變更。但是有些 API 被完全刪除，因為它們不是平台想要永遠支援的東西。

羅曼・蓋伊說：「在 2008 年那段日子裡，我花了很多時間來清理 API，並在我們正式交付前盡可能地從框架中刪除。」舉例來說，他刪除了 PageTurner，這是一個可以實現酷炫撕紙效果的類別。它最初是為早期版本的計算機 app 而編寫的，以便在清除數值時顯示一個有趣的動畫效果。但是計算機的設計已經改變了，不再使用那則動畫。這是一種特殊效果，由於太過小眾，無法廣泛用於公開 API 中，因此這個類別被徹底刪除了。

◀ 計算機 app 的撕紙效果很酷，但適用範圍很小。它在 1.0 之前就從平台的 API 中刪除了。

當時身分為外部開發者的傑夫・夏奇伊，評論了 Android 專案這一階段的 API 流失一事：「在 1.0 版本發布前的各種預覽版本中，Android SDK

的內容是相當動盪的。每一次快照都會有 UI 組件被新增、移除和重塑（reskinned）[3]。也有一些功能被全部砍掉。」

這並不是說糟糕的 API 就沒有悄悄潛入並堅守到 1.0 版本之後了（請參考前面關於「建立未來遺憾」的註腳。）ZoomButton 就是其中一個例子，它是一個將長按解釋為多個點擊事件的實用工具類別，將點擊事件傳遞到另一個處理縮放的邏輯部分。ZoomButton 本身實際上並沒有做任何縮放操作。事實上，除了將一種類型的輸入（長按）重新解釋為另一種（多次）點擊之外，它什麼也沒做。但幸的是，它在 1.0 版本之後仍然存在，並且在 4 年後的 Oreo 版本中才被正式棄用（deprecated）[4]。

效能

這階段的另一個關鍵工作是提升效能。儘管當時的硬體已經比早期行動裝置時代有了長足的進步，使智慧型手機變得可能，但 CPU 仍然有著令人難以置信的限制。此外，手機上發生的一切都會消耗電量，還讓充電間隔越縮越短。因此，對於平台和應用工程師來說，盡一切可能使事情運行得更快、更順暢、更有效是非常重要的。例如，羅曼・蓋伊和 UI toolkit 團隊的其他人一起花了很多時間來最佳化處理動畫和繪圖邏輯，以避免執行不必要的動作。

Bug、Bug、Bug

在 SDK 發布時，G1 的硬體終於開始在內部被廣泛使用，所以團隊終於可以開始在真正的硬體上測試他們的程式碼。當裝置被大量提供後，每個人也可以將 G1 作為他們的日常手機，對其進行敲敲打打，因而產生了許多需要在 1.0 之前修復的 bug。

3　重塑（reskin）指的是在視覺上而不是功能上改變 UI 的外觀。例如，按鈕和其他 UI 元素可能會換成一個新顏色或外觀，但仍然維持相同的大小，執行同樣的事情。這相當於為房子刷了一層新油漆；裡頭可能有破損的門、漏水的水龍頭和亂糟糟的廚房，但從外頭看來卻是嶄新無比。

4　棄用（deprecation）是 Android 系統中最接近於刪除 API 的做法。它是一種並沒有真正刪除 API，而是將其標記為「不應該使用」的方式。使用這類 API 的開發者在構建他們的應用程式時，會在他們的程式碼中看到警告，但儘管有這些警告，使用它的應用程式仍能繼續工作。

羅曼說：「那段時間發生了什麼？數不清的偵錯工作。」

復活節彩蛋

沒能進入 1.0 版本的東西之一是一顆復活節彩蛋[5]，裡面列出了所有參與發布的人名，讓人想起了 Macintosh 團隊的經典事蹟，簽在電腦機箱內部的團隊簽名。羅曼・蓋伊實現了這項功能，但它從未被交付。

「你可以在 Dialer 中為所謂的『祕密代碼』登錄一個 intent。當你輸入像是 *#*# 加上一個數字，後面再加上 *#*# 時，這基本上就是一則系統命令。有時你的 ISP 可能會要求你輸入這樣的東西來要求你做一些事情。」

「啟動器就登錄了其中一個代碼。如果你輸入了這則代碼，啟動器就會被喚醒，並會在我隱藏在中繼資料（meta）中的一個圖示中找到曾參與 Android 1.0 的團隊成員名單。它將會跳出一個使用者介面來滾動展示這些人名清單。代碼被寫在 Java 函式庫的某個註解中。所以這則代碼被好好地藏起來了。」

「我們把它變成了一個功能。我們開始召集到更多的人，包括約聘人員。我們增加了越來越多的名字。因為有人擔心我們會忘記某個人，所以它被封存起來了。」

「所以這個很酷的小復活節彩蛋，被永久封存了。」

近年發布的 Android 版本都植入了復活節彩蛋，其中大部分是由系統 UI 團隊的丹・桑德爾開發的。Android 的這項傳統開始於 1.0 版本之後的幾個版本，也許是當團隊終於有時間喘息，思考一些非關鍵性的問題。也可能只是當有人具備和丹一樣的藝術天份、幽默感和編碼速度時，就能夠實現這些彩蛋。長按系統設定中的構建版本內容會跳出……一些東西。有時它只是一個漂亮的視覺效果，有時它是一個簡單的遊戲或應用程式。但它從來不是一個從事 Android 產品的人員名單，因為這會變得太複雜。

5　復活節彩蛋是應用程式中的隱藏功能，放在那裡是為了讓發現它們的使用者感到開心，也是為了取悅將它們藏起來的開發者。

App

團隊在 1.0 之前也花了一些時間在編寫應用程式上，特別是在最後只允許修復關鍵錯誤的時候。麥克·克萊隆：「那是我把大部分時間用在編寫應用程式的時候。親自體驗 Android 平台的方方面面。」

麥克和羅曼都是風景攝影的愛好者，他們開發了攝影應用程式。編寫真實的應用程式不僅為使用者提供了更多的功能，它還幫助平台開發人員從應用程式開發者的角度去理解平台，進一步為未來的版本提供更好的 API 和功能。當然，這也有助於找到可以修復的 bug。

41

1.0 正式發布

⬆ 科技界的軟體發布活動有一個行之有年的傳統，也就是向團隊贈送 T 恤來以表慶祝。
這件 1.0 版本的 T 恤是開啟 Android 發布的慶祝先例的第一件 T 恤（照片由陳釗琪提供）。

Android 1.0 正式版本的發布發生在 2008 年秋天，共分成四個階段。

9 月 23 日：Android SDK

第一件事是 SDK 本身，1.0 版於 2008 年 9 月 23 日發布。一方面，1.0 版本是
僅隔 10 個月，自最初的 m3 發布以來的一連串更新的其中一次版本更新，距
離 8 月 18 日發布的 0.9 版本僅隔 5 週。

但 1.0 不僅僅是另一個迭代版本；它是，嗯，*1.0 正式版本*。它代表了團隊對
Android 受官方支援的 API 的最終想法，因為在不破壞已經建立的應用程式
的情況下，已經沒有更多的 API 變化。

按照發布慣例，Google 沒有大張旗鼓地發布這個開發者產品。沒有新聞發布
會；只有一些上傳到伺服器上的東西，以及關於本次版本修復的發布說明

（Release Notes）。甚至連發布說明中的簡介也無比低調。如果你沒有讀出重點，也許你會認為這只是另一次更新（在某種程度上，它的確是）：

Android 1.0 SDK, Release 1

This SDK release is the first to include the Android 1.0 platform and application API. Applications developed on this SDK will be compatible with mobile devices running the Android 1.0 platform, when such devices are available.

圖片內容中譯：*Android 1.0 SDK, Release 1*
本次 SDK 發布將首次涵蓋 *Android 1.0* 平台及應用程式 *API*。根據本 *SDK* 版本所開發的應用程式可相容於使用 *Android 1.0* 平台的行動裝置。

⊙ 投下震撼彈的 1.0 版本發布說明內容……低調到不行。

這些發布說明還包含了一則缺失關鍵功能的道歉：「我們懷著遺憾之情通知開發者，Android 1.0 將不包括對點陣式印表機的支援。」

9 月 23 日：T-Mobile G1 發布

Google 沒有特意邀請媒體參加針對開發者的 SDK 發布，但他們確實在紐約市與 T-Mobile 舉行的新聞發布會上發表了將搭載 1.0 版本的消費者手機。在 1.0 SDK 發布的同一天，與會代表們談到了這款新裝置，T-Mobile 發布了一篇標題為「T-Mobile 推出 T-Mobile G1——第一款使用 Android 系統的手機」的新聞稿。

G1 裝置將搭載觸控螢幕、滑蓋式 QWERTY 鍵盤和方向鍵。可以使用 Google Maps、Search，並提供 Android Market 上的應用程式。它將配備一個 300 萬像素的鏡頭，並將運行於 T-Mobile 的新 3G 網路上。搭配資費方案的售價為 179 美元，空機售價為 399 美元，首先於美國地區開始銷售，並在接下來幾週擴展到其他國家。

而且，它將在一個月內上市。消費者可以搶先預購 G1，然後等到 10 月 22 日才能拿到。

10 月 21 日：開放原始碼

在 G1 上市的前一天，1.0 版本的原始碼被公開了。又一次，這個以開發者為中心的發布活動，並不是一個有公開宣傳計畫的大型活動。事實上，這一次甚至連新聞稿都沒有，只在 Android 開發者部落格[1]上發表了一則簡短的三段式介紹，標題是「Android 現在是開源的」。

雖然不多。但這就是一切。

在 Android 出現之前，它就計畫著要建立一個開源平台。它一直向投資人、Google、團隊成員、電信業者和製造商合作夥伴以及世界各地的開發者推銷這個想法。現在，在第一個公開 SDK 發布的 11 個月後，以及 1.0 版本發布一個月後，它兌現所有承諾，並公開了所有原始碼，供人們查看和使用。

10 月 22 日：T-Mobile G1 上市

10 月 22 日，在 Android 開放原始碼的一天後，G1 終於可以提供 Google 以外的人試用和購買。

◀ T-Mobile G1 手機

---

1 *https://android-developers.googleblog.com/2008/10/android-is-now-open-source.html*

當 G1 手機在位於舊金山市區的市場街（Market Street）上的 T-Mobile 門市開賣時，羅曼・蓋伊就在那裡，為第一位買家拍照紀念。如今，你根本不會在意誰到了哪裡買了哪一台手機，但回到當時，這個「第一次購買」是開發團隊努力多年的結果；看到他們的努力終於開花結果，成為現實，看到人們排隊購買，這讓人感到無比振奮。那天在門市裡的另一個人是鮑伯・柏傑斯（Bob Borchers），iPhone 產品行銷的資深總監。他為他的團隊購買一部 G1 手機，準備帶回蘋果公司研究一番。

🔼 在 G1 正式發售的第一週，麥可・莫里賽帶著他的孩子參觀了 T-Mobile 門市的 G1 展示（照片由麥可・莫里賽提供）

G1 是製造商（HTC）、電信業者（T-Mobile）和 Google 共同合作開發的第一部裝置。這些與 Google 合作的裝置的最初想法是用來展示最新發布產品的新穎功能。同時，這些手機也允許團隊驗證新的功能，確保處於開發階段的功能能在真正的硬體上執行。就 G1 而言，這種硬體使團隊能夠證明 Android 平台是可行的，能夠為功能性消費裝置提供全部功能，並夠為更多的平台功能和更多的裝置提供構建模組。

42

G1 的市場接受度

G1手機的銷量並沒有超過 iPhone，它沒有成為全球最暢銷的產品，也沒有成為每個人都必須擁有的手機。

各評論的共識是……它挺有趣。硬體部分並不糟，雖然螢幕蠻小的。它沒有支援影片錄製。除了預先安裝的 Google 應用程式外，沒有很多必須的應用程式。

在 Android 團隊中，人們的反應也是喜憂參半。正如菲登所說：「G1 用起來還不錯，但還是有幾個小毛病。」

丹・伊格諾爾同意：「它是一種發燒級產品。有些人對它感到很興奮，但在許多方面，它也是一個彆腳的裝置。它的潛力無窮。但如果說到讓人接受它？它也沒有熱賣到那個程度。」

戴夫・布爾克談到了 G1：「人們的印象是：『哇，這東西真精緻，它可以做很多事情。如果是真的話……它能做的事簡直太多了。』它有一個鍵盤、一個觸控板、一個滾動鍵和觸控螢幕。它擁有一切。一大堆感測器。一開始，你會覺得 Android 試圖囊括一切。我記得我當時想，哪些東西會留下來？鍵盤和觸控螢幕會活下來嗎？滾動鍵真的會受人吹捧嗎？人們意識到這個東西超級強大，但讓人毫無頭緒的是，它也許只是曇花一現，最後只會面臨失敗。人們對此並無定論。」

黛安說：「G1 絕對是一個無所不能的裝置……以一個面向大眾的消費型產品來說，這不是世界上最好的東西。但這對平台來說是一件好事，因為我們必須支援這所有的東西。」因此，儘管它也許沒有為手機創造最好的消費者體驗[1]，但它為無數的後續裝置鋪平了道路，使得後來的裝置能夠利用平台所提供的無數功能。

---

1 對 G1 功能的描述讓我想起了《辛普森家庭》的「兄弟，你在哪？」一集中荷馬設計的汽車，它具備所有可以想像到的功能，而這不一定是人們想要的東西。除了荷馬以外。

年末假期的銷售活動，是在一年之中對新裝置來說最重要的時期。丹·伊格諾爾猶記得 G1 的第一個假期：「麥可·莫里賽（服務團隊的經理）對聖誕節那天的事故高峰有著不好的回憶（源自 Danger 時代），在大事不妙的時候，團隊中沒有人有空處理。所以他想，『當天我們必須上好保險，請人值班待命。我們會有一個作戰室。誰會到場？這是一個很大的犧牲，必須在聖誕節工作……』，然後我想：『那就讓我來吧』，結果什麼也沒發生。當天的啟動量比平時多，但沒有出現一個特別大的峰值。」

因此，G1 並不是一夜之間就大獲全勝。但還是有一絲希望。

它的基本面足夠好，讓人們願意認真看待這款手機。它的購買量是真實的，即使不是壓倒性的數字。T-Mobile 的報告[2]指出，6 個月後它在美國的銷量超過了 100 萬部。巧合的是，這個數字恰巧符合條件，說服了 Google 網路團隊不要從 Android 服務團隊手中收回其專用的 VIP 資源[3]，因為這將會對 Android 上的所有 Google 應用程式帶來嚴重問題。

G1 也提供了足夠好的體驗，讓人們認真看待 Android 這個平台。Android 終於被發布到了世界上。人們能夠使用這個裝置和平台來做他們需要做的事情，這對現在來說已經足夠了。消費者可以把 Android 作為一款手機認真看待，潛在的合作夥伴也可以把 Android 視為一個平台認真看待。它讓製造商看到，Android 是貨真價實的東西，他們可以借助它來打造自己的裝置，最終成品會比最初的 G1 更有趣、更強大。

弘說：「G1 成就了 Android。在商業上，G1 並未帶來巨大成功。G1 很不錯，但它沒有帶動巨大銷量，並沒有真正得到科技產業之外的關注。但它的推出，使 OEM 廠商意識到：『好吧！這些人真的有能力交付東西，沒有吹牛或畫大餅，這不是一個太監軟體。』在 G1 推出時，我們已經與所有主要的 OEM 廠商進行了討論，他們最終成為我們的合作夥伴。」

2　https://www.cnet.com/news/t-mobile-has-sold-1-million-g1-android-phones/

3　參見第 20 章「Android 服務」瞭解更多關於此筆交易的細節。

43
純粹的點心

1.0 版本公開了，G1 也終於上市了，每個人都為完成一項艱難的工作而悄悄地鬆了一口氣。然後，他們又開始投入工作。

團隊很清楚，Android 還談不上大功告成；在功能和品質方面還有很多必須努力的地方，才能讓 Android 更具競爭力。況且，日後還要迎來更多裝置。

在接下來的一年裡，團隊瘋狂地工作，持續交付較小的錯誤修復版本和較大的「甜點」版本，最終在 2009 年底交付了與 Droid 裝置一同發布的Éclair 版本。僅僅一年，團隊就發布了四個主要版本：1.1（Petit Four）、1.5（Cupcake）、2.0（Donut）和 2.0（Éclair）。

湯姆・摩斯指出，這種瘋狂的工作節奏是有意為之：「有兩個原因：安迪是個完美主義者，他希望產品變得更好。當產品不夠好的時候，他真的會很不高興。但這也是一個刻意為之的策略，透過表達『當你推出你的分叉版本時，我們也會推出新的版本，而你不得不砍掉重練』來阻止 OEM 廠商嘗試對版本進行分叉。」

「他刻意讓我們在一年之內推出多個版本，藉此抑制或阻止人們分叉。」

1.0 R2：2008 年 11 月

第一個錯誤修復版本值得特別留意，畢竟，它是第一個。1.0 版本於 2008 年 9 月發布。此版本是安裝在同年 10 月銷售的 G1 手機上的版本。11 月，r2 版發布，除了各種錯誤修復外，還增加了一些功能和應用程式。

1.1 Petit Four：2009 年 2 月

1.1 版本是第一個被命名的版本。Petit Four（指小蛋糕，在法文是「小烤箱」的意思）。這是一個相對較小的版本，包括錯誤修復和一些新增 API。它還提供了其他語言的本地化（1.0 版本僅支援英文），這對這個非常國際化的平台來說是非常重要的功能。

從那時起，每當「.」後面的數字出現變化（比如 1.1 相對於最初的 1.0 版本），就意味著在新版本中有 API 變化。這表示，針對上一版本的 SDK 開發的應用程式可以在較新的版本上執行（Android 一直嘗試維持向下相容性），但針對新版本開發的應用程式可能無法在舊版本上執行（因為使用舊版本上不存在的新 API 會可能會導致舊系統上的錯誤）。

1.1 版本是 Android Market 啟用應用程式販售服務的第一個版本。在 1.1 版本之前，向使用者收取應用程式費用的機制尚未到位，所以此前 Android Market 只允許販售免費的應用程式。

Petit Four 也是第一次在 Android 中使用的甜點名稱，儘管它顯然沒有遵循以英文字母順序開始的慣例；這一傳統將從下一個版本 Cupcake 開始。

1.5 Cupcake：2009 年 4 月

Cupcake 是第一個依循字母順序傳統的甜點版本。它以字母「C」開始，因為它是第三個主要版本，「Cupcake」之所以雀屏中選，是因為萊恩‧PC‧吉伯森（當時負責發布的人）那時瘋狂著迷於杯子蛋糕。[1]

1　參見第 27 章「管理一切」瞭解更多以點心命名的傳統。

Cupcake 為開發者和使用者帶來了一些值得關注的功能。App Widgets[2]第一次上線。影片錄製功能也上線了。開發人員可以開發和發布他們自己的鍵盤應用程式。此外，還有一個新的感測器和邏輯來檢測方向的旋轉，因此使用者可以旋轉他們的手機，實現橫向和直向模式的畫面顯示。在此之前，使用者需要在 G1 上滑出鍵盤，才能自動使顯示螢幕進入橫向模式。

Cupcake 的發布也與一款新裝置 HTC Magic 的發布時間相吻合。Magic 是第一款純粹的觸控式手機；G1 的硬體鍵盤被現在人人熟悉的螢幕軟體鍵盤所取代。

Cupcake 的發布說明對開發者和使用者來說確實有一則壞消息：「我們懷著遺憾之情通知開發者，*Android 1.5 版本將不包括對 Zilog Z80 處理器* [3] *架構的支援*。」

1.6 Donut：2009 年 9 月

Donut 版本的發布完善了 Android 平台的各個部分。通話堆疊現在可以支援 CDMA，也就是 Verizon 使用的通訊系統（這對在 Verizon 網路上推出的 Motorola Droid 很有幫助）。框架團隊完成了對任意螢幕尺寸和解析度的支援，這對於實現一個可支援各種不同裝置外型因素[4]的廣大生態系統來說非常重要。Donut 還包含了一個語音轉文字的引擎，它沒有今日手機中所使用的系統那麼強大，但標誌著這項技術的發展。

Donut 的發布說明中也有一些不幸的消息：「*我們懷著遺憾之情通知開發者，Android 1.6 不包含對 RFC 2549*[5] *的支援*。」

2　App Widgets 是簡化版的應用程式，直接運行於主螢幕中。像是顯示即時日曆視圖的 Calendar Widget，或是顯示信件清單的 Gmail Widget。

3　Zilog Z80 是 1970 年代中期開發的 8 位元處理器，最後一次蹤跡出現在 1980 年代的家用電腦和電玩遊戲機中。

4　黛安說：「有一個即將出貨的 Dell 裝置需要這種功能的支援，這也是為什麼我們在這個版本裡推出（而不是在 Éclair for Droid）。」

5　RFC 2549 是一個標題為「Internet Protocol over Avian Carriers」（以鳥類為載體的網際網路協定）的惡搞提議，也就是以信鴿來傳遞網路資料。

⬆ 正在享受「甜甜圈漢堡」的弘。這是吳佩珊介紹給團隊的創意吃法，用來慶祝 2009 年 9 月的 Donut 版本發布。（照片由布萊恩・史威特蘭提供）。

2.0 Éclair：2009 年 10 月

關於 Éclair 版本，值得注意的一點是，它在 Donut 版本推出之後很快就交付了——它們之間只隔了一個月[6]。這不只是因為當時的團隊持續為了頻繁的平行發布多個版本而拼命工作，更是因為 Éclair 版本實際上在 Donut 版本上線之前就已經完成了。

Éclair 版本中增加了許多功能，包括即時桌布（Live Wallpapers）和 Turn-by-turn 導航[7]。但也許 Éclair 最值得注意的是，它搭載於新的 Droid 和 Passion（Nexus One）裝置，後者在 Éclair 發布後不久就發表了。Passion 裝置是 Android 團隊真正心儀的裝置，但 Droid 是第一個在大型消費市場取得成功的裝置。

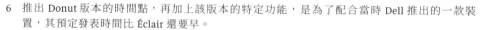

6　推出 Donut 版本的時間點，再加上該版本的特定功能，是為了配合當時 Dell 推出的一款裝置，其預定發表時間比 Éclair 還要早。

7　第 15 章「系統 UI 和啟動器」提到了動態桌布，第 21 章「地點、地點、地點」討論了 Turn-by-turn 導航。

44

早期裝置

⌃ 一堆 Sooner 手機（照片由布萊恩・喬納斯提供）

幾乎無窮無盡的各式行動裝置，是現今 Android 生態系統的其中一項特色。不僅有各家製造商所生產的各種不同型號的手機，還包括各式各樣的平板裝置、相機、電視、汽車、智慧型手錶、物聯網裝置，還有飛機上的機內娛樂螢幕[1]。

1.0 之前：Sooner、Dream（HTC G1）及更多

最早期的計畫包括四款手機。根據史威特蘭回憶：「2006 年 6 月正在討論的四款裝置是 Sooner（HTC Wedge）、Later（LG Wedge）、Dream（HTC G1）和

---

1 檢查飛機椅背的電視作業系統是不是 Android，這別有一番樂趣。有時你可以從螢幕底部向上滑，就能看到一個眼熟的導覽列。然後，你可以滑掉影音應用程式，被留在 Android 系統的主螢幕上。這並沒有給你帶來什麼好處，因為除了你剛剛殺死的娛樂程式，航空公司並沒有安裝其他程式了。

好吧，也許這並不那麼有趣。但在 12 小時的飛行中，當你對所有的電影選擇感到厭倦時，這也許是一件你會想嘗試的事情。

Grail（Motorola 的一款滑蓋式手機，一邊是 Qwerty 硬體鍵盤，另一邊是方向鍵）。Grail（或它的一些變體）多年來會不斷出現和消失。」但這個計畫最後只剩 Sooner 和 Dream，我們在前面的章節中討論過它們各自的消亡與發展。

Sapphire（HTC Magic）

Android 的第二款旗艦裝置，代號是藍寶石，是以 HTC Magic 為基礎進行開發的手機。它於 2009 年春天隨著 Android 1.5 Cupcake 的發布而問世。實際的硬體規格與最初的 G1 相似，但 Magic 有更多的記憶體空間。而最大的變化是鍵盤：Android 終於完全適應全觸控螢幕，捨棄了早期 G1 裝置上的硬體鍵盤。Magic 也是首次在 Android 上支援多點觸控[2] 的手機。

Motorola Droid

Droid 手機對於早期的 Android 發展至關重要，重要到擁有自己的專篇介紹（第 45 章「Droid 辦到了」）。如果你願意，現在可以翻過去讀一讀。我等你。

Passion 和 Nexus

在推出 Droid 手機的同時，Android 團隊還在開發另一款代號為 Passion 的裝置。它於 2010 年初作為 Nexus One 手機上市。

◀ Nexus One 於 2010 年 1 月發布，就在 Motorola Droid 不久之後。

2　多點觸控一次使用多個手指的觸控輸入，這對調整縮放或旋轉地圖等手勢很有用。

Passion 是其中一款「Google 體驗（Google Experience）」手機。多年來，Google 體驗流程歷經了許多名稱和聯名方式。在 Nexus One 的時候，與 HTC 的合作被賦予了「With Google」的品牌。這個口號是從工程團隊得來的。行銷部提的口號是「It's Got Google.」。但系統團隊的瑞貝卡向安迪・魯賓抱怨：「這根本不符合文法！改成『With Google』如何？」安迪點頭：「好！」於是這個共同行銷口號誕生了。

Passion 手機有一個大螢幕（對當時來說）和符合手感的造型。但 Passion 的獨特之處並不是自身的硬體或軟體，而是 Android 所嘗試的銷售模式。在美國，當時所有人（以及現在大部分人）購買手機的方式都是與電信業者簽訂資費方案：不是自行購買一部裝置，然後向電信業者支付加入他們的網路的費用，而是例如去 T-Mobile 門市，從他們所提供的手機選項中，購買其中一台手機。手機售價有很大的折扣，會綁一段時間的資費方案。這就是手機市場的運作模式。

但 Android 的領導層有不一樣的念頭：人們應該有選擇的權利。如果他們可以選擇獨立於任何電信業者的手機，只向電信業者支付網路連線的費用呢？他們將可以擺脫合約義務，而使用者將會獲得更多選擇，因為人們再也不必從那些碰巧出現在電信業者門市的裝置中挑挑揀揀。

Google 並未設有實體門市，所以他們對 Nexus One 採用線上銷售模式。他們耐心等待。但事實證明，人們既並不真正瞭解這種購買手機的模式，也不急於弄清楚。此外，如果他們在網站上購買的手機出現問題，也沒有提供顧客服務電話供人們撥打，也沒有門市可以讓他們退貨或尋求幫助。

Android 最終放棄了這個想法，讓 Nexus One 由電信業者提供。它的銷售量沒有達到 Google 的預期，被 Motorola Droid 遠遠超過。

Nexus One 是 Nexus 系列的第一部手機。Nexus 手機是 Android 團隊與製造商合作開發的裝置，旨在創造一個整體的 Android 手機體驗。團隊無法控制其他製造商將生產和銷售什麼，無論是硬體還是軟體和應用程式，都可能被分層在 Android 系統之上。但是，透過交付自己品牌的手機，Android 可以確保這些裝置擁有他們想要的硬體（至少在硬體合作夥伴可以提供的範圍內）和他們想要的軟體。

實施 Nexus 計畫的另一個原因，或許也是主要原因，是為了生產「參考裝置」。Nexus 手機向世界（和合作夥伴）展示了 Android 在該版本中的能力。團隊也確保了 Android 平台能為新的功能提供可靠支援，如果硬體與軟體分開開發，這件事會變得比較棘手。多年來，每一次軟體發布，都會有一款新的 Nexus 手機相繼推出，展示當前最先進的硬體和 Android 的全新功能。

在整個 Android 的歷史上，關於 Nexus 以及 Google 協助推出的其他裝置的一項重點是，它們是由不同的製造商共同製造的。這是非常有意為之的策略，因為這是一種讓整個合作夥伴社群共同參與 Android 系統的方式。Google 的早期裝置包括 HTC、Motorola、LG 和三星的手機。

查理斯・曼迪斯說：「這要歸功於安迪和商業開發團隊的努力。我們不是只和一家公司合作；我們會與不同廠商合作。我們設法讓硬體領域的最大玩家投資 Android，讓它成為他們的平台，現在這所有的手機硬體都是由他們完成的。我們讓他們覺得其他人也擁有 Android，而 Android 並不屬於 Google[3]。我認為這真的有助於它的成功。」

布萊恩・喬納斯和裝置供給

> 我就是那個（設備）配給員。
>
> —— 布萊恩・喬納斯

在每家科技公司中，都有一個你必須認識的人，你才能獲得最好的裝置，完成你的工作。這個人是內部所有人和這些人所需要的所有東西之間的中間人。

在 Android 團隊中，這個人就是布萊恩・喬納斯（大家都叫他 bjones）。

布萊恩一直是個修理專家。在上小學的時候，他想知道電話的運作機制，所以他的老師規劃了一個課堂活動，從家裡帶來了自己的電話。「我把它拆

---

3 Android 專案顯然屬於 Google，團隊擁有這些程式碼。但是，團隊將 Android 的原始碼開源出來，他們藉此建立了一個系統，製造商可以自由下載、對程式碼進行變更，然後擁有自己的實作版本，而這些版本則完全獨立於 Google。查理斯口中所說的，正是一種存在於整個 Android 裝置的生態系統中的共享所有權。

解到剩下蠟封的變壓器，但完全沒辦法把它重新裝回去。整台電話都沾滿了蠟。它在餐廳裡造成了很大混亂。我以前從未做過這種事。我遇到了很多麻煩，因為老師希望那天晚上能把她的電話帶回家使用，但這件事不可能實現了。」

布萊恩進入 Android 團隊的方式絕非典型，他大學唸的是古典學。當他搬到灣區謀職時，在 44 號大樓找到了一份前台接待的工作，那裡正是 Android 團隊工作的地方。他認識了團隊中的許多人，包括安迪的行政助理崔西·柯爾崔。布萊恩的忠告是：「永遠都要和行政人員打好關係。他們對你來說是在生活中贏得信任的第二重要人物——甚至是第一重要人物。」

「2007 年春天，崔西去休假了。安迪需要有人在她請假時代理她的工作。崔西說：『我不想找一個臨時人員。布萊恩已經是個值得我們信賴的人。他是我唯一想託付工作的人。』於是我擔任了安迪的行政助理三到四個月。」

◀ 布萊恩的雷射雕刻機，被安置在一個小廚房區。布萊恩對它進行設定，使其可以配合雷射，開啟、關閉和旋轉裡面的裝置。（照片由丹尼爾·史威金提供）

崔西回歸後，布萊恩在團隊中擔任了一個新的角色：他成為「狗糧經理」，負責分發 Android 裝置。當手機被製造商送來，布萊恩會用雷射雕刻機為它們刻上專屬 ID 編號：「這是我的工作，以最快的速度為數百名需要得到手機

的人雕刻每一部手機的編號。所以如果少了某一台，我們可以追溯這些手機的蹤跡。而這也有利於裝置管理。」

雷射雕刻並不限於測試裝置：「杯子、玻璃杯。我們還試過在火腿和火雞上雕刻。我們引起了幾次小火災。在那段時間裡，我學到了很多關於雷射的知識。」

布萊恩很喜歡他用來完成工作的隨機硬體：「當時有雷射機。還有 UV 印表機。我記得我盯著訂製背板的 G1，看著那些東西被列印出來時，我因此被曬傷了，因為每個背板都會有些許差異。它會有一點不同的翹曲，如果它們翹得太厲害，你必須改變印表機的設定。我被曬傷了。在室內曬傷了。就在大樓裡一個沒有任何窗戶的地方。」

◀ 布萊恩‧喬納斯的測試裝置，是一台發布前的 G1 手機。在雕刻一套新的裝置之前，布萊恩使用它來校準機器。

布萊恩負責裝置分派的原因之一是，他的唯一要務就是為產品提供幫助。他不玩企業遊戲。「這件工作落在我的肩上，我成為決定誰能得到什麼的人。我認為我擅長的事情之一是不被人們的頭銜或遊說技巧或個性所左右。如果有人過來說：『我需要這個東西』我的第一個問題都是：『你為什麼需要它，如果你不得到它，會有什麼影響？』」

「如果你是一個高層，有些影響是你手上如果沒有裝置，可能無法做出產品決策。但是衡量這些高層的實際動機是很重要的。在早期，如果你是業務或廣告部門的副總裁或資深副總，這些都和 Android 沒有關係，我根本不在乎你是誰。這與我的產品線沒有任何關係。你的待遇與街上的普通人沒有區別。」

「無論你來頭有多大，我都可以叫人滾蛋。如果是我認識的團隊中的某個人，比如麥克・克萊隆，說：『我們的團隊很缺東西，需要一些裝置，你能不能給我們一些幫助？』無論你想要什麼，只要我能給。是你們讓產品得以實現，你們理應得到想要的任何東西，一句話都不用多說。我知道你們很重要，你們是一切的核心，而且你們的要求一點都不過分。」

最終，布萊恩成為關鍵人物，每個需要 Android 的人都會去找他。當裝置被送來，他的辦公桌前會有一堆人大排長龍。也會有源源不斷的人進入大樓，尋找他和他的裝置，並詢問大樓裡的人在哪裡可以找到他。坐在布萊恩旁邊的布魯斯・蓋伊在他的桌子上掛了一個牌子，上面寫著「不是 Bjones」以示清白。

🔼 2007 年 12 月，正在運送東西的布萊恩。這些東西如果不是 Sooner，就是非常早期的 G1，正在送往工程團隊。（照片由布萊恩・史威特蘭提供）

45

Droid 辦到了

「*iCan't but Droid does*」　　　「*iCan't but Droid does*」
Muscular meme picks a fight　　肌肉迷因挑起戰鬥
Please compost bruised fruit　　請將瘀青的水果做成堆肥

—— 麥克・克萊隆

Motorola Droid 在市場上獲得成功是第一個預兆，昭示著 Android 也許會做得很好。Android 一直在慢慢被大眾採用與接受，而 Droid 是第一個以 Android 為基礎，獲得空前成功的產品，尤其是在美國地區。讓 Droid 與之前的 Android 裝置分道揚鑣的一項因素是，它是第一個真正擁有行銷活動的產品。Verizon 在行銷上斥資 1 億美元，並在電視上刊登了「Droid Does」廣告。

Droid 於 2009 年 10 月 17 日推出，並在 11 月初發布，在商業上取得成功，使得消費者對 Android 手機更加重視。同時，合作夥伴也對 Android 系統另眼相看，最終促成了其他產品（許多其他產品）的出現，進一步推動了以 Android 為基礎的裝置銷量。

麥可・莫里賽還記得這次發布的影響力：「我們當時規模很小，而且青黃不接，正在忙著進行這些作業系統的所有更新，感覺上我們根本沒有得到消費者的青睞。結果，Droid 在第一天就大獲成功。然後第二天與第一天非常相似，可能有 65,000 台（裝置售出）。後來的感覺就像是：『哦，上帝，接下來會發生什麼？就到這裡為止了嗎？這些人只是一群超級興奮的早期採用者，終究會消失？』但銷量仍舊維持的很好。我不太記得具體數字，但在很長一段時間裡，每日銷量都有 3 萬台。當這種情況繼續下去，Droid 造成了真正的轟動，給人感覺就像『我們真的做到了』。」

🔼 Motorola Droid 手機。推開滑蓋式螢幕，可以看到一個硬體鍵盤。

但是，回顧從前，在 Android 團隊內部，Droid 的開發絕非今日般光榮。起初，它是一個沒人要的產品。在 Motorola 與 Google 接洽共同開發這款裝置的同時，HTC 也與 Google 接洽，要合作開發 Passion 手機（最終作為 Nexus One 發布）。團隊對 Passion 裝置更感興趣，因為它將會是冠上 Google 品牌的手機，對最終產品有更多的所有權和控制權。

同時，Droid 在內部完全不受寵。安迪・魯賓甚至在一開始完全不想做這筆交易，因為各種原因包括電信業者的網路細節。里奇・麥拿回憶：「安迪不

想做 CDMA（Verizon 的手機網路技術），因為我們在 T-Mobile 上的所有第一款手機都是用 GSM 網路。我們（里奇和弘）不得不盡力促成這件事，基本上違背了安迪的願望，以便它有足夠的動力，很明顯，我們不應該就此停下。」

黃偉記得 Droid 和 Nexus One 之間的緊張關係：「安迪更喜歡 Nexus One，因為這是他心目中的產品。我也認為，那是一個更好的裝置。」

同時，Nexus One 會比 Droid 有更多的聯合品牌支援。Verizon 希望 Droid 成為 Verizon 的裝置，與之相關的主要品牌有 Verizon（電信業者）和 Motorola（製造商）。相較之下，Droid 手機上並沒有被冠上 Google 的品牌。

從品牌和所有權的角度來看，Droid 不僅不受青睞，而且⋯⋯還很醜。湯姆·摩斯說：「它的邊緣非常鋒利，你甚至有可能割傷自己。」

但是行銷伸出了援手，Droid 的宣傳活動就辦到了。這場廣告宣傳活動利用了這台裝置的獨特之處，將這一潛在的弱點轉化為優勢，將其宣傳成一個比對手產品還更有能耐的機器人裝置。這場行銷顯然非常成功，在美國，人們購買 Droid 的數量比之前購買任何其他 Android 手機的數量都多。Android 被競爭對手大幅壓制的日子結束了，因為 Android 的市場份額持續增長，到 2010 年底完全超過了 iPhone 的銷量[1]。

賽德瑞克·貝伍斯特在評論了 Droid 與 Nexus 在內部團隊裡的競爭關係：「所以我們都志得意滿，認為：『是的，我們得做 Verizon，但這更因為我們需要錢。但真正重要的是 Nexus。』Google，或是 Android，傲慢地認為只要在自家網站[2]上銷售我們的手機就夠了。現在回想起來，真是太天真了。」

「然後我們看到了第一則電視廣告[3]，這讓我們很多人留下了深刻印象。這是一個非常優秀的廣告。Droid 最終取得了巨大的成功，而我們的手機（Nexus One）表現不佳。我認為這對我們所有人都是一個教訓，讓人變得更加謙卑。我們開始意識到產品和行銷的重要性，並瞭解到也許是時候把

1　資料來自 IDC Quarterly Mobile Phone Tracker，Q4 2019。

2　Nexus One 一開始只提供線上空機銷售。更多詳情請見第 44 章「早期裝置」。

3　YouTube 搜尋 Droid Does 或 iDon't。

接力棒傳給其他人。我們一直被技術性的東西所驅動。現在技術到位了，我們需要讓真正的市場來接管。像 Verizon 這樣的人將會把它帶到下一個層次。」

查理斯·曼迪斯同意：「他們的行銷活動真的很有趣。」

「最初，安迪和賴利非常想把這個 Droid 手機的價格訂的很便宜，他們想讓它成為每個人都能入手的裝置。但 Verizon 認為：『我們沒有 iPhone。從品牌和行銷的角度來看，我們不能把它（Droid）作為一個便宜的裝置出售。我們必須讓它跟 iPhone 的品牌定位一樣好。」

Verizon 為 Droid 想出了一個行銷計畫，並把它提交給了團隊。查理斯說：「我覺得一個更便宜的裝置會更好。但 Verizon 做得很好。他們一語中的。銷量和大眾接受度就是最實在的證明。」

查理斯認為促成 Droid 成功的另一點是內部對它的重視。最初，Droid 和 Nexus One 將在同一時間推出。但最終決定先推出 Droid，然後再推出 Nexus One。Droid 於 2009 年 11 月推出，而 Nexus One 在兩個月後的 1 月推出。

「將 Nexus One 推遲到下一年是使得 Droid 成功的另一大原因。之前，團隊裡存在一個困惑：我應該把工作重心放在修復 Nexus One 的 bug，還是 Droid 的 bug？ Nexus One 是冠上 Google 名字的手機。」

「安迪最終做出了艱難的決定，他說：『Nexus One 放在後面，現在整個團隊應該處理 Droid』這確實幫助我們推出 Droid 裝置。」

Droid 的硬體效能也有幫助。查理斯·曼迪斯說：「我們在（G1 手機上）Maps 上遇到的最大問題之一是：快取會爆炸。我們會遇到『記憶體不足』的異常情況，而且當你正在使用時，應用程式會當掉。我們做了很多事情來解決這個問題，但就是沒有足夠的記憶體可以使用。後來 Droid 出現時，我們終於可以提供真正的體驗。」

「在 G1 中，我們被迫在非常嚴格的限制下進行開發，當 Droid 出現時，實際上一切運作得很好，因為我們曾經有過 G1 這個目標。我覺得 G1 幾乎就像一

個 Beta 產品，迫使團隊在非常嚴格的約束下工作。在 Droid 上的使用體驗非常好，因為我們曾經為一個更嚴格的環境進行構建。」

Droid 硬體的另一個重要方面是螢幕。Droid 是第一款螢幕尺寸（480 x 854）與最初的 G1（320 x 480）不同的裝置。另外，Droid 的像素密度比早期裝置更高（每英吋 265 像素，而不是 180 像素）。這意味著開發者第一次看到這樣的優勢——能以自動縮放不同螢幕尺寸的方式來構建他們的應用程式。

Droid 是 Android 的「曲棍球桿[4]」時刻，Android 的採用曲線遇到了一個迅速增長的斜坡。弘回憶：「我記得在 Droid 發布後的一兩天，我讀到了一篇文章，記者採訪了一些在 iPhone 和 iOS 上發布過應用程式的開發者，他們也已經在 Android Market 上發布了。他們說：『哇，我們的確有注意到 Droid。』接著，兩天後，開發者又說：『我們在 Android 上的安裝量大增。』這個時刻不僅屬於消費者，也屬於開發者，他們想：『該死，這個平台可能有延遲。真的有一群人正在購買這些應用程式。』」

Droid 在 11 月推出。幾個月後，戴夫‧史帕克斯回憶起他參加的一次員工會議：「那是在發布之後，應該是一月，我們剛剛開始看到曲棍球桿。艾瑞克‧史密特把安迪的下屬都叫來開會。我記得黛安也在那裡，還有麥克‧克萊隆，基本上所有的大人物都來了。當然還有弘‧洛克海姆。」

「埃里克環視了房間裡所有人，說：『千萬別搞砸了。』」

---

4 在我進入 Google 之前，我沒有聽說過「曲棍球桿」（hockey stick）這個詞語（除了提到，嗯，貨真價實的曲棍球桿），但從那時起，我就經常聽到它。這是圖表中的一個視覺指標，也就是斜率急劇增加，就像曲棍球桿在桿把和桿頭之間的斜率變化。

   當然，這只有在你以正確的方向握住球桿時才有效。顛倒過來，曲棍球桿也可能表示銷售額急劇下降。但我不認為這是行銷人員在這些會議上的意思。

46
三星和更多

人們普遍認為 Droid 的推出，使得 Android 真正獲得成長。但即便如此，Android 裝置的銷售在當時還是遠遠落後於 iOS，其他手機製造商在當時仍有很高的市占率。

但是在 2010 年，情勢開始發生變化，因為其他製造商也推出了自己的 Android 手機。然後，不僅僅是人們購買單一的 Verizon 手機，或者 Android 粉絲購買 G1 或 Nexus 手機，而是全世界的人都在購買各種不同的 Android 手機。

弘・洛克海姆談到了 OEM 對生態系統的影響：「OEM 廠商需要製造裝置。所以到了第二年，我們開始有了 Galaxy 系列，然後它真的成為了主流產品。這是傳統合作夥伴關係所造成的一種滯後性。超級滯後。當事情正在被醞釀的時候，一開始有一點滯後。這就是 G1 和 Droid 的情況，它們在產業的醞釀期被推出。然後所有的 OEM 合作夥伴開始傾巢而出，紛紛推出他們的產品，這就是曲棍球桿開始發揮效應的時候。」

在這些 OEM 廠商，其中一家廠商是三星公司。

沒有人可以否認三星對 Android 系統的正面影響力；他們是以 Android 系統為開發基礎的的最大裝置製造商，他們的 Samsung *Galaxy* 裝置是代表了 Android 手機的品牌。即便發生了 Note 7 電池的「手機爆炸」問題[1]，這種非常可能使規模較小的公司遭受滅頂之災的爭議，也沒能阻止人們在新手機上市時爭相購買。

---

1 Note 7 系列存在電池缺陷，導致許多手機過熱甚至爆炸，引起飛機航班的恐懼和焦慮。維基百科中關於 Note 7 紀錄顯示：「由於電池缺陷，該裝置被視為違禁品，許多航空公司和巴士站都禁止攜帶。」

湯姆・摩斯在外派日本時與三星公司簽約成為 Android 合作夥伴。三星並不是第一個將 Android 系統推向市場的公司；他們花了一些時間來加入這個生態系統。但當他們加入時，他們把全身心都投入其中。

「我的工作不僅僅是削減交易。我的工作是協助培養一個生態系統。一部分是要確保各家維持平衡。當時，HTC 比其他所有人都有巨大的優勢。第二款手機、第三款手機都是 HTC 代工生產的。他們向電信業者收取的 Android 手機價格非常高，這很糟糕，因為這將轉嫁成消費者必須支付的高昂價格。」

「關鍵在於要努力創造一種平衡。我們真的需要一個活躍的 OEM 廠商相互競爭的生態系統。因此，我的工作的很大一部分不僅僅是簽署一個 OEM 合約——而是幫助他們真正做一些事情。以三星為例，我選擇他們作為預計在中國推出的第一款手機的代工廠商。」這款手機最終沒有上市，但三星手機後來在其他地方推出。

湯姆談到了該公司在採用 Android 系統時做出的改變，包括為這些以 Android 為基礎的新裝置投入大量的行銷預算：「三星深信 Android 的實力。早在 OEM 廠商還不願意投資的時候，他們就開始花錢進行聯合行銷，打造 Galaxy 品牌。」

「在日本，我知道他們從盧卡斯影業授權了達斯・維達（天行者）這個角色，他們請來渡邊謙[2]擔任代言人。雇用了數以千計的工程師、設計師……動用了一切。JK Shin[3]大力押注採用 Android 系統的智慧型手機。他們是第一個真正花錢在最後一哩路的人。他們是第一個考慮讓三星銷售代表在門市設立專區協助推廣的人。他們執行得非常出色。」

「技術和手機後來跟上了業務和銷售的發展。但實際上，其實是在這種行銷和銷售策略的引領下，他們才得以實現大幅度銷量成長，然後他們的裝置變得越來越好。」

一旦技術到位，他們就向智慧型手機市場的領導者蘋果公司展開攻勢。

2　渡邊謙為日本演員，以《末代武士》聞名美國。

3　JK Shin 是當時三星行動部門總裁。

「他們做了那場出色的行銷活動，使人們把三星手機與 iPhone 相提並論。他們有點像在取笑 iPhone，人們的反應就像：『這個白痴公司是誰？膽敢把自己和 iPhone 放在一起？』但他們成功把話題從 Android 與 iOS，扭轉為 iPhone 與 Samsung Galaxy。」

「即使在飛機上，你也會聽到：『請關閉你的 iPhone 和 Samsung Galaxy 手機』而不是你的 Android 手機。」

47

曲棍球桿

隨著三星公司和其他製造商開始在全球銷售他們各自以 Android 為作業系統的裝置,自 Droid 手機為始的銷量產生了急劇成長,而且這個趨勢一直持續。

當 Droid 在 2009 年底推出時,Android 在智慧型手機平台中處於墊底。到 2010 年底,也就是一年多以後,Android 裝置一舉超越了所有平台,除了諾基亞的 Symbian 作業系統,並在下一年正式超越了 Symbian。

與此同時,人們越來越傾向選擇智慧型手機而不是功能手機[1],也就是行動市場中的傳統低階手機(佔大宗),許多人選擇了 Android 智慧型手機。

---

[1] 功能手機(feature phone)是對非智慧型手機的稱呼;當時的大多數手機(除了 Danger 和 Blackberry 手機)都被視為功能手機。除了電話和基本的簡訊功能外,它們沒有太多功能,螢幕也不是很大,而且沒有安裝和執行任意應用程式的能力。我不清楚它們怎麼會被稱為功能手機,因為功能正是它們所缺乏的。這似乎是某個行銷部門想出來的機智稱呼。

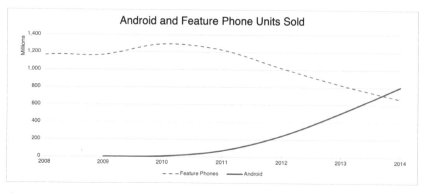

⬆ Android 在 2008 年底推出後，在擁擠的智慧型手機製造商市場上花了幾年時間才真正流行起來。[2]

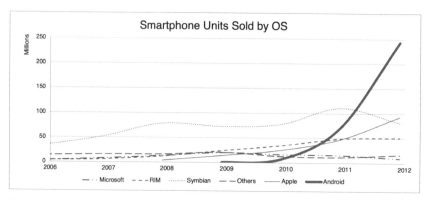

⬆ 智慧型手機最終影響了功能手機市場，因為人們越來越多地選擇這些功能更強大的裝置，而不是更侷限的低階手機。[3]

如果你把所有的運算裝置都考慮進來，包括個人電腦，這些數字會變得更加有趣。為了實現早期 Android 創業團隊在他們的宣傳資料中提出的其中一項觀點[4]，自 2011 年以來，Android 裝置的銷量已經超過了個人電腦，自 2015 年以來，更是超過了個人電腦銷量的四倍以上[5]。

2　資料源自 IDC Quarterly Mobile Phone Tracker，Q4 2019。

3　資料源自 IDC Quarterly Mobile Phone Tracker，Q4 2019。

4　請見第 4 章「創投提案」中關於 PC 與手機銷量的討論。當時，他們談論的是所有的手機，但到了 2011 年，同樣的說法只適用於智慧型手機，尤其是 Android 手機。

5　資料源自 IDC Quarterly Mobile Phone Tracker，Q4 2019 和 IDC Quarterly Personal Computing Device Tracker，Q1 2020。

起初，這種比較似乎令人費解；幾十年來，PC（各種品牌／型號的桌上型電腦和筆記型電腦）一直是現代生活的必須條件。但世界上許多人認為 PC 是奢侈品，而不是必需品；他們購買的第一個運算裝置其實是智慧型手機。智慧型手機，與 PC 不同，已經成為生活的必需品；它們滿足了人們的需求（用於通訊、導航、娛樂、商業或其他方面），同時價格足夠低廉，以至於以前無法有足夠理由說服自己購買電腦的人，願意花錢買下智慧型手機。它們還具有「個人電腦」所不具備的個人化特色；個人電腦在家庭中往往是一個被共用的裝置，而大多數智慧型手機只由一個人使用，這使得這些裝置的潛在市場比個人電腦的市場要大得多。

這些趨勢在此後的幾年裡繼續存在。截至 2021 年 5 月，全世界有超過 30 億台 [6] 活躍的 Android 裝置 [7]。

6　這個數字包括的不僅僅是手機。當 Android 系統剛推出時，它只是手機的作業系統，但現在這個作業系統被用在從手表到平板電腦到機上娛樂螢幕的一切。

7　除非他們把它忘在家裡，這絕對會造成嚴重的挫折感。在通勤過程中，你會意識到你的手機——你所有的資料、活動事件、人物、對話訊息，以及，承認吧，所有記憶——現在都不在你身邊。這就像把一位朋友忘掉了，只不過一般來說朋友不會擁有你所有的資料。

PART V

成功的背後

我認為如果要用一句話說明 Android 為何成功，答案就是：所有人都同在一起。如果不是這種合作方式，我們永遠不可能達到 Android 的規模和成功。

—— 費克斯·克爾克派翠克

你讀了很多很多頁[1]，終於抵達這裡。恭喜！在這裡，我要把所有東西都放在一起，好好回答這個問題：Android 究竟如何成功？考量到所有可能導致它失敗的因素，而且在同一時期，許多試圖在智慧型手機領域爭相出頭的其他公司和平台也是如此，為什麼幸運兒是 Android？就像任何成功的專案一樣，它的成功有許多促成因素，但一切都從團隊開始。

1　等等，你應該不是直接翻到這一頁吧？也許你會想好好讀一遍。我不想這麼快劇透結局給你。

48

團隊

我們一直非常自豪的是——當蘋果公司步步逼近時——我們的速度很快。這個團隊的速度是我從未在任何地方見過的。不管是之前或之後。

—— 喬·奧拿拉多

Android 團隊從一開始就由對的人組成，他們擁有必要技能和動力，共同打造了一切。創造整個平台，以及 Android 所需的應用程式、服務和基礎設施，是一項無比龐大的工程，需要那些能夠迅速投入工作的人付出艱苦的努力，才能讓事情得到順利進展。

這不是一個很大的團隊⋯⋯但這是一個對的團隊。

對的經驗

團隊中的大多數人都有對的經驗，這使他們能夠順利完成任務。在 Be、Danger、PalmSource、WebTV 和微軟等公司從事過相關的平台和行動專案，為團隊在對的領域打下了技術基礎，知道如何處理 Android 中的類似問題。

對的態度

Android 團隊在邁向 1.0 的過程中不斷壯大，但在第一次發布時，整個團隊規模僅有 100 人左右。這意味著為了成功交付產品，每個人都有非常多工作要做。但人們盡其所能，做了他們需要做的任何事情來推進工作，包括一個人負責無數個功能開發、工作內容橫跨多個領域，哪裡需要幫助就到哪兒去。再加上新創環境的氛圍，促使每個人在早期瘋狂地工作，使得團隊能夠從零開始編寫 Android 系統，並及時交付出一個強大的平台和裝置，在新生的智慧型手機產業中嶄露頭角。

對的規模

團隊規模小，意味著每個人都必須無比努力地工作才能完成專案，但這也意味著他們的效率要高得多。

費克斯在布萊恩・史威特蘭開始領導 Play Store 團隊之後，也就是 1.0 之後的幾年，與他進行了一場對話：「他問我的團隊有多大。我告訴他有300 人。他的眼睛瞪得很大，說：『300 人！你們完全可以造出一個新的Android ！』」

「我說：『不，如果是 300 人，你辦不到——你只需要 20 個人。』這個更大的團隊是站在過去那一小群擁有共識的人所建立的程式碼和實踐上。在早期，一想到所有的溝通和協調工作……如果是以一個大團隊開始，你會把所有的時間都花在辯論上。」

對的領導

偉大的團隊得益於偉大的領導力，讓每個人凝聚在一起，舉步共同向前。這種領導力所體現的一個面向是為 Android 系統提供保護傘，讓它落腳在Google 這個大型航空母艦內，以新創公司的運作模式來經營。另一個面向則是由一個人，而不是由一群人做決定。

桑・梅哈特說：「就像蘋果公司一樣，有這種『有遠見的混蛋』類型的人真的很有幫助。就是那一個人。而不是一個委員會。也不是五個人。這一個人會這麼說：『這是我要的方式，這就是它將會成為的方式，其他的事我不管。』」

「由最高層的一個人做出這些決定，促使團隊和產品繼續朝著目標前進。這是在做一個決定，即便它不是對的決定，但這是一個讓人繼續向前行動的決定。如果你不行動，你根本就無法掌舵。」

49

決定、決定、決定

一個好的團隊會做出好的決定。穩健扎實的技術和商業決策共同推動了 Android 系統的成功發布和後續增長，這正是因為它能夠在製造商、開發者和使用者中，將潛力完整釋放出來。

技術——吸引粉絲的功能

Android 的大部分技術不外乎任何智慧型手機都需要的基本技術：一個具有資料和無線功能的裝置，加上標準的應用程式，如瀏覽器、電子郵件、地圖和訊息應用程式。這些功能並不是讓 Android 快速成長的因素；它們更像是為了讓平台存在的必要條件。

但其他技術是 Android 系統獨有的，有助於創造一個由開發者和使用者組成的忠實粉絲群體。這些功能從一開始就內建於該平台，使得 Android 有別於其他智慧型手機平台。

通知　Android 上的通知系統有助於將整個系統整合在一起，因為應用程式與底層系統合作，向使用者推送他們想知道的內容。

多工處理　允許使用者透過類似「返回」和「近期使用」按鈕的這些 UI 元素，在不同的應用程式之間輕鬆而快速地切換，預見了行動運算的新趨勢，也就是人們不斷地切換使用好幾個應用程式來完成工作。

安全性　從一開始，團隊就意識到行動應用程式與桌面應用程式有著本質上的不同，並建立了一個將應用程式相互隔離的系統。多年下來，安全性問題變得越來越重要，而 Android 作業系統從一開始就提供了這些基礎，深入到最底層的核心和硬體。

縮放大小　團隊讓應用程式能夠擴展成不同的螢幕尺寸和密度，這一點被證明是讓各種裝置和尺寸得以問世的關鍵，在這些不同大小的裝置中，應用程式都能順利執行。

工具——打造應用程式生態系統

在 iPhone 和 Android 問世之前，行動裝置的第三方應用程式確實存在。但應用程式並不是人們購買手機的真正原因，它們也沒有支配使用者花在裝置上的時間。相反，手機內建的應用程式可以滿足他們的大部分需求：他們可以透過電話交談、檢查電子郵件、傳簡訊，也許還可以（以相當有限的方式）瀏覽網頁。

但是，一旦人們開始使用智慧型手機，他們可以做更多的事情，並且想要更多的東西，而裝置公司在自家應用程式中可能已無法滿足這些需求。因此，儘管 Google 提供的 Gmail、Maps、瀏覽器和訊息應用程式在早期的 Android 中都非常重要，但 Android 願意向外部開發者敞開大門，這一點則更為重要。Android 作業系統允許開發者編寫和提供他們自己的應用程式，一同創造一個豐富的生態系統，讓使用者能夠做更多的事情，而不是僅僅使用 Google 提供的應用程式。

這樣的應用程式生態系統對於 Android 平台至關重要；現在任何試圖進入市場的平台，如果不能提供豐富的應用程式選項，根本就連參賽機會都沒有。團隊為開發者提供了豐富的 toolkit 功能，讓這些應用程式和整個應用程式生態系統得以存在。

語言　選擇 Java 程式設計語言作為 Android 的主力開發語言，使新的 Android 開發者能夠將現有的技能帶到這個新的平台上。

API　Android 系統從一開始就被寫成了一個面向所有開發者的平台，而不僅僅是為 Android 自家團隊服務的平台。為這些開發者提供公開 API，讓他們能夠存取核心系統功能，對於實現強大的應用程式至關重要。

SDK　單憑 API 就能使應用程式開發變得可能……但還是困難重重。隨著說明文件、整合開發環境和無數開發者專用工具逐步累積，對於渴望

創造自己的應用程式的大量開發人員來說，Android 應用程式開發才真正成為可能。

Android Market 　打造出一個集中的目的地，讓開發者能夠銷售他們的應用程式，並讓使用者發現一個龐大且不斷增長的應用程式集合，成就了今天每個人都在使用的龐大應用程式生態系統。

商業——打造裝置生態系統

從一開始，Android 就志在成為一個開放的平台，其他公司可以用它來打造自己的產品，而不僅僅是一個用來打造 Google 手機的系統。一些關鍵決策和舉措使得 Android 在產業中被廣泛接受。

開源 　在 Android 作業系統出現之前，裝置製造商唯一的選擇是，要嘛自行建立一個平台，要嘛斥重金取得平台授權，要嘛從現有但不完整的解決方案中拼湊出一些東西。Android 為迫切需要作業系統的製造商，提供了一個強大、免費且開源的選項。

開放手機聯盟 　召集合作夥伴公司，共同組成「開放手機聯盟」，為整個生態系統提供了一個單一的願景，讓所有人對於「Android 應該是什麼樣子」產生共識。最一開始，連一個 Android 使用者都沒有，更不用說任何搭載 Android 系統的裝置了，所以得讓這所有的相互競爭的利益團體和公司走到一起，響應共同的願景，建立彼此都希望實現的未來。

相容性 　讓 Android 能夠在不同的生態系統中運行的關鍵因素之一是實作版本的相容性，確保了開發者可以編寫在任何地方都能執行的應用程式，而不是為大量裝置重新編寫特定版本。為了解決這個問題，Android 團隊為製造商提供了相容性測試套件（Compatibility Test，CTS），確保他們在每個新裝置上都能提供相容的應用程式實作。

合作夥伴關係 　與一系列不同的合作夥伴建立關係，並將他們都帶入 Android 社群，這是至關重要的一步棋。提供一個平台是一回事。但製造商需要讓平台在他們的裝置上運行良好，才讓 Android 有了成功的氣勢。Android 團隊與合作夥伴密切合作，使該平台在新裝置上運行良好，建立了一個來自世界各地製造商的大型 Android 手機市場。

併購——構建在穩健基礎之上

當 Android 還是一個剛起步的新創公司時，他們有一個選擇：繼續獨立（利用他們已經獲得的風險資金），或者加入 Google。他們選擇了加入 Google，認為在這個大公司裡，比起只靠自己，會有更好的機會實現他們對 Android 的願景。

Android 在 Google 內部進行開發，這無疑是促成其發展的一個重要因素。首先，Google 財力雄厚，這使得獲得資金更加容易，包括購買現成技術，這比從零開始更加符合成本效益。但是，Android 的成就不僅僅歸因於能夠獲得 Google 的資金和資源。畢竟，在同一時期，許多其他大型和成功的公司在行動方面的努力也並非一帆風順。

Android 在 Google 的成功，有一部分體現在自主性。將自己與公司的其他部門分隔開來，給了團隊猶如新創公司的衝勁與動力，他們認為 Android 在早期需要這種氛圍來交付第一個產品。同時，作為 Google 的一部分，Android 在合作夥伴公司中的影響力比它自己作為一個新創公司要來得更大更響亮。

同時，Google 恰好擁有 Android 在發展過程中需要的現有技術基礎設施。服務團隊不僅擁有將 Google 應用程式連線到後端伺服器的適切經驗，而且該團隊還擁有一個優勢，那就是能夠滿足其擴展需求的基礎設施。一家能夠處理 YouTube 的極端下載要求的公司，當然能夠為規模尚小但不斷成長的 Android 使用者處理 OTA 無線更新需求。

50
時間點 [1]

對的時間，對的產品。

—— 凱瑞·克拉克

我們只不過是在對的時間，出現在對的地點。

—— 麥克·克萊隆

一部分是因為，在對的時間出現在對的地點。

—— 德克·道格提

對的事情，在對的時間，對的地點。

—— 麥克·費萊明

對的時間，對的產品。

—— 萊恩·PC·吉伯森

我們在對的時間出現在對的地點。

—— 羅曼·蓋伊

這與架構沒有關係。而是關於在對的時間，出現在對的地方。

—— 黛安·海克柏恩

在對的時間，出現在對的地點。

—— 艾德·海爾

1　上述都來自與不同人的訪談紀錄。我問了所有訪談對象，為什麼他們認為這一切最終成功了。人們列舉了許多不同的原因，但顯然團隊裡形成了一些共識。

在對的時間，做對的事。

—— 史蒂夫·霍羅偉茲

我們所有人都需要承認，這在一定程度上是因為對的時間、對的地點。
在對的時間，出現在對的地點。

—— 費克斯·克爾克派翠克

對的時間、對的地點。

—— 弘·洛克海姆

Android 在對的時間出現了。

—— 伊凡·米拉

對的地點、對的時間。

—— 里奇·麥拿

在對的時間點推出了智慧型手機作業系統。

—— 尼克·沛利

機會，就是在對的時間出現在對的地點。當時有很多這樣的機會。
—— 大衛·唐納

最大的原因是與時間點有關。我們在對的時間出現在對的地點。
—— 傑夫·雅克席克

時間點就是一切。對喜劇表演來說是這樣，對人生來說也是這樣，對 Android 的成功來說當然也是這樣。時間點之於 Android，是讓它變成一個有趣的行動平台（當時市面上有好幾個），和成為一個當今在全球有超過 30 億台裝置上運作的作業系統之間的區別。

Android掌握了絕佳時間點，這體現在：團隊能以多快的速度交付 1.0 版本並提供更新版本，硬體何時就緒並能儘速適用於全新裝置外型，諸如此類。但是，如果要用兩個字來概括時間點為何如此重要，那就是：競爭。

競爭與合作

在 iPhone 發布後，製造商們急於尋找自己的觸控螢幕產品，以在不斷發展的智慧型手機市場中競爭。鑒於 iPhone 的封閉式生態系統，這些其他公司只能靠自己創造一個引人注目的系統，但沒有人有能力做到這一點。與此同時，Android 一直在開發一個平台，旨在支援不同類型的裝置和要求，包括觸控式螢幕。

時機已然成熟，讓其他公司與 Android 合作，使用這個開源平台來創造他們自己的智慧型裝置。

行動硬體

當時的時機也對硬體能力產生了積極影響。CPU、GPS、記憶體和顯示技術都逐漸到位，匯聚一堂，使智慧型手機功能更加強大。硬體能力提升，不僅使全新類型的手機不再是空想，而且也使運算硬體的全新利基市場，擺脫了舊 PC 世界裡成名已久的現有參與者的牽制。

招募

時間點也對建立初始團隊產生了影響。Android團隊來自 PalmSource、Danger 和微軟等公司的作業系統核心人員，這些人非常積極地投入一個新的專案。這所有的人在同一時間加入，意味著 Android 系統是由一群不僅有相關經驗，而且已經合作過的人共同啟動，不需要花額外時間培養團隊動力。無須寒暄，他們直接埋頭工作。

執行

最後一個時機因素，在於團隊能夠迅速行動，一舉利用他們得到的機會。首先，在 iPhone 發布時，團隊已經能夠將核心的 Android 平台打造到一個合

理程度，所以它幾乎可以說是為需要儘速取得解決方案的製造商做好了準備。此外，團隊能夠對觸控式螢幕的新趨勢做出快速反應，在其他可行的解決方案出現之前，以最快速度將 1.0 和 G1 推向市場。

如果少了促成智慧型手機的硬體功能，以及 iPhone 的出現使得其他競爭對手另尋他法而產生的獨特影響，Android 也許無法找到立足之處，只淪為行動裝置歷史上眾多失敗者中的其中一個。然而，它在適當的時機，成為一個可行的替代方案，讓世界各地的製造商交付他們自己的智慧型手機，實現了我們今天所熟知的 Android 生態系統。

51
~~成功！~~ 仍須努力！

我們已經達到了 20 億活躍使用者，我想這是一種「我們已經做到了」的宣告。但是，競爭啊，它永遠不會結束。永無休止。我們每天都在競爭。

你永遠不會有結束的感覺。這就是為什麼我還在這裡。

—— 弘・洛克海姆

本 書最初的創作前提是試著回答「Android 為什麼會成功？」這一哉問。

但「成功」並不是一個真正準確的形容詞，甚至不是一個對的概念。在任何專案中，無論事情在任何特定時刻裡看起來有多麼偉大傑出，都沒有人可以保證成功是否降臨。在科技領域更是如此，硬體、軟體、潮流趨勢、消

費者興趣的變化，或者其他無數變數，幾乎在一夜之間就可以將一個看似成功的產品送入淘汰區。在這個瞬息萬變的領域裡，變化來的如此之快，以至於你從來不會有一種「我們成功了！」的感覺，反而是戰戰兢兢地想著「我們還在這裡！」，甚至是帶著些許懷疑的「我們還在這裡？」。同時，你還得回頭看看，看誰在你後面，看他們追趕的速度有多快。

對於 Android 來說，這個平台在製造商、電信業者、開發者和使用者中獲得了足夠的吸引力，得以在過去幾年中繼續存在、持續改進。而在高科技領域裡，這已經是最好的結果了。

APPENDIX

附 錄

一個內部器官可以在不危及系統的情況下被移除，而整個系統也不會注意到。

唯有到了必須清除的最後關頭，它才會造成潛在的致命危險。

除此之外，我們可以放心地忽略它。

A
技術行話

這本書的立意絕對不是成為熱愛技術細節的工程師人手一本的專業工具書，而是一本寫給所有人的書，寫給對商業與技術的飛速發展，以及對推動這一切發展的幕後功臣有興趣的人。

不過，當這些幕後的人們在編寫程式碼，創造出高度技術性的東西的同時，他們很難不迷失在充斥技術術語的叢林中。因此，當我在解釋「費克斯・克爾克派翠克喜歡開發系統底層的驅動程式」，或是「布萊恩・史威特蘭為 Danger 和 Android 處理核心」，又或者「Be 和 PalmSource 的工程師正在為軟體開發人員建立一個平台和 API」時，我不可避免地需要使用到一些非技術背景的讀者感到困惑的術語。

為了盡可能減少術語上的干擾，我將許多技術行話的解釋塞進附錄部分。希望這個簡短章節有助於讀者了解各個術語，以及在系統中的不同部分如何有所關聯。

首先是「系統」總覽

在我所在的產業中，當人們討論到平台軟體時，我們通常會在白板上畫出一個「分層蛋糕圖」，用來呈現系統中各個組件，從軟體到硬體之間的關聯。在蛋糕圖的上層，是與用戶進行互動的部分，而底層則是直接與硬體進行通訊的組件。蛋糕的中間部分則是工程師編寫的軟體層，涵蓋從進階使用者操作（如點擊按鈕）到硬體（如顯示被按住的按鈕、啟動應用程式、發射核武器等等）。

以下是一張（非常簡化的）Android 作業系統的分層圖：

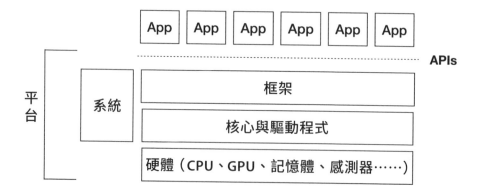

實際上，這張圖中沒有任何一個部分是 Android 自己獨有的內容；這是大多數作業系統的典型總覽。Android 系統自然有其獨特元素，我們會在其他部分提到。但一般來說，Android 平台和其他大部分作業系統大同小異。

讓我們從上到下瀏覽一遍這張圖，了解各個組成部分，以及彼此如何協調與運作。

App

Android 上的應用（*app*，又稱應用程式）是使用者的主要入口。使用者透過應用的圖示啟動該應用，與按鈕、清單或應用中其他元素進行互動，也可以點擊應用中的連結來啟動其他應用等等。這裡基本上就是使用者所在的世界，他們直接與應用進行互動，透過這些應用所展示的內容間接地存取所有的平台功能。

請注意，主畫面、導覽列、狀態列和鎖定畫面等系統所提供的功能也被視為應用的一種。雖然這些是由平台所提供的——由 Android 提供，或是在某些情況下由三星等製造商提供（自己的系統應用程式），這些東西仍然屬於應用的範疇。

API

應用程式介面（*application programming interfaces*，*API*）是一種計算介面，定義平台中應用之間的互動。平台 API 是指公開於平台中，可提供給應用程

式呼叫的函式、變數以及其他程式碼片段。舉例來說，如果某個應用需要計算平方根，這時它可以呼叫一個由平台提供的「square root API」函式。或者另一個應用程式想要向使用者展示一個按鈕，則可以透過「button API」來處理其功能與視覺效果。

API 是平台中的冰山一角，雖然 Android 系統中有成千上萬個 API，實際上，它們只是存取平台功能的入口，而大部分功能都被實作於這些 API 程式碼中。比方說，某個應用程式可以透過呼叫好幾個 API 函式來建立一個按鈕，但是在底層，平台可能進行了大量工作來滿足這個按鈕所需的全部細節（包括如何顯示按鈕、處理螢幕上的點擊事件，以及如何繪製按鈕標籤上的文字等等）。

框架

框架（*framework*）是系統軟體的一種大型架構或規範，用於處理所有透過公開 API 提供的功能。換句話說，框架負責處理與實作 API。延續前面的例子，框架層就是按鈕功能所在的位置。這個框架實際上包含了整個平台的所有功能，例如定位服務、資料儲存、通訊、圖形、UI 以及其他各式功能。Android 的 UI toolkit 是框架功能的一個子集，專用於使用者介面 API 與實作。

系統

蛋糕分層圖中的系統層指的是處於執行狀態但無法被應用程式直接存取的軟體，它們負責提供裝置的整體功能。例如，在 Android 上的「視窗管理服務」（window manager）負責在自己的視窗中顯示應用程式，並在啟動不同的應用程式時，在不同的視窗之間進行切換。為了讓最近使用的應用可以獲得所需的記憶體空間，該服務還會終止近期未被使用的應用程式來應對記憶體不足的情況。這些都是代替使用者間接執行的動作。

系統透過呼叫公開 API 來實作各種必要的框架功能，但系統也可以直接呼叫框架中的函式（這也是為什麼「系統」被標註於圖中一側，而不是 API 層的上方。）

核心

核心（*kernel*）以及其裝置驅動程式，是運行於裝置上的最底層軟體，負責處理整個系統所需的基本功能。例如，每一個應用程式執行於一個「程序」（process）中；核心的任務就是對執行於裝置上的多個程序進行管理（將各程序相互分離、安排各程序在 CPU 執行的時間等）。核心也負責在系統上載入與執行驅動程式。到目前為止，我們討論的軟體皆通用於任何裝置上，而驅動程式則必須使用於特定的硬體上。舉例來說，為了接收按鈕上的點擊，裝置中的某個硬體可以將螢幕上的點擊動作轉換成資訊，記錄這些點擊動作發生在哪個位置。而核心中的驅動程式就是負責這項工作，將存在特定硬體的數據以路由方式傳送到事件中，然後將這些事件傳送到框架中以進行資訊處理。同理，還有專門用於儲存、感測器、顯示、照相功能以及裝置上其他硬體的驅動程式。當裝置啟動時，核心負責載入這些驅動程式，並在必要時透過驅動程式與這些硬體進行通訊。

平台

最後，我使用「平台」一詞來涵蓋除了應用程式以外的所有東西。這是一個非常泛用的術語，我用它來描述 Android 為應用程式開發者與使用者提供的一切。Android 的平台軟體是為讓開發人員編寫應用程式變得更加方便而提供的所有東西，同時也是一台裝置得以向使用者展示基本 UI 和功能而所需的一切。因此，當我談到 Android 的平台團隊時，基本上我指的是除了應用程式之外的所有工作人員：負責核心、框架、系統軟體和 API 的工程師們。

其他「怪咖」術語

除了上述的內容之外，一些在本書使用的其他技術行話也值得我解釋，但這肯定無法做到毫無遺漏。如果網路上有某種屬害的「搜尋引擎」功能就好了，這樣讀者就可以輕鬆查詢那些我無意中忘記寫進書裡的術語……。

Changelist

Changelist（CL）指的是修復一個 bug、實現新的功能、更新說明文件所需的程式變更——什麼都可以。CL 可以小至一行程式碼，也可能大至數千行程式碼以實作大量的新 API 和功能。同行開發者更喜歡前者，這是因為一行式程

式碼更容易檢查和批准。當每個人都承受著迫在眉睫的時間壓力，趕著交付各自的功能修復與新功能實作，同時某位開發人員還要求團隊協助審查他的 10,000 行 CL，那真是令人苦不堪言。

Changelist 一詞很顯然是 Google 工程師所使用的術語，其他軟體系統會使用 *patch* 或 *PR*（pull request）來表達同樣的意思。

仿真器

仿真器（*emulator*）是模擬硬體裝置的一種軟體程序。開發人員使用仿真器（特別是 Android emulator），使得在（他們用來編寫應用的）主機電腦上執行和測試程序這件事變得更加容易。開發人員不需要一個實際的裝置來測試某個應用程式，也不需要在每次重新編譯後還得忍受重新下載程式的時間延遲，他們只需要在算力足夠的桌上型電腦上執行虛擬裝置即可。

仿真器和模擬器（*simulator*）是不一樣的；仿真器實際上會模仿一個真實的裝置上發生的一切，下至 CPU 狀態和在其上執行的指令。而模擬器通常是一個更簡化（也通常更快）的程序，因為它不會復刻裝置上的一切，可以將模擬器想成是一個足夠「像」某個裝置的東西。模擬器足以測試程序的基本功能，儘管它可能會遺漏相當多重要細節（例如硬體感測器的運作機制），因此開發人員最好使用仿真器或是真實裝置，驗證在實際情況下的功能運作。Android 在早期有過一個模擬器但最終停止維護，改而使用唯一一個仿真器。

IDE

整合開發環境（*integrated development environment*，*IDE*）是一套軟體工程師用來編寫、建構、執行、偵錯和測試應用程式的工具包。IDE 包含了文字編輯器，通常對於該軟體工程師所用的程式語言瞭若指掌，具有格式編輯與重點顯示等快捷鍵，再加上自動補全或連結等其他功能，以及一個用於建構應用程式的編譯器。舉例來說，Android Studio（Android 團隊提供給開發人員的 IDE）包含了一個大型且持續成長的工具箱，內容包括各種編輯器（適用 Java、XML 和 C/C++ 語言），將程式碼編譯為 Android 應用程式的編譯器，執行於裝置時可查找錯誤的偵錯程式（debugger），以及各式各樣的工具，可用於分析效能、監控記憶體空間使用量，以及打造 UI 元素等。

Java ME/J2ME

Java ME（或是 Android 開發早期的 J2ME[1]）是 Java Platform, Micro Edition 的簡稱，這是一個早期行動裝置的軟體平台。Java ME 使用 Java 語言，並提供應用程式開發人員所需要的功能，幫助他們為這些裝置編寫應用。

J2ME 提供了行動領域中開發人員渴求的東西：一個可供他們為不同裝置編寫應用的共通平台，而不需要為各不相同的硬體重新調整他們的程式。

不過，不同於 Java 的桌面版或伺服器版本，Java ME 有許多不同的版本，這些版本被稱為設定檔（*profiles*），這意味著某個裝置上所實作的一個特定 Java ME 版本，不見得能夠相容於另一個裝置。因此 Java ME 的開發人員必須面對裝置差異的問題。

OEM

原始設備製造商（*original equipment manufacturer*，OEM）是指生產實際硬體的公司。

物件導向程式設計：類別、欄位與方法

用來編寫 Android 平台以及 Android 應用程式的軟體，使用一個名為物件導向程式設計（*object-oriented programming*，OOP）的開發方法。許多受歡迎／現代語言使用了類似的開發方針，其中包括 Java、C++、Kotlin 以及許多其他程式語言。在 OOP 體系中，有一種名為類別（*class*）的功能性區塊，表示一個執行特定動作的 API。舉例來說，Android 的 String 類別可以對文字字串執行各式操作。

每一種類別可能包含一組欄位（*fields*）或屬性（*properties*），用來儲存值。比方說，一個 String 物件具有一個「I want a sandwich.」的值。

每一種類別也可能包含了一組方法（*methods*）或函式（*functions*），這些方法或函式可以對該類別（基本上也可對其他類別）執行動作。舉例來說，

---

1 J2ME=Java Platform, Micro Edition。Java 和 Java 2 之間的命名變化在開發出該程式語言的昇陽電腦內部也造成過一些混亂。

Android 的 String 類別有一個名為 toUpperCase() 的方法，正如其名，這個方法可以將文字變成大寫。因此上面那則字串如果被呼叫了 toUpperCase()，那麼會傳回「I WANT A SANDWICH.」的值。

類別，以及其各式各樣的方法與欄位，可以被整理集結成一個函式庫（*library*）。函式庫中的類別、欄位以及方法代表了該函式庫的 API，可供應用程式（或其他函式庫）透過程式碼進行呼叫，來執行該函式庫的 API 所提供的操作。

SDK

軟體開發套件（*software development kit*，*SDK*）指軟體工程師為特定平台建立應用軟體的開發工具之集合，其中包含了可供呼叫，以便於平台上執行功能的 API，以及用來實作這些 API 的函式庫。透過使用 SDK，工程師可以編寫自己的應用程式。然後使用（通常由 SDK 提供的）工具來建構應用，也就是將應用程式編譯成特定格式，使運行於該平台上的裝置可以讀懂。最後，他們可以在版本相容的裝置或仿真器上執行編譯後的軟體並進行偵錯。

Toolkit

工具箱（*Toolkit*）代指範圍相當廣泛，在定義、用法、框架、函式庫和 API 等範疇都有所指涉。一般來說，工具箱用來表示一個特定於使用者介面（UI）的框架。在 Android 中，Toolkit 一詞指的是 *UI toolkit*，也就是 Android 的使用者介面科技的實作及 API，它被視為 Android 整體框架的一部分，特指處理該框架內大部分視覺效果的一個子集。

View

所有的 UI 平台都擁有一些 UI 元素的概念，例如按鈕、核取方塊，或者是滑動條、文字，或是這些物件的容器。但是在不同的平台中用於描述這些東西的名稱可能不盡相同，因此與不同平台的開發人員進行討論時可能會發生雞同鴨講的情況，因為他們使用了不一樣的術語。Java 的 Swinge 工具箱使用組件（*components*）來描述這些元素，有些平台則稱之為元素（*elements*）或部件（*widgets*）。在 Android 平台中，UI 元素通常被稱為 Views，得名自

這些元素所繼承的 View 類別。Views 的容器（包括其他容器）是一個名為 ViewGroup 的視圖。最後，顧名思義，視圖層次（*View hierarchy*）則是 Views 和 ViewGroups 的層次結構，由上至下為最頂層的父類別 ViewGroup 與其子類別，到任何包含其子類別 Views 的 ViewGroups，依此類推。

B
相關內容

在撰寫這本書的時候，我閱讀了大量書籍、文章、說明文件並瀏覽許多網站，以及其他我能找到任何與 Android 相關的內容，還有其他手機開發技術或更廣泛的科技發展歷史等等內容。以下是幾個我認為很實用且令人印象深刻的參考資源。

Android 相關

「The updated history of Android」Ars Technica，Ron Amadeo 著（*https://arstechnica.com/gadgets/2016/10/ building-android-a-40000-word-history-ofgoogles-mobile-os/*）：這個系列文章涵蓋了 Android 系統從 1.0 版本開始的每一次版本更新，記錄了應用程式、裝置及 UI 中使用者可見的所有變更細節。最棒的是還附上了所有螢幕截圖，因為現在再也沒人可以取得過去版本的畫面了（即使你擁有舊款手機也不見得能夠存取過去的服務）。

「An Android Retrospective」Romain Guy 和 Chet Haase 共同發表的簡報（*https://youtu.be/xOccHEgIvwY*）：我的朋友羅曼與我在不同的開發者大會上分享過這份簡報，我們談到開發工作的內部細節，以及從開發團隊的角度是如何看待這些工作成果。

「Android Developers Backstage」Chet Haase、Romain Guy 和 Tor Norbye 共同製作的 podcast（*https://adbackstage.libsyn.com/*）：這是我和朋友兼 Android 同僚羅曼和托爾一起經營的 podcast 頻道。儘管這是由工程師主持且目標客群多為工程師的 podcast，也有幾集內容是關於 Android 的歷史。尤其是嘉賓為費克斯‧克爾克派翠克（第 56 集）、馬賽亞斯‧阿格皮恩（第 74 集）、戴夫‧布爾克（第 107 集）以及丹‧伯恩斯坦（第 156 集）等節目中，我們聊到了本書也提過的舊時開發歲月。在撰寫本書時我最喜歡的事情就是，在寫書的

過程中與團隊的人們進行對話、交流與分享；這些集數可以一窺我們當時的對話。

《Modern Operating Systems，4th edition》（暫譯：《現代作業系統（第四版）》），Andrew S. Tanenbaum 與 Herbert Bos 合著，Pearson 出版：如果有人認為 Android 作業系統內部缺乏技術深度，我會推薦他們拿起這本關於作業系統設計的教科書，深入鑽研第 10 章第 8 節關於 Android 的內容。這一章由黛安・海克柏恩所寫，它以令人滿意的詳盡程度涵蓋了 Binder 和 Linux Extentions 等內容，我甚至覺得這已經超出了這本可以說是過於專業且篇幅過長的書籍所應涵蓋的範圍。

行動科技的案例研究

市面上有好幾本優秀著作講述了一些發展不如預期，甚至走向沒落的手機平台和公司歷史，我特別喜歡以下兩本書：

《Losing the Signal: The Untold Story Behind the Extraordinary Rise and Spectacular Fall of Blackberry》（暫譯：《失去信號：黑莓非凡崛起和壯烈衰敗的背後，不為人知的故事》），Jacquie McNish 和 Sean Silcoff 合著，Flatiron Books 出版。

《Operation Elop: The Final Years of Nokia's Mobile Phones》（暫譯：《埃洛普行動：諾基亞手機的最後幾年》），Merina Salminen 與 Pekka Nykanen 合著：這本書原文為芬蘭文，且從未正式出版英文版，感謝網路上的群眾外包之力，讓它目前有英文翻譯的 PDF 版本及其他格式可供下載：*https://asokan. org/operation-elop/*。

矽谷的科技發展歷史

坊間有許多關於技術發展史的精彩書籍及紀錄片，包括我個人相當喜歡的：

《矽谷大革命—麥金塔共同開發者》，Andy Hertzfeld 著（歐萊禮出版）：這是一本了解推動矽谷發展史的革命性產品「麥金塔電腦」的精彩書籍，同時記錄了麥金塔開發功臣們遇到的趣事、難題、爭執與分裂。

《賈伯斯傳》（Walter Isaacson 著）：這本書令人我愛不釋手的原因不僅是它生動地側寫了賈伯斯這個人，而且也（更鮮明地）記錄著矽谷的歷史以及推動其輝煌發展的高科技產業。

《General Magic》，Sarah Kerruish 與 Matt Maude 執導的紀錄片電影：這部電影聚焦在 General Magic 這家公司的文化與理想願景，一家本來可望在行動運算產業發展初期獲得成功的公司，只可惜當時的科技發展尚未成熟，未能實現他們超前至少 10 年的創新想法。

Android 開發秘辛大公開

作　　者：Chet Haase
譯　　者：沈佩誼
企劃編輯：江佳慧
文字編輯：江雅鈴
設計裝幀：張寶莉
發 行 人：廖文良

發 行 所：碁峰資訊股份有限公司
地　　址：台北市南港區三重路 66 號 7 樓之 6
電　　話：(02)2788-2408
傳　　真：(02)8192-4433
網　　站：www.gotop.com.tw
書　　號：ACV044100
版　　次：2023 年 05 月初版
建議售價：NT$600

國家圖書館出版品預行編目資料

Android 開發秘辛大公開 / Chet Haase 原著；沈佩誼譯. -- 初版.
　　-- 臺北市：碁峰資訊, 2023.05
　　面；　　公分
　　ISBN 978-626-324-355-2(平裝)
　　1.CST：軟體研發　2.CST：作業系統　3.CST：行動資訊
312.2　　　　　　　　　　　　　　　　　　　111017716

讀者服務

- 感謝您購買碁峰圖書，如果您對本書的內容或表達上有不清楚的地方或其他建議，請至碁峰網站：「聯絡我們」\「圖書問題」留下您所購買之書籍及問題。(請註明購買書籍之書號及書名，以及問題頁數，以便能儘快為您處理)
  http://www.gotop.com.tw

- 售後服務僅限書籍本身內容，若是軟、硬體問題，請您直接與軟體廠商聯絡。

- 若於購買書籍後發現有破損、缺頁、裝訂錯誤之問題，請直接將書寄回更換，並註明您的姓名、連絡電話及地址，將有專人與您連絡補寄商品。